匠心筑梦

——乡村建设工匠的技艺传承与管理实践

厉　兴　主编

中国建材工业出版社
北　京

图书在版编目（CIP）数据

匠心筑梦：乡村建设工匠的技艺传承与管理实践 / 厉兴主编．-- 北京：中国建材工业出版社，2024.6

ISBN 978-7-5160-4021-8

Ⅰ.①匠… Ⅱ.①厉… Ⅲ.①农村住宅—建筑工程—工程施工 Ⅳ.①TU241.4

中国国家版本馆 CIP 数据核字（2024）第 024006 号

匠心筑梦——乡村建设工匠的技艺传承与管理实践

JIANGXIN ZHUMENG——XIANGCUN JIANSHE GONGJIANG DE JIYI CHUANCHENG YU GUANLI SHIJIAN

厉 兴 主编

出版发行：中国建材工业出版社

地 址：北京市西城区白纸坊东街 2 号院 6 号楼

邮 编：100054

经 销：全国各地新华书店

印 刷：北京印刷集团有限责任公司

开 本：787mm×1092mm 1/16

印 张：12.75

字 数：280 千字

版 次：2024 年 6 月第 1 版

印 次：2024 年 6 月第 1 次

定 价：68.00 元

本社网址：www.jccbs.com，微信公众号：zgjcgycbs

前　言

乡村，承载着我们的乡愁与记忆，也孕育着时代的变迁与希望。在这片广袤的土地上，乡村建设工匠们以其辛勤的汗水和无尽的热忱，为乡村的繁荣与振兴奠定了坚实的基础。他们是新时代的建设者，是乡村振兴战略的实践者。

乡村建设工匠的新时代行业管理实践，不仅是对传统工艺的继承和发扬，更是一种创新和改革。随着城镇化进程的推进，城乡发展不平衡的问题逐渐凸显，乡村面临着诸多挑战。乡村建设工匠们通过自己的手艺和实践，为乡村建设注入了新的活力，推动了乡村的可持续发展，为乡村的高质量发展作出了贡献。

本书旨在深入探讨乡村建设工匠在新时代背景下的行业管理实践，从多个角度分析乡村建设工匠们在乡村建设中所面临的机遇与挑战，以及如何通过有效的管理和服务实现行业的转型升级。我们希望通过本书，能够为乡村基层管理者和乡村建设工匠提供有益的参考和启示，为乡村振兴战略的实施提供智力支持。

在撰写本书的过程中，我们深入乡村，与基层管理者和乡村建设工匠面对面交流，了解他们的需求和困惑，挖掘他们的创新实践。同时，我们搜集了大量相关资料，进行了深入的研究和分析。我们力求使本书内容丰富、观点鲜明、论据充分，为读者呈现出一幅乡村建设工匠在新时代行业管理实践的全景图。

本书共分为6章。第1章阐述了传统建筑的定义及形式，深度解析了传统建筑的价值和特点。第2章详细地解读了乡村建设工匠的传统建筑营造技艺和演变、发展以及传统技艺的现代应用等。第3章阐述了从传统建筑工匠、农村建筑工匠到乡村建设工匠的转变。介绍了乡村建设工匠如何通过创新驱动，实现行业的转型升级。第4章分析乡村建设工匠在参与乡村振兴中的重要作用及其实践路径，同时分析了乡村建设工匠的发展现状以及当前行业的机遇与挑战。第5章通过各地乡村建设工匠管理实践，详细介绍了各省的先进经验和案例。第6章针对浙江在乡村建设工匠行业管理的探索，提出加强行业管理的对策建议。

本书引用了2020年度浙江省住房和城乡建议厅立项课题《浙江省农村建筑工匠行业诚信管理体系研究》[项目编号：CTZB-2020050374（1）]、2022年浙江省住房和城乡建设厅立项课题：《基于传统建筑工匠认定的传统建筑技艺传承体系研究》（项目编号：2022K035）、《浙江省农村建筑工匠职业技能认定体系研究》（项目编号：ZJZX-202206030）等部分研究成果，在此对课题组和为课题提供帮助的专家、行政管理人员和工匠表示感谢。

通过阅读本书，读者能够对新时代乡村建设工匠行业管理实践有一个全面而深入的了解。我们希望本书能够成为乡村建设管理者和乡村建设工匠的良师益友，为他们提供有益的启示和帮助。同时，我们希望本书能够引起社会各界对乡村建设工匠行业的关注和支持，提升建房质量，提升乡村建设工匠的建房技能，建立自律良性的工匠管理体系，共同推动乡村的繁荣与振兴。

编　者

2023年10月

目　　录

中国传统建筑源于乡村

1.1 传统建筑

1.1.1 什么是传统建筑

传统是指世代相传，具有特点的风俗道德、思想作风等（《新华字典》）；历史沿传下来的思想、文化、道德、风俗、艺术、制度及行为方式等（《辞海》）。“世代相传”“历史沿传”表明了传递之意，因此传统是不间断的，强调的是其持续性与稳定性，“具有特点”，表明传统具有地方性或特殊性。以此推之，传统建筑应是历史流传下来的、相对稳定的、具有地方特色的，并能够反映建造当时当地的风俗文化的建筑物。同时，传统建筑是一个范围很广的概念，从时间范畴来讲，它包括古代建筑、近代建筑；从类型概念来讲，它包括宫殿建筑、寺庙建筑、民居建筑等；从价值的重要程度来讲，它包括文物建筑、非文物建筑。

从外在形式来看，传统建筑是指具有传统建筑形式，使用传统建筑材料，运用传统建造工艺建造的、建成年代较远的传统民居、寺观祠庙、会馆书院、园林别苑、楼台亭阁及其他各类的建筑，是能反映人们喜闻乐见的建筑立面形式和满足约定俗成的风俗习惯的装饰装修形式。从内在价值来看，传统建筑是具有一定历史、艺术、科学、社会文化价值，基本能反映城乡发展史和地方特色的建（构）筑物，并能在一定程度上体现传统文化色彩，如生活习俗、伦理制度、哲学思想、宗教文化精神等。

1.1.2 中国传统建筑的形式

1. 殿堂

在中国传统建筑群中，殿和堂是两种主要的建筑形式，其中殿主要用于宫室、礼制和宗教建筑，它的出现可以追溯到周代，原意是指后部高起的物貌，用于建筑物时，表示其形体高大、地位显著。殿的构造包括台阶、屋身、屋顶 3 个部分，其中台阶和屋顶形成了中国建筑最明显的外观特征。殿一般位于建筑群的中心或主要轴线上，其平面多为矩形，也有方形、圆形、工字形等。殿的空间和构件的尺度较大，装修做法讲究。而堂作为另一种主要的建筑形式，其出现时间比殿早，原意是相对内室而言的建筑物前部对外敞开的部分。堂的构造同样包括台阶、屋身、屋顶 3 个部分，但在形式、构造上与殿有所区别。堂一般作为府邸、衙署、宅院、园林中的主体建筑，其平面形式多样、体量适中，结构做法和装饰材料等也比较简洁，且往往表现出更多的地方特色。这两种建筑形式都受到封建等级制度的制约，在形式、构造上都有区别。比如，在台阶的做法上，堂只有阶，而殿不仅有阶，还有陛，即除本身的台基外，下面还有一个高大的台子作为底座，由长长的陛来联系上下。这种区别体现了殿和堂在地位、功能上的不同。中国传统建筑群中的殿和堂两种建筑形式，各自具有独特的构造特征和美学价值，共同体现了中国传统建筑的多样性和独特魅力。

2. 楼阁

中国传统建筑中的多层建筑，楼与阁各具特色。楼指的是重屋，通常指多层建筑，而阁是指底部架空、底层高悬的建筑，其平面多呈方形，通常为两层，配备有平坐，在建筑组群中占据重要地位。比如佛寺中的主体建筑常常是阁，如独乐寺的观音阁。楼则多是狭长而曲折的，通常位于建筑组群的次要位置，如佛寺中的藏经楼或王府的后楼、厢楼等。在历史的长河中，楼阁二字的意义逐渐互通，不再严格区分。传统的楼阁建筑形式多样，用途广泛。早在战国时期，城楼就已出现，汉代时城楼高达三层。此外，汉代广泛应用了阙楼、市楼、望楼等多种楼阁形式。那时，皇帝们认为建造高耸的楼阁可以吸引仙人。佛教传入中国后，大量的佛塔应运而生，这些佛塔实质上也是一种楼阁。比如北魏洛阳的永宁寺塔，其高度超过 40 丈（约 133 米），即使在百里之外也清晰可见。而辽代所建的山西应县佛宫寺释迦塔，高达 67.31 米，至今仍是中国现存最高的传统木构建筑。除实用功能外，楼阁常被用作风景游览建筑，如黄鹤楼、滕王阁等，人们可以在此登高望远、欣赏美景。中国传统楼阁多为木结构，构架形式多样。其中，以方木相交叠垒成井栏形状的高楼称为井式；将单层建筑逐层重叠而构成整座建筑的称为重屋式。自唐宋时期以来，楼阁的构架形式有所创新，层间增设了平台结构层，形成了暗层和楼面，同时外檐挑出成为挑台，这种形式在宋代被称为平坐。明清时期的楼阁构架则将各层木柱连接成通长的柱材，与梁枋交搭形成整体框架，被称为通柱式。此外，还有其他的楼阁构架形式，各具特色。典型楼阁参见图 1-1。

图 1-1　杭州萧山的古建阁楼

3. 亭

中国传统建筑中有一种周围开敞的小型点式建筑，俗称“亭子”，它不仅是人们停留和赏景的地方，也用于举行各种庆典活动。这种亭子在南北朝的中后期开始出现。此外，“亭子”这个词还指代传统的基层行政机构，并且这种机构通常设有旅舍。亭子通常被设置在风景秀丽的地方，如山冈、水边、城头、桥上及园林中，供人们驻足欣赏美景。此外，还有一些专门用途的亭子，如碑亭、井亭、宰牲亭、钟亭等。在形式上，亭子的平面可以是方形、矩形、圆形、多边形，还有十字、连环、梅花、扇形等多种多样的形式。亭子的屋顶也有攒尖、歇山、锥形等多种样式，有的大型亭子还会建造重檐或四面出抱厦。不同的亭子形式会产生不同的艺术效果。陵墓、宗庙中的碑亭、井亭通常设计得庄重肃穆，如明长陵的碑亭。大型的亭子可以做得雄伟壮观，如北京景山的万春亭。而小型的亭子可以设计得轻巧雅致，如杭州西湖“三潭印月”的三角亭。在构造上，亭子主要以木结构为主，但也有用砖石砌造的。亭子的屋顶多为攒尖顶和圆锥形顶。四角攒尖顶在汉代已经出现，而八角攒尖顶和圆锥形顶在唐代明器中已有发现。宋代的《营造法式》中记载的“亭榭斗尖”是一种类似伞架的结构，这种结构在清代的南方园林中仍然可见。到了明清时期，方亭多采用抹角梁，多角攒尖亭则多用扒梁，逐层叠起。矩形亭的构造基本与房屋建筑相同。

4. 廊

中国传统建筑中的廊道包括回廊和游廊，它们都是带有屋顶的通道，其主要功能是遮阳、防雨，并供人们休息。廊道在中国传统建筑的外形特点中占据重要地位。殿堂檐下的廊道是室内与室外的过渡空间，也是塑造建筑物虚实变化和韵律感的关键元素。环绕庭院的回廊则对庭院空间的格局和体量美化起到至关重要的作用，能够创造出庄重、活泼、开敞、深沉、闭塞、连通等多种不同的视觉效果。在园林中，游廊主要起到划分景区、创造多样化的空间变化、增加景深及引导游客沿着最佳观赏路线游览的作用。廊道的细节设计常常包括几何纹样的栏杆、坐凳、鹅项椅（又称美人靠或吴王靠）、挂落、彩画等装饰元素。同时，隔墙上常装饰着什锦灯窗、漏窗、月洞门、瓶门等具有装饰功能的建筑构件，这些元素共同丰富了廊道的艺术表现力和文化内涵。

5. 台榭

在中国传统建筑中，地面上的夯土高墩被称为台，而在台上建造的木构房屋则被称为榭，两者合并起来被称为台榭。最初的台榭仅是在夯土台上建造的一种有柱无壁、规模相对较小的敞厅，主要用于眺望、宴饮和行射等活动。在某些情况下，台榭还具备防潮和防御的功能。如今，我们仍可以在许多地方找到台榭的遗址，其中著名的有春秋时期的新田遗址、战国时期的燕下都故城遗址、赵邯郸故城遗址及秦咸阳城遗址等。这些遗址都保留了巨大的阶梯状夯土台，成为历史的见证。另外，“台榭”这个词用来指代四面敞开的较大房屋。而唐代后，人们开始将临水或建在水中的建筑物称为水榭，但这种水榭与原始的台榭已经有了很大的不同，它们是完全不同的两种建筑类型。

6. 坛庙

祭坛与祠庙都是祭祀的场所。一般而言，无屋顶的平坦场地被称为坛，而有房屋结构的祭祀地点被称为庙。坛庙建筑的历史，相较于宗教建筑更为悠久。随着社会的不断演变与进步，这类建筑逐渐从原始的宗教信仰中脱离，转变为具有显著政治意义的设施。因此，坛庙建筑在中国古代的都城和府县建设中逐渐占据了不可或缺的地位，成为城市规划中必不可少的工程项目。

7. 塔

作为佛寺中的核心建筑，塔承载着深厚的宗教意义。随着佛教的广泛传播，信众们为了表达对佛的虔诚，纷纷开始建塔。谈及塔的形式，印度最初的塔为半圆形的大坟冢，印度的桑奇大塔（建于公元前 2—3 世纪）就是这种形式。然而，当佛教传入各国后，受到各国教义的发展和当地建筑传统的影响，塔的形式变得丰富多样。在中国，最早的塔是楼阁式塔。比如汉永平十一年（68 年）的白马寺塔、三国时期的浮图祠塔及北魏的永宁寺塔等，它们都是楼阁式塔。这些塔在北印度窣堵波的风格基础上，结合中国传统的高层楼阁建筑传统，创造出了新的建筑形式。其形状犹如一座高耸入云的四方形摩天高楼，如永宁寺塔高达 100 多米。由于中国的古建筑以木结构为主，因此早期的塔也是木塔。然而，随着建筑材料和建筑技术的发展，为了防火和坚固的目的，隋、唐时期后，开始大量建造砖石塔。如今，现存的塔中，纯木结构的仅有山西应县木塔、甘肃敦煌慈氏塔等少数几处，而大部分的塔都是砖石结构或砖木混合结构。此外，还出现了铜铁塔、金银塔、珠宝塔、琉璃塔等各种材质的塔。在两千年的发展过程中，塔的造型不断创新，形成了楼阁式、密檐式、亭阁式、覆钵式（喇嘛塔）、花塔、过街塔、金刚宝座塔及几种形式结合的组合塔等形式，可谓丰富多样。除最初的供奉舍利、礼佛拜佛的用途外，塔还结合了中国传统建筑的功能，有了新的发展，主要包括登临眺览——这是传统楼阁建筑的重要功能，塔完全继承并发展了这一功能；点缀山川名胜——由于塔具有高耸挺拔的英姿和优美的艺术形象，因此常被用于装点锦绣河山，成为点缀山川名胜的标志；导航指路——塔的高耸身形使其成为导航识路的绝佳标志，因此在江河转折、海岸港汊、桥梁津渡等处常建塔作为导航指路的标志。有些塔上设有灯龛，将其在晚上点燃，为航行者导航。此外，塔还有观望敌情、观察风向等功用。典型塔见图 1-2。

图 1-2　建于唐朝时期的嘉兴三塔

8. 影壁

影壁，作为北京四合院大门内外的重要装饰元素，其主要功能在于为进出的人们提供一个良好的视野，遮挡住大门内外那些可能显得杂乱无章的墙面和景色。当人们进出四合院的宅门时，首先映入眼帘的往往是那些考究的叠砌工艺和精美的雕刻装饰，以及镶嵌其上的吉祥辞语和颂词。在北京的四合院中，常见的影壁主要有 3 种类型。第一种是位于大门内侧的，呈“一”字形排列的影壁，通常被称为一字影壁。其中，那些独立于厢房山墙或隔墙之间的一字影壁，被称为独立影壁。这些独立影壁大多建在一进大门的正面，多数是从地面开始砌砖而成，下方为须弥座形，再往上则是墙身。墙身部分使用青砖打磨成柱、檩椽、瓦当等形状，组合成影壁芯，而影壁芯内的方砖则斜向贴，这种方砖也被称为炕面子，尺寸多为一尺一到一尺二（36.66cm至39.99cm）见方。第二种独立影壁为立心影壁，上面的各种图案多由青砖雕刻而成，呈现立体的效果。这些图案多以吉祥颂言为主题，如鹤鹿同春、松鹤同春、莲花牡丹、松竹梅岁寒三友、福禄寿喜等，寓意着吉祥如意和美好未来。第三种影壁形式——座山影壁。这种影壁是在厢房的山墙上直接砌出小墙帽，并做出影壁的形状，使影壁与山墙融为一体。这种设计不仅增加了整体的美观性，还巧妙地利用了空间，展现出四合院独特的建筑魅力。

1.1.3 传统建筑的神韵

中国传统建筑艺术究竟美在何处？这是一个主观而多元的问题。中国这片广袤的土地，自古以来就孕育着丰富多彩的建筑艺术，每个地域和民族都拥有其独特的建筑风格。尽管难以用一句话来概括其艺术特点，但中国传统建筑在组群布局、空间构造、建筑结构、材料选择及装饰艺术等方面，却展现出一种共同的美学追求。作为世界三大建筑体系之一，中国建筑与西方建筑和伊斯兰建筑并驾齐驱，为世界文化之林增添了浓墨重彩的一笔。从旧石器时代到新石器时代，中国的建筑艺术在不断发展演变。最早显现出美的追求的建筑大约出现在公元前4000年的新石器时期。在其漫长的发展历程中，中国建筑始终保持着鲜明的民族特色。从历史脉络来看，可以大致划分为3个阶段：商周到秦汉时期是建筑的萌芽与成长阶段，秦和西汉时期则迎来了第一个发展高潮；历经魏晋、隋唐至宋，建筑艺术逐渐走向成熟与高峰，尤其是唐代建筑成就辉煌，堪称第二个发展高潮；而元至明清时期，建筑艺术则进入充实与总结阶段，明至清前期更是达到了第三个发展高潮。这3个阶段分别以秦汉时期、隋唐时期和明清时期为代表。

中国传统建筑以汉族建筑为主流，涵盖了城市、宫殿、坛庙、陵墓、寺观、佛塔、石窟、园林、衙署、民间公共建筑、景观楼阁、王府、民居、长城和桥梁等多种类型。此外，还包括牌坊、碑碣、华表等建筑小品。这些建筑不仅具有共同的发展历程，还展现出时代、地域和类型风格的多样性。基于中国长期的宗法社会背景，宫殿和都城规划成为中国建筑艺术的杰出代表，它们凸显了皇权至上的思想和严密的等级观念，体现了中国传统政治伦理观的核心价值。从夏代开始，宫殿建筑已见雏形，经过隋唐时期的辉煌发展，至明清时期更是达到了精妙绝伦的水平。在都城规划方面，西周时期已形成了完整的观念，强调规整对称和王宫的中心地位。尽管在春秋战国时期，这种规整式格局遭到了一定程度的破坏，但汉代又开始向规整复归，隋唐时期完成了这一过程，而元、明、清时期则更加丰富多样。佛教自印度传入中国后，迅速与中国文化相融合，形成了独特的佛教建筑艺术。这些建筑包括佛寺、佛塔和石窟等，以及石幢、石灯等建筑小品。它们体现了中国人的审美观和文化性格，营造出宁静、平和、内向的氛围，与西方宗教建筑的外向暴露和动荡不安的氛围形成鲜明对比。道教作为中国的本土宗教，其建筑艺术同样具有独特的魅力。佛道寺观大致可分为敕建寺观和山林寺观两类，前者严谨壮丽，后者则自由灵巧。佛塔在中国建筑艺术史中占据重要地位，其类型多样、形式丰富，发展脉络清晰可见。每一座佛塔都体现了时代的特色和地域的特色。中国建筑艺术与自然的和谐共生是其显著特点之一。基于与自然高度协同的文化精神，中国建筑将自身镶嵌在自然之中，成为大自然的一个有机组成部分。这种观念在中国各建筑类型中都有明显体现，如城市、村镇、陵墓或住宅的选址和布局等。这种与自然高度协同的观念在园林中表现得尤为突出，与欧式或伊斯兰风格的几何式园林形成鲜明对比。

中国建筑不仅具有实用性，还蕴含着深厚的礼仪性。这一点在中国园林中同样得到体现。以下将从中国传统建筑的空间、环境和建筑与人的关系等方面进行深入分析。

1. 围院的平面空间

建筑，作为一种多元的艺术形式，不仅与人的生活紧密相连，还是国家经济与文化的符号与载体，反映出该民族的意识形态和审美追求。中国传统民居庭院，凭借其深厚的民族特色，承载着华夏民族的生活与文化记忆。深入探索蕴含多元文化的中国庭院空间，以及作为艺术品的西方小住宅建筑空间，并寻找两者的共通之处，是我们在这个多元又趋同的时代对本国建筑文化的尊重、保护与发展的体现。在建筑风格上，外国建筑往往是院子包围房子，而中国建筑则相反，是房子包围院子。在中国，房屋、墙垣等围合成院落，以院为中心；或以主单元（如正殿、正厅）为中心，次单元（如两厢）围绕主单元，形成“一正两厢”的布局，并通过抄手廊连接，构成完整的建筑体系。如各地常见的四合院，其特色在于将“院子”纳入建筑平面，使室内外空间融为一体，房廊作为过渡空间，营造出浓郁的生活气息。尽管合院建筑中的各部分相互关联，但它们并不构成一个群体，而是一个完整的建筑单体。从四合院住宅到雄伟的万里长城，尽管空间层次各异，但它们都呈现一种内向的外封闭空间形态，服务于同一社会系统。在古代，“国”通常指城池，政治机构、军事机构及大部分民众都在城内。城外则是广袤的自然环境，虽然可以建造村落和别业，但它们并不独立。从东周到秦始皇统一六国，一城一国或数城一国的模式一直存在，数“国”最终汇成一个统一的国家。家作为社会的基本单元，其空间模式与国相似，只是规模被缩小。家可以看作是国的缩影，而国是家的放大。长城虽然最初是为了防御敌人而建造的，但在某种意义上，它就像“国”这个大空间的围墙。历朝历代的都城、宫廷、园林及寺庙等建筑，乃至各地的民居和市集，都以围院空间布局为特色。这种内向层次型的建筑空间模式在传统园林中尤为突出。园林不仅注重形式美，更追求意境深远。园林内四周环绕着廊、亭、轩、厅等建筑或粉墙，院子位于中心，通过树木、假山、池水、墙垣等元素来划分空间。“庭院深深深几许”的布局让人心旷神怡，沉醉其中。

2. 群体组合

中国建筑高度重视群体组合的美学价值。在群体组合中，常采用中轴对称的构图方式，严谨而有序。然而，有一些特殊的建筑类型（如园林、部分山林寺庙和民居）选择了更为自由的组合方式。尽管构图手法各异，但都深深根植于对中和、平易、含蓄而深沉的美学性格的追求，这充分反映了中国人的民族审美偏好。与欧洲等其他建筑体系相比，中国建筑更强调整体的和谐与内敛，而非个体的突出和外在形式的强烈对比。这种差异使得中国建筑在全球建筑文化中独树一帜，充满了深厚的文化底蕴和审美魅力。

3. 独特的结构

中国传统建筑，论其结构，无论是皇家的宫苑，还是散见于各地的各类型的建筑，包括民居，其结构特点在世界传统建筑史中都是独一无二的，代表性结构形式主要有以下两种：

1）抬梁式。这种结构是在屋基上立柱，柱上架梁，梁上放短柱，其上再放梁，梁的两端并承檩；这样层叠而上，在最上层的梁中央放脊瓜柱以承脊檩。这种结构的建筑，室内少柱或无柱，空间较大，在我国应用很广，特别是北方应用较多。

2）穿斗式。这种结构的特点是由柱径较细、柱距较密的落地柱与短柱直接承檩，柱间无梁而用若干穿枋联系，并以挑枋承托出檐。这种结构用料少，但室内柱密，空间不够开阔，在我国南方使用普遍。由于其以木构架为主，故柱承重，墙不承重，所以门窗可自由布置，体现了形式与结构的统一。在皇家建筑和重要的坛、庙建筑中，还以斗拱支撑在柱头、屋檐间，使建筑出檐深远，以保护木结构的屋身。在这里，斗拱一方面是结构构件，另一方面是建筑上的装饰物，即以结构构件为装饰物，形式反映功能，结构真实，功能合理，也是一种真善美的统一。但无论何种建筑，结构上的基、柱、梁、檩、椽、斜撑等部分大都外露，形状上也被加工成装饰构件，且结构、构件间用榫卯结合、不施钉子，外观上和其他国家的许多建筑一样，分为台基、屋身和屋顶三部分，但中国传统建筑的屋顶尤其大，有时几乎和屋身同高，且每个部分都有一定的比例及标准做法。

4. 与自然高度协同的建筑环境

自古以来，中华民族就崇尚自然、热爱自然，这种情感源远流长。我们的祖先很早就认识到“天时、地利、人和”的和谐统一。“天人合一”的思想与对自然美的欣赏相互融合，成为传统美学的核心。因此，绚丽的山水文化、山水画、山水园林等应运而生，风景名胜区也层出不穷。基于与自然高度协同的中国文化精神，我们热爱并尊重自然，使建筑与自然和谐共生，成为大自然的有机组成部分。这一点在其他建筑体系中并不常见，可它在中国各种建筑类型中有明确体现，如城市、村镇、陵墓或住宅的选址和布局等，这种理念甚至上升到了理论高度。人们处理建筑与自然环境的关系时，并非采取与大自然对立的态度，用建筑去控制自然环境；相反，他们持有一种亲和的态度，追求建筑与自然的和谐共生。比如西晋石崇在洛阳近郊修建的金谷园，其设计充分考虑了自然环境。同样，佛教高僧慧远在庐山经营的东林寺也体现了这种理念。那些位于城市以外的山水风景地带的佛寺、道观、别业、山村聚落等建筑，都十分重视选址与自然环境的协调。这不仅是为了满足各自的功能需求，更是为了发挥建筑群体横向铺陈的灵活性，使其顺应山水地貌，与整体自然环境和谐。这些建筑如同点缀大地的风景画，使景色更加生动、富有画意。这正是中华民族在处理建筑与大自然关系时所体现的独特环境意识。历来的山水画论和堪舆学说对这种环境意识进行了部分的美学和科学的阐述。在园林建筑中，这种和谐于自然的环境意识体现得更为自觉和深刻。广义而言，园林建筑应包括在中国传统建筑之中。在园林中，建筑的布局并不拘泥于固定的形式，如“一正两厢”等。伦理象征在此被淡化甚至消失，使建筑布局获得了更大的自由度。建筑与山水、花木等元素有机结合，构成了一系列风景画面，使得园林在整体上达到了一个更高层次的建筑美与自然美相互融合的境界。这种融合不仅体现在形式上，更体现在精神内涵上。园林中的建筑不仅是观赏的对象，更是人们与自然沟通、交流的场所。在这里，人们可以感受到大自然的魅力，也可以寻找到内心的宁静与和谐。

5.“以人为本”的建筑

在西方，建筑的功能不仅局限于遮风挡雨的场所，更被视为庇护灵魂的场所，从早期对高山大漠的崇拜，发展到对各种自然现象的敬仰。建筑高大空旷，并被赋予神性，传统建筑初期以神庙建设为主。然而在中国，建筑源于对祖先的崇敬，随后演变为对族长、君王、帝王等人的尊崇，而在我国传统文化中，神权始终从属于皇权。这一特点决定了我国历代建筑以人类居所为主，即使是后来的宗教建筑也遵循这一原则。非神性成为中国文化的基础和核心之一，强调将人性和现实生活寄托于理想的现实世界。

中国传统建筑注重人在其中的感受，而非仅关注物质本身的自我表现，体现深厚的人文主义色彩。比如，在建筑材料方面，我国传统建筑采用木材，不求永恒，这种非永恒观念源于中国文化基础中的非永恒观。而在西方，建筑材料以石头为主，追求永恒。在建筑体量方面，中国传统建筑以人体尺度为原则，追求“大壮”且“适形”，将建筑高度和空间控制在适合人类居住的范围内。即使是在皇宫和寺庙等建筑中，也遵循这一原则。在造型上，中国传统建筑强调平和自然的美学原则，平稳且注重水平线条，即使塔等向上发展的建筑也融入了水平线条，与楼阁建筑相结合。

在园林中，建筑被视为凝固的中国绘画和文学，以意境为创作核心，使园林建筑空间充满诗情画意。园林布局的自由从侧面反映了儒、道两种思想在中国文化领域内的交替互补，也揭示了人们期望摆脱封建礼教束缚、追求返璞归真的意愿。中国传统园林的立意、布局和手法已在国内外现代建筑中得到广泛借鉴。

特别值得关注的是，在审美行为方面，西方人倾向于写实，注重形式塑造，而中国人偏向抒情，重视意境创造。西方人注重现实美的享受，而中国人追求理想美的寄托。这种理想美的寄托渗透到各个艺术门类，也融入建筑艺术中。从宏观规划到单体建筑的装修、装饰，都可以看到对理想美的追求。比如皇家建筑中的龙、凤雕饰，以及各地建筑上以“吉祥如意”为主题的“福、禄、寿、喜”及诗画装饰等，都充分体现了中国建筑以人为本，反映了人们对美好生活的向往。

以上仅从中国传统建筑的平面、空间、结构、人与自然的关系和建筑与人的关系等方面分析了中国传统建筑的特点，虽然不是中国传统建筑特点的全部，但它已涉及中国传统建筑的布局、结构、装修、装饰、文化等方面。可以说，从宏观到微观，从物质到精神，无不渗透着中国传统建筑独有的个性，即中国传统建筑的特点。它以巨大的感染力，时刻影响着中国建筑的发展。这就是中国传统建筑的魅力所在。通过这些，我们不难理解为什么有这么多人会被中国传统建筑所吸引，这正是中国传统建筑独特的价值，才使它成为最具吸引力的旅游资源。

1.1.4 传统建筑的思想基础

中国传统建筑文化，凭借其独特的形态布局和深厚的精神内涵，吸引了世界的目光。这些建筑不仅是砖瓦石木的组合，更是深受地域、民族、气候、社会制度及历史等多因素影响的艺术品。然而，其背后更核心的理念是“天人合一”的哲学思想和审美观念。

纵观中国传统建筑的发展历程，我们可以清晰地看到“天人合一”思想的深远影响。尊重自然、顺应天地，几乎成为了人们的内在审美追求。在这种思想指导下，追求天、地、人三者的和谐统一，成为建筑艺术所追求的最高境界。

“天人合一”观念对中国传统建筑文化产生了重大的作用和影响。从建筑的选址、布局到装饰细节，我们都可以看到这一思想的深刻烙印。它不仅塑造了建筑的外观形态，更赋予了建筑深厚的文化内涵和精神追求。这种独特的建筑文化，不仅是中国人民的宝贵遗产，也是全人类共同的财富。

1.1.4.1 天地宇宙观

古代中国人在进行建筑行为时，几乎都会遵循宇宙自然观或时空意识，并考虑天地崇拜及祖先崇拜的实效性或象征性。

“天人合一”作为古代中国宇宙自然观或时空意识的一种表述方式，从其萌生、发展至成熟，始终与古代中国人的社会生产实践，包括建筑实践紧密相连。在某种程度上我们可以认为，中国古代的天地宇宙起源观念与建筑文化起源观念是相辅相成的。在古代中国人看来，宇宙自然观或时空意识中的天地，与人自身和建筑本体之间形成了一种既具有理念认知又富含感性象征的“天人合一”关系。

古代中国人将形如“大房子”的天地宇宙与供人居住的“小宇宙”——房屋建筑，通过“合一”的观念设定联系起来。这种将天、地、人三者关系相互“比附”的做法，展现了古代中国人在时空认识上的“天人合一”审美心态。将天、地、人及世间万物，包括建筑，统归于“合一”状态，成为古代中国人的一种朴素共识。古人认为，“天地人，万物之本也。天生之，地养之，人成之”。天地人是“万物之本”，自然也是建筑之本，它们相互融合，缺一不可。在建筑实践中，古代中国人追求与这种“天人合一”原初意识的互动互生。他们通过问卜天地、依天制而作等方式，试图在实际生活中营造这种“合一”的格局。比如，在城邑建筑的建设中，人们将天界神灵帝王所居的城邑称为“天邑”，将地上人间帝王所居的城邑也称为“天邑”，以求地上人间的城邑建筑与天界神灵的城邑建筑的同构合一。这种追求在秦朝的都城咸阳的建设中得到显著的体现。秦人试图通过建筑布局和配置的安排，顺应天意，追求“天地人合一”的理想。随着古代中国人对天地祖宗崇拜意识的增长，“天人合一”原初意识与建筑实践及崇拜观念之间的互动更加紧密。在古人看来，宇宙天地和人类先祖同样至高无上，几乎同样引发人的敬畏与崇拜之情。这种思维意向为古代中国人在心理上预置了“天地人合一”的诱因。当宇宙天地的“建筑语汇”与人间建筑实体在古人心目中达成谐和同构的对应时，顺应建筑发展实际走向的“天地人合一”就成为了一种审美境界。

在古代中国建筑文化的发展过程中，我们可以清晰地看到以下4个特点：第一，中国古代建筑在建制规模上追求宏大；第二，在建筑选址布局上注重中心对称；第三，在建材组配上偏好木构建筑；第四，在建筑装饰色彩上注重与阴阳五行相关的原色使用，如金、木、水、火、土等。这些特点都体现了“天人合一”原初意识在古代中国建筑文化中的深刻影响。

在中国古代建筑文化中，“尚大”似乎是一种恒久不变的规制和习俗。这源于古人对天地宇宙属性的理解，他们认为宇宙无比广阔。因此，当社会经济、建筑材料和技术水平允许时，人们总是倾向于建造尽可能大的建筑物，以此来象征天地宇宙的辽阔。以长城为例，其横跨多个省区，从战国时期到明朝时期历经多次修建，动用的劳力和材料数量庞大，几乎无法准确计量（图 1-3、图 1-4）。

图 1-3　长城

图 1-4　故宫太和殿

在人类建筑文化的物质构造起源方面，主要有石筑和木构两种形式。尽管在中国古代建筑发展史上，土木和砖石构制都得到了发展，但中国建筑始终以木构为特色，并倾向于“尚木构”。这主要有 4 个原因：

第一，古人认为木构是建筑之本原，是祖先们热衷的作法。祖先是伟大的，与天地最亲近，因此效法祖先意味着能够实现“天人合一”。

第二，木构作法中使用的泥土和树木被视为“生命之元”。人们以土和木为材料来建造建筑，这无疑更加接近天地，从而给人带来一种进入“天人合一”状态的心理安慰。相比之下，石构作法主要以石料为材，而石料不属于“五行”，且在视觉和心理上给人一种与天地抗争的印象，这与古人的“天人合一”理念相悖。

第三，中国历史上地震灾害频发，木构建筑在地震中的损失相对较小，而石筑建筑则可能遭受更大的损害。

第四，古代中国人中庸的个性和对相生相克式循环观念的信守，使他们在心目中形成了“物我浑然合一”的意识和“终则有始”的永恒观。因此，“除旧布新”和代代翻修新建成为人们最常规的建筑行为。在这种情况下，“木构”显示了其优越性，“合一”的实现也有了更大的可能性。

古代中国人在建筑装饰上同样追求“合一”的效果，他们对于建筑的具体用色总是持谨慎的态度。在具体的色彩中，青、黄、赤是中国传统建筑中较为常用的色彩，而白、黑的使用则相对较少且更为慎重。对于其他杂色和间色，几乎不被采用，因为它们似乎与古人追求的“天人合一”的审美意境不太相符。

“天人合一”原初意识对中国建筑文化的影响是深远且全方位的。这种意识不仅促进了“天人合一”的哲学思想和美学思想的发展和完善，还使其自身融入中国传统建筑文化体系中。我们不能简单地将“天人合一”原初意识与其他“天人合一”观念视为线性传递关系，而应全面、辩证地看待它们之间的关系，这样才能更准确地理解“天人合一”的哲学思想与美学思想对中国传统建筑文化的影响。

1.1.4.2 克己复礼

在中国文化发展的历史长河中，儒家思想始终占据着正统思想的地位。尽管在中国传统思想的发展脉络中涌现出了如先秦诸子学、两汉经学、魏晋玄学、隋唐佛学、宋明理学及清代朴学等流派思潮，但究其本质，这些流派思潮皆受儒释道的哲学思想所统摄。其中，儒家思想的影响和作用尤为突出且深远，其对“天人合一”的哲学境界和美学境界的追求也显得尤为明显和一贯。可以说，中国传统建筑文化在无形中成为儒家阐释和宣传其思想的主张，包括“天人合一”主张的一种最直接的外在表现。

与“天人合一”原初意识不同，以孔子、孟子学说为代表的儒家“天人合一”观，在主观意愿和客观实践上，更加明确和具体。在这种背景下，建筑营造活动也毫无例外地受到影响。追求儒家特有的“天人合一”成为人们的自觉意识。在儒家“天人合一”观中，秉持着“天人合德”与“天人合用”的理念，注重人伦教化，强调礼、仁、乐，追求以仁释礼，礼乐中和。儒家将古礼的祀神转变为祀人，鼓励人们积极入世，主张以礼治国，重视人与人之间的等级秩序。他们认为，礼的目的与作用在于“节欲”，使人的欲望适度合规，礼是治理社会混乱的根本。当“礼”被贯彻到建筑营造等一系列社会行为中时，一种天、地、人合一的等级秩序得以实现。儒家反对超世脱俗，倡导人们积极入世以求“天人合一”，因为“天人合一”于人是儒家“天人合一”观的基本特点。因此，古代中国人在营国、建庙、立宅等活动中，无不以儒家学说的礼制为约束和导引。在儒家看来，人们的建筑营造活动并非随心所欲，而是有其“礼”的规范。如果忽视礼制，就会危及“仁义”，损害“合一”。随着儒家思想在人们观念中的深入，建筑营造活动及其他社会行为不仅将儒家“天人合一”观作为理论参照，更将其视作行为规范。在儒家眼中，人们的建筑营造活动需要遵从儒家学说仪规，即遵从人格化的“天”——自然阴阳的意志去“示礼”，并通过人自身的努力去“为仁”，这样才能建立“天人合一”的秩序，即所谓“非礼勿视，非礼勿听，非礼勿言，非礼勿动”。在这种礼教政治伦理色彩浓厚的儒家“天人合一”思想氛围中，中国传统建筑文化不仅成为儒家“天人合一”理论的实际承载者，而且在客观上成为其理论的实践者。

为了满足儒家礼制上的“天人合一”审美要求，古代中国人不仅制定了具体的建筑仪规，而且对于违反礼制的行为持否定态度。在中国传统建筑文化中，儒家以“天人合一”为本质目的“礼”，作为一种封建政治伦理观念、一种审美精神，不仅在中国传统建筑文化中得到了具体客观的体现，而且对中国传统建筑文化的风格面貌及其历史发展产生了深远影响。在建筑文化中，为了彰显“礼”意深厚的“天人合一”审美理想，

图 1-5　儒家主张礼仪秩序

儒家必定要通过一系列具体的建筑仪规来指导建筑营造活动，从而借助特殊的建筑工艺处理及实际的排置使用来实现其理想。当人为的努力不足以实现或仍有遗憾时，儒家也会运用象征寓意等手法来传达其理念。其理念参见图 1-5。

1.1.4.3　无为返朴

《老子》一书以“道”为宇宙之根本，它创生万物，呈现宇宙运动的规律，即“反者道之动”。这一哲学视角首先关注自然，但最终落实于人生。老子论道，不仅关乎自然，更是人生的生活准则。道为体，德为用，二者相辅相成。道更多地从自然（天）的角度立论，而德则从人生（人）的角度展开。自然与人生，两者缺一不可。

庄子曾言：“吾在天地之间，犹小石小木之在大山也。”这表明人在自然宇宙中只是微小的存在，但又是不可或缺的有机组成。倡导人们在自然、恬淡、无为中回归原始的朴素境界，这便是返璞归真。

尽管如此，道家并非完全排斥社会实践。他们主张即使不得不参与实践，也应保持“为无为，事无事，味无味”的态度。这在庄子的言论中体现得尤为明显。庄子关于庖丁解牛的技艺描述，展示了返璞归真的高妙境界。这种境界重视“道”，但又是通过技艺入道，而非舍弃技艺。这在一定程度上肯定了人工的历史地位，追求自然与人工和谐共生的境界。

对于城市、园林、建筑艺术，由于哲学观念的不同，先秦道家与儒家呈现出迥异的特色。道家追求直接探索自然宇宙之“本真”，其艺术审美精神重在自由无羁，尽管这是一种遁世的自由；而儒家在纷繁的道德律则中寻求与建构艺术的“自由”，表现为一种入世的自由。如同前者赤足放任自由，后者则认为穿上适度的鞋子，双足才真正自由。两者都在追求“天人合一”的自由之境，但方式、途径、出发点与归宿点各异。

1.1.5　传统建筑与文物建筑、历史建筑

传统建筑、文物建筑和历史建筑三者之间存在明显的区别。

首先，它们的价值等级各有特点。文物建筑因其重大的历史意义、价值和代表性而被高度重视。历史建筑则因能体现某一历史时期的风貌和地方特色而备受关注。相对而言，传统建筑更多地体现了城乡发展的历程和地方特色，其价值等级稍逊一筹。

其次，这些建筑在年代上也有所不同。文物建筑通常具有更为悠久的历史，而历史建筑和传统建筑虽然承载着一定的历史信息，但它们的年代可能相对较近，如超过50年、30年或更短。这种年代差异使得一些年代不够久远的建筑也能纳入保护体系。

在保护要求方面，三者也存在差异。文物建筑的保护要求最为严格，需要尽可能维持其原貌。历史建筑则更注重保护其外部形态和风貌特征，对内部使用功能的要求相对宽松。而传统建筑的保护要求相对较低，允许在保持主要传统风貌特征的前提下进行内部使用功能的改善。

最后，这些建筑的认定依据和管理部门也各不相同。文物建筑的认定主要依据文物保护法及其相关条例，由文物行政管理部门负责管理。历史建筑的认定则依据《历史文化名城名镇名村保护条例》《历史文化名城保护规划标准》（GB/T 50357—2018）及部门规章和地方规范性文件，其管理由住房和城乡建设行政管理部门负责。传统建筑的认定则主要依赖于地方规范性文件，并由相应的管理部门进行监管。

1.2 传统建筑的形成基础和价值

1.2.1 传统建筑的形成基础

传统文化为一种持续演变的连续过程，其变革形式虽不断变化，但根本上无法动摇植根于人们意识深处的思维方式。儒道互补作为我国传统文化之主要特征，不同的哲学观念影响至我国古代建筑风格。作为古代文化之主体，儒家思想所强调的“礼”被统治阶级视为一代又一代的典章制度，既规范了社会伦理道德，也制约了民众日常生活。如明代紫禁城，其建筑及室内布局，一座座殿堂、一进进院落，均围绕一条明确的中轴线，主次分明，严谨有度。

自然因素、风俗习惯的差异促进传统建筑文化的发展，呈现出多元格局。正是此种多元性，推动了世界文化的繁荣与发展。传统文化所固有的地域性、环境差异、技术的地域特性及材料适用性（当地材料），使得传统建筑充满浓厚的地方色彩，形态独特。建筑语汇构成独特的符号，成为当地居民认同的标识，使建筑环境令居民产生认同感与归属感。这种富有地方特色的传统建筑文化具有强大的凝聚力，并为多元化奠定了感性的基础。

优秀的地方建筑文化在适应当地气候、维护生态环境平衡、体现可持续发展战略等方面均有自身的优点，更因其特定的时空性和地域性而具有强大的社会凝聚力，并在促进社会稳定与人际关系和谐中发挥重要作用。由于受到地域自然环境条件的强烈影响，传统建筑都具有鲜明的地域特点，这种特点在建筑的发展演变中逐渐成为具有地方性的乡土文化，建筑文脉强调继承，代表了建筑地方性的特色。在经济快速发展的形势下，保护和发展传统建筑文化的意识在不断提高，如从地方的气候特征出发寻找地区的建筑文化，从发掘地方传统文化中寻找失去的建筑文化，都具有地方性的现实意义。

1.2.2 传统建筑的形成价值

传统建筑文化在现代建筑设计活动中扮演着至关重要的角色，其价值和意义体现在多个层面。

首先，传统建筑文化具有地域性特点，针对其所处的地理位置、自然环境和气候条件等因素，形成了独特的建筑方式和方法。这些建筑方式和方法，不仅体现了对环境的深刻回应，也蕴含了许多值得现代建筑师借鉴的智慧和经验。同时，传统建筑文化中的朴素思想，如与自然和谐共生、节约资源等，也与当今的可持续发展战略原则相契合。

其次，传统建筑文化在文化层面上具有个性价值。这种价值主要体现在对城市特色和地区特色的继承、保护和创新上，从而推动“新地区建筑学”的发展。这种建筑学不仅关注建筑的形式和风格，更注重建筑与文化、历史、社会的紧密联系。

为了实现这些目标，现代建筑设计活动需要遵循以下 6 个原则：

1）注重建筑历史的继承。包括对传统建筑形式和风格的保护，以及对传统建筑文化内在精神和价值的传承。这不仅是对历史的尊重，也是对未来的负责。

2）使新建筑与城市环境相融合。新建筑的设计应尊重并融入城市的整体风貌和街道尺度，保持城市的自然属性和连续性。这有助于维护城市的整体风貌和特色，同时有助于提升城市的宜居性和舒适度。

3）鼓励公众参与设计。让公众参与到设计过程中，使设计方案更加贴近当地生活和文化，更符合居民的心理感受。这有助于增强设计的民主性和科学性，也有助于提升居民的认同感和归属感。

4）尊重当地的生活方式。在设计中保护并传承当地的传统生活方式和贸易方式，使社区生活充满生机。同时尊重居民的传统习俗、伦理制度、信仰和日常生活习惯，保持对原有地域的认知特性。这有助于维护社区的和谐稳定和持续发展。

5）保护大地景观。保护并传承历史性街道、建筑的景观特色，同时保护具有特色价值的自然景观。这有助于维护大地景观的完整性和多样性，也有助于提升人们的生活质量和幸福感。

6）合理利用城市资源。根据当地的实际经济、技术、自然等情况，适度利用和合理配置城市的土地、能源、交通等资源。这有助于实现城市的可持续发展和绿色转型，也有助于提升城市的竞争力和吸引力。

传统建筑文化在现代建筑设计活动中具有多方面的价值和意义。通过继承和发扬传统建筑文化中蕴含的智慧和精神，我们可以创造出更具地域特色、文化底蕴和人文情怀的现代建筑作品。

1.3 传统建筑的特征

1.3.1 传统建筑的基本构成特征

1. 木材作为主导建材的选用

黄河中下游地区，作为我国古代文明的摇篮，其森林资源丰富，木材供应充足。木材因其轻质柔软的特质，易于加工和搬运，故成为建筑的主要材料。以木材为建筑骨架，不仅满足了实际使用的功能需求，更塑造出优雅的建筑实体及其独特的风格，因此木材在中国传统建筑中占据了重要的地位。

2. 木构架作为主导结构形式的采用

历经数千年，无论是宏大的宫殿还是朴素的民居，中国传统建筑在总体发展趋势上，都坚持采用木构架作为主要结构形式。这种结构形式的优点主要体现在以下 4 个方面：

1）木构架由立柱、横梁、檩等主要木构件通过榫卯结构紧密连接而成，展现出结构良好的弹性。

2）这种结构有利于防震、抗震，即使在墙体倒塌的情况下，屋顶仍能屹立不倒。

3）承重与围护功能明确分工，柱网外围的柱与柱之间可以砌墙、安门窗，也可以设计成四面通风、有顶无墙的形式，墙体不承担屋顶的质量。

4）内部空间分隔灵活多变，内围的柱与柱之间可使用隔扇、板壁等按需进行分割，展现出强大的生命力。

3. “间”作为基本组合单元的采用

中国传统建筑以四柱、二梁、二枋组合成一个基本单元，称之为“间”。这个“间”可以左右相连、前后相接，也可以上下叠加，形成错落有致的组合。单座建筑便是以“间”为基本单位进行组合的。

当房屋间数较多时，为了调整视觉上的视差，明间会稍大，次间稍小，梢间更小，以此类推，此外，还有像藏书楼这样上下叠加的组合形式。最后，以单座建筑构成庭院，进而以庭院为单位，组成各种形式的建筑群，形成统一而多元的群体布局。

1.3.2 传统建筑空间的基本构成特征

1. 不定义性

中国传统建筑体系，以木构架为主导，其平面布局特色显著，以“间”为基本单位构建“单座建筑”。大到宫殿，小至民居，都采用矩形的平面和柱网构建的空间模式。这些建筑通过“间”的前后、左右、上下的组合，呈现一种简洁统一的空间形态。

每个“间”在空间功能上并没有明确的限制，如现代建筑中的动静、干湿分区。受礼制制度的影响，虽然存在等级和秩序的差异，但空间本身极为灵活，可作书房，也可作休息室，为人们灵活划分空间提供了便利。由于这种空间功能的不定义性，几千年来，单体建筑的组合方式并未发生大的变化，空间形象也相对稳定。为满足人们不同的空间使用需求，建筑空间在精神营造物中寓情、借物抒情的含蓄之美。

2. 时空性

建筑作为三维空间的实体，其空间属性与生俱来。与绘画、雕塑不同，建筑需要人们在行进中欣赏，体验其空间大小、明暗、虚实、开阖的变化。这种从一个空间到另一个空间的流动，形成独特的时空效果，给人们留下深刻的印象。

中国传统建筑不仅是空间的艺术，更是四维的艺术，再现了时间的流逝，在建筑空间的起承转合、景色因借的组合中，时间随着“步移景异”而流逝。通过院落的穿插组合、一进一出的场所变化，构成了一系列高低起伏、井然有序的空间。随着时间的推移，空间的精神内涵逐步展现，这正是传统建筑时空一体化的含蓄表现。

3. 封闭性

中国传统建筑的隐蔽性和内向性显著，通常由多个单体建筑组成，通过回廊相连并由围墙环绕。传统的四合院是一个典型的例子，四周的房屋都朝向院落开门，对外只有街门，房屋临街基本不开窗或开很小的高窗，这都凸显了建筑功能的防御性特点。围墙是中国建筑的主要景观，它使墙外的人无法了解墙内的情况，只有在“一支红杏出墙来”的时候，才能分享墙内的春色，这使中国建筑的空间显得内向而含蓄。

院落是典型的封闭空间，无论是宫殿建筑的“深宫内院”还是民居建筑的“庭院深深”，都是由层层向内收缩的院落空间组合而成。这种封闭往往通过墙与外界分隔形成，甚至在庭院的入口处还要以照壁遮住视线，以体现藏而不露、避免过分张扬和显露的特点。重重院落相套、数重进深、曲折幽深、连绵不断，构成了各种建筑组群。这种空间的阻隔与通畅、大小长宽的对比、色彩与光影的变化，都给人以含蓄的精神感受。

4. 伦理性

建筑不仅具有物质属性，还具有精神文化的属性。仔细品味中国传统建筑，不难发现其中蕴含的伦理文化。从宫殿建筑、民居建筑到园林及整个城市的规模和布局，甚至在建筑技术、装饰方面，都能看出中国传统伦理文化在其中的影响。比如皇权至上、尊卑有序、贵贱有分、男女有别、长幼有序的伦理秩序等都在建筑中得到不同程度的体现和表达。

建筑空间形式深受伦理思想的影响，空间的等级体现了人群的等级，建筑的秩序体现了伦理秩序。在这种伦理秩序的影响下，建筑空间有了长幼、尊卑、男女的区分，并形成了一系列的典章制度，如门堂之制、营国之制、明堂之制等。从住宅到宫殿，建筑平面布局都强调秩序井然的中轴对称布局。这种富有伦理精神的有组织、有秩序的群体布局，是中国伦理文化在建筑空间中含蓄的体现。

由于中国传统建筑几千年来的梁架结构方式没有发生大的变化，建筑单体简单明了，但平面组织却极为复杂，形成了不同的空间层次和效果。这些空间由建筑物的实体分割成内部空间、外部空间及介于两者之间的过渡空间，呈现不定义性、时空性、封闭性及伦理性等基本构成特征，这正是含蓄审美文化在中国传统建筑空间中的体现。

1.3.3 中国传统建筑空间布局特征

中国传统建筑的空间构成要素，小到住宅，大到宫殿，都不是一个建筑可以解决的，而是由院墙、建筑、建筑小品、自然要素等组成。它们围合成封闭性较强的庭院，随着建筑规模的扩大，院落采取纵向、横向或纵横结合等多样化的方式进行扩展，构成各种建筑群体，庭院空间和建筑实体虚实掩映，内外空间交融过渡，这是中国传统建筑空间布局的典型特点。一般来说，中国传统建筑在平面布局方面有中轴线对称和自由灵活两大方式。

1.3.3.1 中轴对称

中国古代建筑组群深受“礼制”影响，多遵循中轴对称的设计。《吕氏春秋》载：

"择天下之中而立国，择国之中而立宫。"此言表明，"中"在"东、西、南、北、中"五方位中尊位独占，是以宫殿建筑作为王权之象征，皆以严格的中轴对称布局展现。

以明清时期的紫禁城为例，此建筑群凸显一条纵贯南北的中轴线，总长 7.8km。自南端外城之永定门始，至内城正门之正阳门终，其间建有宽敞笔直之大街。两旁布局对称。其间，大小不一的主要宫殿建筑井然有序地排列于轴线上。

立于太和殿、中和殿、保和殿之高台，俯瞰四周，宫殿建筑之独特空间布局尽收眼底。而登景山之巅，俯瞰紫禁城，空间开阖变幻，形体错落有致，庭院纵横交错，宛如一幅舒展和谐之空间画卷。

中国传统建筑平面以长方形为主，单层建筑通过廊道相连，围合成若干院落。建筑群之组合，使实体建筑与虚体空间相互呼应。大小院落相互穿插，空间序列如阴阳交替，赋予人连续、流动、渗透、模糊、含蓄之空间体验，激发审美情趣，意味悠长。

1.3.3.2 自由灵活

中国古典园林是中国传统建筑的又一类型，是自由灵活布局方式的典型代表，受道家"道法自然"的影响，没有规整的道路、绿篱，也没有左右对称的建筑，各构成要素了无章法，细细品味格局精细、规则严谨。中国古典园林受山水画的影响较大，其布局得益于绘画的空间理论——虚实、藏露、疏密、深浅等。中国园林强调"本于自然、高于自然"，以山水为主体，以建筑为点缀，以曲径为纽带，把人工美与自然美巧妙地结合，再现自然山水的艺术情趣。

园林的构成要素没有变化，只是表现的形式有创新。空间的获得依赖于实体，由于中国建筑形体简单，一般为矩形。点缀园林自由灵活的空间布局的游廊是灵活多变的，可长可短、可曲可折、可高可低。借用"廊"这一联系体，把简单的建筑组合成既曲折多变又参差错落的建筑群，破除了平板单调的感觉，曲折而变化无穷，饶有情趣。

在园林中，建筑布局获得最大的自由度，善于利用地形，采用借景和屏障等方法，互相因借抑扬，建筑与山水、花木等有机地组织为一系列风景画面，使游人从任何一个角度都能欣赏到不同的景色和景深的变化，具有含蓄不尽之意，使得园林在总体上达到更高层次的建筑美与自然美相互融合的境界。

1.3.4 传统建筑空间类型特征

意大利建筑师布鲁诺·塞维曾言："每座建筑皆塑造出两种空间——其一为内部空间，纯粹由建筑本身界定；其二为外部空间，也即城市空间，由建筑与周遭环境共同塑造。"这意味着，无论何种建筑，都蕴含"内部空间"与"外部空间"两种要素。

然而，关于这两种空间的衔接，若以 A 代表内部空间，B 代表外部空间，如何优雅地连接 A 与 B 呢？直接将两大空间相连，可能会显得突兀或不够丰富，导致人们在穿越时感受到的空间转换单薄而缺乏深度。但如果在 A 与 B 之间巧妙地插入一个过渡空间，如门厅，它便如同音乐中的休止符，不仅为空间转换提供了清晰的界限，还赋予了整体以抑扬顿挫的节奏感。

内外部空间并非孤立存在，它们之间存在着紧密的联系，而过渡空间正是这一联系的关键纽带。建筑不仅是一个实体，更是一个多维度的空间组合，由建筑物的实体界定出内部空间、外部空间，以及连接两者的过渡空间。这种空间的层次与变化，使得建筑不仅是一个简单的居住或工作场所，更是一个富有情感和韵律的艺术品。

1.3.4.1 内部空间

中国传统建筑的内部空间由地板、墙壁、天花六面围合而成，即由底界面、侧界面、顶界面构成，是一个灵活、完整的流通空间，具有“合而不闭、隔而不断”的含蓄美。中国传统建筑“由于建筑设计与结构设计结合在一起而产生的一种标准化的平面的结果，室内房间的分隔和组织并没有纳入建筑平面的设计之内，内部的分隔完全在一个既定的建筑平面中来考虑。”中国传统建筑的既定平面是矩形或方形，内部空间由数个基本单元“间”组合，为创造灵活的室内空间提供了技术支持。由于木构架式的结构形式，柱子是承重体系的组成部分，也是室内空间的重要限定要素。立柱既有助于空间形式的完整统一，又能利用其丰富空间的层次与变化。

室内任何物体都是内部空间分隔的元素，比如通过室内隔断、室内陈设、室内光影等的分隔处理，偌大的空间，不仅看上去井井有条，而且使空间多样化。中国传统建筑内部空间的分隔并不是完全的隔绝空间，而是通过多变的隔断形态和灵活的处理手法调和，改变着理性呆板的空间，着意创造一种似隔非隔的意蕴空间。

1. 室内隔断

室内隔断的主要形式概括为以下 4 种：

1）隔扇

隔扇是一种活动式的隔断，具备出色的灵活性和便捷性，既可以安装也可以拆卸。通常情况下，隔扇仅在中间部位设置两扇开启的部分。上半部分的隔扇被称为“格心”，其上雕刻有精美的镂空图案，这些图案以六角、八角、回纹、菱花方格及不规则的几何形状为主，同时包括“福”“寿”等吉祥文字和整体造型。在窗棂的背后，人们常会糊上纱、绢等织物，并在这些织物上绘制精细的工笔画，使其更美观。格心部分的设计巧妙之处在于其能让光线透过，这样不仅解决了内外空间分隔的问题，还实现了通风和采光的功能。因此，人的视线不会被完全阻隔，内外空间得以形成一定的呼应和联系。而下半部分的隔扇被称为“裙板”，它的主要作用是遮挡视线并保持室内温度。这部分多为素面设计，但也有一些雕刻了精美的纹饰，使其既实用又典雅美观。在园林建筑中，隔扇的格心部分经常被用来观赏园外的景物。通过巧妙地利用格心透出的空档，人们可以欣赏到园外的美景，这种设计方式不仅起到了很好的框景、漏景等作用，还为园林增添了更多的层次和美感（图 1-6）。

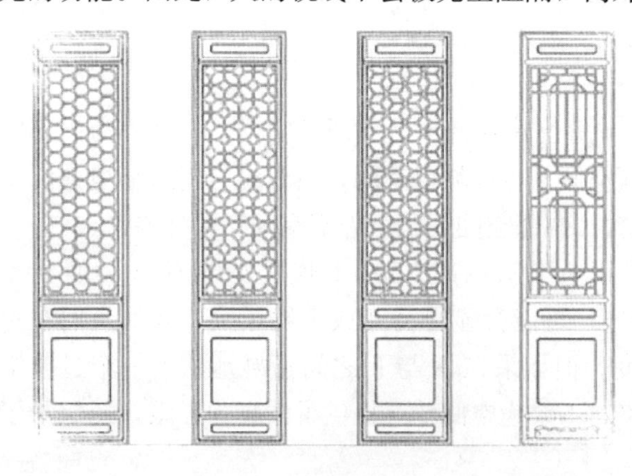
图 1-6 隔扇样式

2）罩

罩是一半隔断的形式，并非实质上的空间分隔，而是一种心理上的界定。与其说它在物理上划分空间，不如说它在心理上示意空间的界限。罩在空间上并未形成真正的隔断，而是通过视觉上的区域划分，营造一种既分隔又相互联系，既限定又延续的视觉效果，这种效果带有一种朦胧的美感。罩的设计巧妙地运用了通透的木花格，通过高度和宽度上的适当变化，使流通空间呈现相对的封闭感，从而形成一种类似于“门洞”的形式或心理感受。罩的形式多种多样，包括花罩、落地罩、栏杆罩等，每一种形式都有其独特的美感和功能。罩是一种独特而富有美感的半隔断形式，它不仅能够通过视觉上的划分营造出空间的层次感，还能够通过心理上的暗示创造出独特的空间感受（图 1-7）。

3）博古架

博古架，也称为多宝格或百宝架，是一种专门用于陈列古玩珍宝的格式框架。它以其灵活的尺寸、强烈的装饰性及通透的形式为特点，成为中国传统室内空间中独具特色的装饰元素。在博古架上陈列古董玩物，不仅能作为墙面的装饰，还可以作为开敞式的隔断，既丰富了室内环境，又保持了室内视线的开阔。博古架的分格大小是根据摆设物品的尺寸来确定的，因此具有极高的灵活性和实用性。在材料的选择上，博古架多采用珍贵的硬木，经过精细的工艺处理，展现其独特的质感和美感。当博古架作为墙面装饰时，它成为室内的背景，为室内空间增添一份古朴典雅的气息。其整体形状多为简单的方形，以尽量减少其对室内空间的占用。而当博古架作为开敞式隔断时，它通常被放置在室内中央，门洞设计在中间或一旁，形式变化多样，可以是圆形、方形、瓶形等，为室内空间带来了更多的层次感和变化。无论是作为墙面装饰还是开敞式隔断，博古架都以其独特的魅力和功能，成为中国传统室内空间中不可或缺的一部分（图 1-8）。

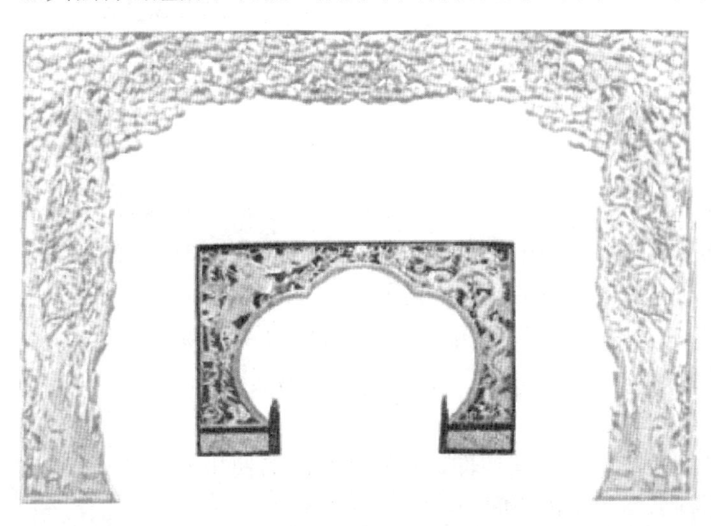

图 1-7　罩的样式

图 1-8　博古架（多宝格）

4）屏风

屏风，这一隔断形式以其灵活性和单纯性脱颖而出。在室内，我们称之为屏风；而一旦移至室外，则化身为照壁。古代的典籍文献与图画形象为我们揭示了这样一个事实：在中国建筑历史中，最早用于室内空间分隔的设施是那些可移动性的屏风、帷帐与帷幕。屏风不仅具备隔断的功能，更融入了装饰的艺术。它起到分隔、美化、挡风及协调空间等多重作用。从外观样式上，屏风多姿多彩，包括插屏、围屏、挂屏、台屏等。插屏带有底座，通常是单扇设计，不能折卷；而围屏由多扇组成，最少两扇，多则可达十几扇，能够随心所欲地折叠与展开。屏风是创造虚幻之美与流动之美的绝佳选择，它营造一种似隔非隔、似断非断的宁静氛围。在屏风的映衬下，空间仿佛变得更加灵动与深邃，为人们带来了无尽的审美享受与遐想空间（图 1-9、图 1-10）。

图 1-9　明黄花梨木插屏

图 1-10　清康熙折叠软屏风

2. 室内陈设

传统室内陈设主要包括家具、书画、匾额、楹联、植物、工艺饰品等，起着烘托主次、丰富空间的作用。在较正规的礼仪空间中，家具通常按照轴线对称关系布置，比较规整、厚重，以显庄重气派。而书房或卧室的家具布置则相对自由活泼，讲求“虚中生静，静中生趣”。传统民间建筑的室内厅堂多在后壁正中悬横扁，下挂堂幅，配以对联，两旁置条幅，柱上再施木、竹板对联。或在明间后檐金柱间置木格扇或屏风，上刻书画诗文、博古图案。

隔扇、罩、博古架、屏风等是室内的空间构件，要根据空间的使用要求合理选择。以灵活多变的分隔方式限定不拘一格的室内空间。

中国是一个善用文字、文学来表达意念的国家，室内的书画作品、匾额、楹联是室内空间极具特色的装饰，是中国文化的一个缩影。借助文化气息极强的室内陈设品来加强室内人文情感的渲染。同时，空间为虚、陈设为实，营造出虚实共济的含蓄美

（图 1-11、图 1-12）。

图 1-11 故宫金銮殿室内陈设

图 1-12 苏州拙政园室内陈设

3. 光影

中国传统建筑空间贯穿一个“变”字，强调有规律的变化。建筑是光影的诗篇，中国传统建筑中的光影是渗透式的，中国匠人在营造建筑空间时，更多考虑的是结构上的“间”，强调平面上的动态设计，如何去体验建筑空间，对于建筑外形的体量造型很少考虑。由于中国传统建筑空间承重与围护功能的分离，作为围护功能的墙体，可有可无、可虚可实，变成灵活多变的分隔形式，室外的阳光、月光透过花窗，洒入室内，年年日日更不相同，留下斑驳的影子，使室内空间隔中有透、实中有虚、静中有动、含蓄幽远、韵味无穷，丰富室内的景观层次，彰显中国传统建筑空间的独特魅力。

我国古代人民抗拒狭小封闭的室内环境，追求心灵上的安逸。他们借助弹性实体界面实现室内空间的隔与透，塑造空灵内敛的室内氛围。将单一的空间转变为多元化的空间复合体，极大地丰富了室内景观。他们借鉴园林空间表现手法，如借景、透景、框景等，引入室外风光，拓展室内空间，力求创造出一种含蓄而清雅的室内意境。中国传统建筑致力于在室内空间中保持人与自然的联系和对话，展现独特的艺术魅力。因此，室内外空间的交融与流动成为中国传统建筑普遍采用的手法，尤其在园林建筑中，室内外空间的融合达到诗一般的境界。

1.3.4.2 外部空间

外部空间，作为建筑内部空间的自然延续与补充，不仅连接着各个建筑，还构成了整个建筑组群的骨架。当建筑内部空间由地板、墙壁、天花等实体要素围合而成时，其外部则自然而然地形成了独特的外部空间。不同于室内空间，中国传统建筑的外部空间是开放式的，没有顶盖，仅由地板和墙壁界定，形成底界面与顶界面的独特构成。

在中国传统建筑中，室外空间往往被精心地分隔成多个小块，与室内空间相互呼应，共同形成功能各异的单元。这些单元通过墙、廊等隔断进行界定，使每个单元的空间尺度与功能需求相匹配。这种分隔方式使空间具有强烈的水平方向感，给人一种层层递进的感觉。然而，一旦进入某个庭院，分隔感便大大减弱，取而代之的是空间的流动与交融。

外部空间的构成元素丰富多样，包括殿、堂、楼、阁、廊、庑、亭、榭、院墙，以及植物、山石、水体等。这些元素随着功能需求的变化，从简单到复杂、从平直到曲折、从单一到多变，有序地展开，展现了中国建筑空间无穷的变化与魅力。

庭院（或天井）空间作为建筑外部空间的核心，承载着多重功能。它是人们家务劳作、儿童嬉戏、休憩纳凉的地方，也是点缀景石、种植花木的场所。庭院空间扮演着露天起居室的角色，成为建筑外部空间不可或缺的一部分。此外，庭院围合所形成的边角空间，虽然通常不作为户外活动空间，但延伸了室内与庭院的空间，增强了空间的渗透感，丰富了空间的层次。我们将这种边角空间称为“边角空间”，它是中国传统建筑空间中特有的空间类型。

1）空间围合方式

传统建筑庭院空间的围合形式有以下 5 种（图 1-13）：

（1）以院墙围合庭院；（2）以建筑围合庭院；（3）以建筑和廊、墙围合庭院；（4）以建筑围合建筑而成庭院；（5）以庭院围合庭院。

一是以院墙围合建筑或建筑群以成庭院空间。当建筑规模较小时，院墙与建筑构成主要的庭院空间；当建筑规模较大时，院墙往往成为建筑群的境界。

二是以建筑围合室外空间以成庭院空间。这是我国传统的常用建筑布局形式，往往是一正二厢，有时加上倒座下房，形成我国典型的三合或四合院落。

三是以建筑与墙垣、廊庑，共同围合空间以成庭院空间。在我国传统园林建筑与民居中，都采用这种灵活多变的形式。

四是以建筑围合建筑而成庭院空间。这种围合往往是为了突出中心的主要建筑，庭院空间常因此而成为很好的过渡空间，在不少寺庙与宫殿布局中常采用。

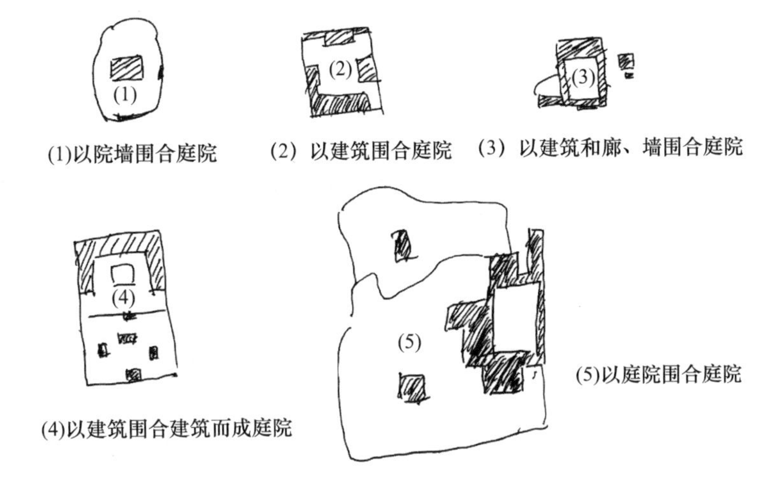

图 1-13 我国传统建筑庭院空间的围合方式

五是以庭院围合庭院的形式。即院中套院、院中有院，形成“庭院深深深几许”的幽深的空间意境。

2）空间构成要素

（1）围合要素

在中国绘画中，线条的运用至关重要，其节奏、疏密及流畅的形式都与自然的“气韵”紧密相连，展现“气韵生动”的美感。在中国传统建筑空间中，线条同样扮演着举足轻重的角色。建筑、墙、廊等侧界面围合要素如同绘画中的线条，它们通过疏密、虚实、曲折的变化，巧妙地构成一个个“气韵生动”、主题鲜明的庭院空间。这些庭院空间因围合要素的不同组合，展现渗透、封闭、开放等多种特性。

单体建筑如殿、堂、楼、阁、廊、庑、亭、榭等，是构成庭院空间的基本元素。它们的立面形成庭院的侧界面，而中国传统建筑采用的木构架结构形式，使得围护结构呈现出三面筑墙、一面户牖的特点。通过对墙体这一侧界面的灵活处理，可以营造出建筑的封闭感与开敞感。门窗不仅满足通风和采光的基本功能，还具有“隔”与“通”的双重作用，以及借景的巧妙功能，使内部空间与庭院空间相互融合、相得益彰。

亭作为中国传统建筑在空间上的独特创造，四面开放、八方无碍，它集中展现了中国传统建筑的屋顶精华，形式多样、形象生动而空灵。在古典园林中，亭子的身影随处可见，几乎无园不亭。在庭院空间中，亭子往往建于佳景之处，如同画龙点睛，为空间增添亮点；而在无佳景之处，亭子则能够创造景色，展现其精神内涵。此外，为了适应空间需求，还有沿墙而建的半亭，它们巧妙地营造出富有趣味的边角空间。

单体建筑的外部形体由台基、屋身、屋顶 3 个部分组成。其特点在于出挑的大屋顶和灵活多变的围护墙体，这种设计给人一种“上大下小、虚实互变”的空间层次感。庭院空间在三维方向上并非笔直延伸，而是与周围建筑物有机融合，打破了庭院的封闭感，营造古朴多变的空间层次，体现与自然的和谐交融。

在中国传统建筑中，无论建筑位于东西南北哪个方向，它们总是围绕着院落向心布置。这种布局方式使得建筑的虚面朝向庭院，立面则相对较少凸凹变化。建筑的装饰细节（如雕刻、绘画等）多以吉祥如意、平安幸福等寓意为主题，这些装饰不仅丰富了庭院空间的景观，还营造了一种诗情画意的超然空间情趣。

墙是保证私人生活空间的屏障。在中国文化的影响下，墙突破了屏障和保护的功能，扩展了美化庭院、扩大庭院的功能，增加了景观层次，让人感到“园中有园，景外有景”。墙从原来单调呆板的形制演化出丰富多彩、意味深长的各种表现形式，如云墙、梯形墙等。

庭院中常用的白粉墙，如同素绢白纸，通过匠心独具地在白粉墙前栽竹置石，就能勾勒出一幅幅典雅的中国画。粉墙黛瓦蕴藏和展示着中国传统建筑的艺术魅力，处处充满含蓄的韵味。有时在粉墙上开一些景窗、景洞作为景墙，将墙由实化虚，成为富有弹性的空间界面，造型各异的漏窗打破了沉闷单调的庭院空间，使空间围而不闭，有隔有透，使景色于“隐显减露”之间，变得丰富而有层次，令人产生美妙的感受。园林中经常用的高低起伏的云墙，寓静于动、曲柔可人、充满生机（图 1-14、图 1-15）。

图 1-14　景墙

廊是一种纵长、有顶的通道建筑。因为平而无味、直则无趣，廊一般曲折相连。廊本身具有一种似室内又似室外较为含蓄的空间，所以廊在组织、分隔中国传统建筑外部空间中发挥着重要作用，在园林中更是不可或缺的组成部分。廊可以把分散的建筑群围成一个整体，形成一个个院落空间，造成紧凑或疏朗的不同环境氛围。廊不仅是联系建筑的重要方式，而且是含蓄自然，不露痕迹地划分创造各种有趣味的庭院空间，营造庭院静观与动观的重要手段，在流动的体验中感受空间的诗情画意（图 1-16）。

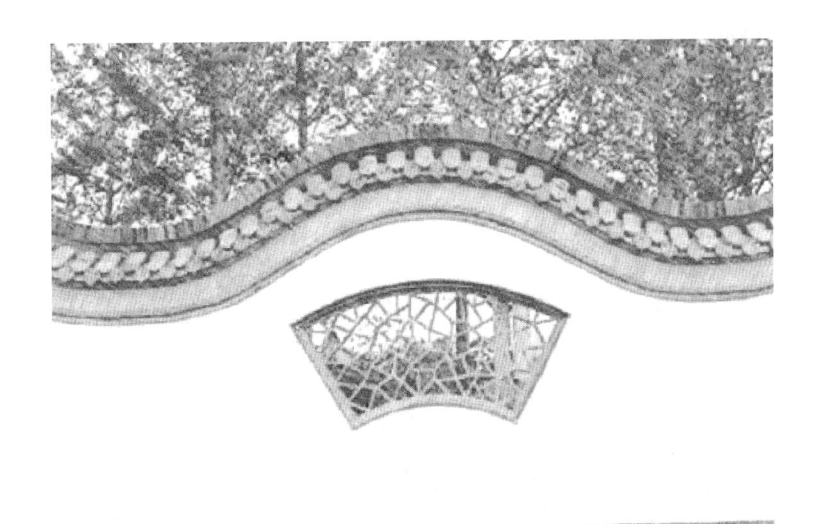

图 1-15　青瓦白粉绢墙

图 1-16　曲廊

（2）景观要素

花木、山石。

庭院虽小，装饰却不必过于繁琐。关键是要有一种“即使只是简单地布置些树石，也要散发出清新、洒脱的气息，而不显得空旷；稍微点缀些花草，就能营造出雅致、宁静的氛围，而不会显得冷清。”花木与山石，这些自然的元素，为庭院增添了几分天然的韵味。

花木，作为庭院空间中不可或缺的一部分，以其蓬勃的生命力为庭院带来盎然生机。一个只有建筑而缺乏花草树木点缀的庭院，无疑会显得僵硬而缺乏生气。随着四季的更迭，花木展现不同的姿态，将自然之美巧妙地融入庭院空间，使人们在庭院中就能感受到四季的轮回。

在中国文化中，花木承载着丰富的寓意和象征。竹子被比作谦谦君子，兰花象征着高尚的人格，菊花则代表着高洁。这些自然要素不仅塑造了庭院的地表景观，丰富了庭院的视觉感受，还通过其四季变化突出了庭院空间的时令特色。同时，它们可以通过不同的布局方式，调节庭院空间的构成格局。

中国人历来对石头有着深厚的情感，这种情感在历史的长河中逐渐转化为庭院中的山石景观。庭院中的山石是对自然山石的艺术再现，不仅形似、神似，还兼具象征和传情的作用。比如扬州个园中的山石景观，以不同的色彩和质感象征着四季的变化（图 1-17）。

图 1-17　扬州个园的奇石假山

“透、漏、瘦、皱”是古代人们选石的审美标准。叠石造山，妙造自然，重在山石的妙趣和人文之美。以白粉墙为背景，立石与花木相配，加上光影的变化，组成一幅幅优雅生动的立体画面，增添庭院的情趣。

3）空间动态变化

中国传统建筑空间独具魅力，其特色在于多变的空间与视点，以及连续性的动态转变。在规划这些空间时，不仅需要考虑固定视点下的静态观赏效果，更要注重行进中的动态视觉体验。“巧于因借”是这一理念的精髓，它强调因时因地灵活运用，将景观与视线完美融合，使每一处都呈现独特的景致，每走一步都有新的发现。

中国传统建筑的空间特色在于其随着人的移动在时间中延展，而时间则在空间中得以凝聚与再现。若空间被完全封闭，时间与运动便失去了活力。庭院空间是由建筑、墙、廊等元素围合而成的虚空间，虽有明确的界定，但并不完全闭合，而是在围合的基础上寻求动态的变化。在这些虚空间中穿梭，可以感受到廊子、墙、漏窗等元素所营造的层次丰富、变化多端的空间氛围，时间与空间的交织，共同创造出不断变化的空间感受。同时，中国传统建筑在规划庭院空间时，特别注重整体与局部空间在变化中的和谐统一。

4）空间序列组织

中国传统建筑艺术是一门群体组合的艺术。通过空间的基本单元——“庭院”，来组织空间序列，完成建筑群之间的联系、过渡与转换，从而创造出千变万化的空间效果。一个完整的空间序列通常由前序、过渡、高潮和结尾4个部分组成。

规整式的空间序列，通常沿着纵轴线来组织。庭院由门、门墙、过道、厅堂等元素串联形成一连串的庭院。这些庭院在尺度、形状、地面高低及围合建筑的变化上，并不是简单的重复，而是呈现主从有序、层层递进的特点，构成既有深度又富有变化的空间。每穿过一道门，进入一个新的庭院，都会发现景色在悄然变化，给人带来神秘而幽深的体验。随着建筑组群规模的扩大，可以在纵轴的基础上横向拓展，即多个纵向空间的并列组合，使得空间层次更加复杂多变，如同迷宫一般，体现含蓄内向、深藏不露的审美文化。

自由式的空间序列则更加灵活多变，它不拘泥于规则与对称，而是呈现周而复始、循环不断的特点。这种空间序列主要由庭院空间相互交织而成，通过游园路线将各个空间串联起来。室内空间与室外空间相互交织，运用分隔、对比、渗透、引导等手法，完成空间的“起承转合”，最终达到建筑艺术的高潮。这种布局方式充分展现了传统建筑艺术的含蓄美，创造出富有特色的空间序列。由于四方连续的空间组合方式，同一景象会给人带来不同的感受。即使走过的庭院已经不在视线中，但仍然会觉得似曾相识，仿佛进入了一个新的空间。这种空间组织的魅力在于，即使游走其中，也会发现每个庭院都有其独特之处，让人流连忘返。

由于中国传统建筑多是庭院组合，建筑与墙、廊等围合，有很多暗角死隅。虽然是局部空间，但是如果处理不当，就会有碍观瞻，处理好了，反而起到“画龙点睛”的作用。

建筑的山墙与山墙、山墙与院墙、后墙与后墙、后墙与院墙之间都存在一定间隙，形成边角空间。由于边角空间的存在，使得庭院空间在四面八方都向外延伸、流动，使庭院更具活力，更富有空间的层次和变化，体现对称方正与灵活有序的和谐统一。廊与建筑、墙若接若离，形成尺度不同、形状多样的边角空间。空间通透的光影变化，将人们的视线导向在空间流动中的廊，打破因建筑、墙带来的视线阻隔，丰富了建筑空间的构图与情趣。（图1-18、图1-19）

图1-18 东莞可园“问花小院”

图1-19 苏州留园“古木交柯”

廊沿建筑或墙建造时，廊在曲折之处会和建筑、墙产生边角，有时在廊的转折处设亭，凸向边角空间的四角有崖角起翘、飞指上空的动态曲线，在空间构图上显得活泼生动、趣味盎然；有时将墙留有窗洞，再置山石几块、竹叶萧疏，光影投洒在粉墙上，构成了一幅以粉墙为背景的立体的图面，使边角反见空灵含蓄之美。

中国人的审美以不尽处为最美，建筑空间中半减半露的边角空间正是这不尽处，给予足够的空间过渡及情感上的酝酿，营造出静谧、幽远、空灵的含蓄美。

由于中国传统的单座建筑平面的规整性与独立性，同时对于“礼”的需要，使建筑在形制和体量上有所区别，四面的建筑在围合时并非严整，而是相对松散，相互脱离，形成山庭院空间和边角空间组成的外部空间体系。庭院空间的围合界面有很大的灵活性，表现出不同的开阖、大小、高低、纵横等变化，以小见大，小庭院体现大自然的无穷乐趣。对于“似有似无、似静似动”的边角空间．涵蕴着建筑中“虚实互补、有无相生”的“含蓄”美学思想。

1.3.4.3　过渡空间

过渡空间是中国传统建筑最有意味的空间类型之一，或虚或实、或收或放。用较少的空间，营造足够的空间层次，蕴含着无限的丰富性，体现了中国人含蓄的美学思想。

过渡空间是内外空间的衔接部分，是亦内亦外的空间类型。过渡空间是由底界面、顶界面和部分侧界面构成。根据侧界面参与围合空间的程度，产生不同开敞程度的空间效果。设计上需要重视的问题，是外部空间和内部空间的相互渗透，虽然要保护内部的私密性，但它与外部却是半连续、半公开的。中国传统建筑（包括入口空间、檐廊空间等）将建筑内外紧密联系，成为一个和谐的整体。

1. 入口空间

入口空间是由外部空间到内部空间的过渡空间，具有外虚内实的空间特点。这里所说的外部空间不是特指室外空间，内部空间不特指室内空间，而是指两个不同的空间领域。

1）单一入口空间形式

随墙式入口、牌坊式入口是典型的单一空间形式，侧界面是不厚的墙体，通过底界面地面的材质或高度差的变化，共同限定入口空间。常见的随墙式入口门洞是入口空间简单化的空间表达形式，不仅起到空间分隔、过渡的作用，还可以框景、对景、突出主题，引人入胜。以门洞、窗洞、墙体等的渗透作为空间过渡与联系的手法在中国古典园林中也经常被造园家采用。虽然它们在视觉上没有形成一定的空间领域，但在科学意义上却是邻接空间的中介与过渡，也是心理情感上的交融过渡（图 1-20）。

牌坊式入口往往抬高入口前后部分的地面，在主入口的踏道上设台阶或者铺贴不同的材料，在内外空间上有所界定，限定出入口空间领域，多用于寺观、陵墓等建筑的入口处，渲染肃穆、幽深的空间氛围（图 1-21）。

随墙式入口、牌坊式入口由于在平面上只是一片，缺少深度，不便于遮阳避雨，只做空间上的内外过渡，难以形成明显的场所领域，欠缺停留感。

图 1-20 随墙式入口门洞

图 1-21 牌坊式入口

2）复合入口空间形式

屋宇式和殿宇式入口是较为简单常见的复合入口空间形式，平面上多是内凹式的，有回避、停留、让步、观望等实用功能，体现了中国人含蓄内敛的性格。由于入口不直接对着内院和厅堂等主要建筑，在空间上与影壁、柱、墙、花木、栏杆、石头等多种元素组合成较为转折多变的入口空间形式。从陕西岐山凤雏村的西周遗址中可发现，在入口处设影壁阻挡视线，由影壁和入口建筑物构成的复合入口空间，既限定了空间，又丰富了空间的层次。在一些传统民居建筑入口建筑前设置一些石阶、栽几株花木，体现了人与自然的亲近，人们时常在门前闲谈、乘凉、观赏景色等，丰富了入口空间功能（图 1-22）。

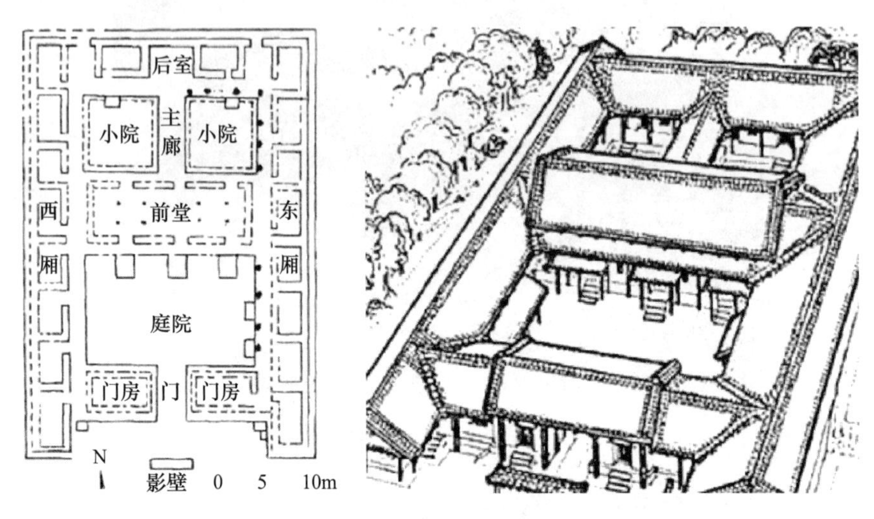

图 1-22　复合入口空间

在园林中，复合入口空间的营造更灵活，用石头、廊子、墙、花木等划分出曲折幽深的入口空间，起到分隔内外空间和障景的作用，使人的视线不能直接看到内部空间，给人留有遐想的空间，完成空间、心理、行为的过渡。苏州留园入口处有一段长度不足 50 米的过渡空间，利用墙、廊形成曲折、狭长的多个空间，进入园区主体空间时，人们眼前豁然开朗，在渐变的过程中突变，获得了“小中见大”的效果。

入口空间是中国传统建筑组群不可缺少的组成部分，是空间联系的重要手段，是极富特色的含蓄空间形式。

2. 檐廊空间

檐廊空间是由中国传统建筑的大屋顶与外墙共同界定出的独特区域，这一空间既蕴含了室内的温馨，又展现了室外的开阔。身处其中，人们既能感受到人与自然的紧密联系，又不会完全脱离室内环境的舒适与便利，仿佛在室内与室外两个世界之间游走。这种室内外的过渡空间，不仅满足了人们的日常生活需求，更在整体上与建筑组群的包围性、封闭性形成了鲜明对比、相互补充，体现了中国建筑追求和谐统一的哲学思想。檐廊空间的存在，不仅丰富了建筑的空间层次，也为人们提供了一个与自然和谐共处的理想场所。

“有无相生”的哲学理念，在檐廊空间中得到完美体现。“有”代表着建筑的实体部分，而“无”象征着庭院空间的虚体。中国传统建筑以木构架为主要结构形式，赋予建筑实体空间极大的灵活性。朝向庭院的一侧常设计有透空的墙面，如门扇等，根据实际需要，这些墙面可以全部敞开，使得檐廊空间成为室内外空间的桥梁，将两者紧密地连接。这种设计不仅统一了空间，更在其中注入了丰富的变化，营造出一种生动而诱人的空间效果。

檐廊空间不仅是一种独特的建筑形式，更是深植于生活的文化表达。中国传统文化中对自然的崇尚，对建筑的营造有着深远的影响。人们时刻追求与自然的和谐共处，这种追求也体现在建筑空间中，充满了对自然的向往和回归。人与建筑、建筑与建筑之间都弥漫着自然的情趣与诗意，构筑情景交融的含蓄美。檐廊空间正是这一诗意的载体，其开放性和连通性使室内外空间得以和谐互动。

江南水乡的气候温热多雨，檐廊空间得到了充分的利用。店铺或住宅的檐廊向街道悬挑，临街的建筑墙体结合了固定的实体与活动的虚体。窗户、门板等虚体部分可以完全打开，实现良好的通风。这种设计使得室内与室外形成了自然的过渡，不仅为行人提供了遮阳避雨的功能，还满足了人们休憩、交往的需求，甚至成为一些商业活动的场所。这种亲切宜人的空间氛围，反映了浓郁而和谐的生活气息，与河水、街道、粉墙黛瓦等元素有机结合，展现出错落有致的韵律空间（图 1-23）。

图 1-23　西塘古镇“檐廊”

1.3.5　传统建筑的伦理特征

无论是北方的四合院还是南方的民居，传统建筑的设计都并非随意而为之，而是在古代宗法制度的深刻影响下，遵循着“尊卑有序、长幼有序、男女有别”的宗法伦理“礼制”思想。这种思想体现在建筑的布局、规格及空间序列上，充分展示“礼制”所要求的尊卑等级次序。

王国维曾指出，传统建筑的群体组合，不仅是空间上的布局，更是“血亲家族伦理”和“礼制”的文化象征。他解释道，家庭中的成员，如父子、兄弟，各自有其居住的空间，而整个家庭则围绕着一个中心庭院布局。这种布局方式，既保证了家庭成员之间的亲近与互助，又体现了尊卑有序的伦理观念。四合院正是这种思想的典型代表，其空间布局和居住用房的分配都清晰地反映了传统伦理“礼制”的观念（图 1-24）。

四合院以庭院为中心，四周由房屋围合而成，形成封闭的空间秩序。这种布局深受“男女有别”“内外有别”等观念的影响。庭院中通常有一条贯穿全院的中轴线，坐北朝南，左右对称，入口通常位于东南角。四合院的典型住宅形式是三进四合院，从大门进入，迎面是一块照壁或影壁，紧接着是东屋的南山墙。萧墙的存在，既保护了家庭的私密性，又具有避邪的功能。

图 1-24　北京四合院

四合院的前院或外院，通常设有倒座，即南房，多用作仆役住房、厨房或客房。倒座与正房、厢房之间，由垂花门相隔（图 1-25），此门在南方地区被称为便门，即礼仪之门。门内空间的等级分明，内外有别，妇女不能随意进入外院，客人也不能随意进入内院。四合院的后院或主院是家族的核心空间，有正屋、厅堂和东西厢房。正屋位于纵横中轴线交叉点上，是最高等级的建筑，多为三开间，其体量最大，使用的材料最好，是家族长辈的起居之处。东西厢房则开间较小，进深浅，是晚辈居住的地方。厅堂则是家族的核心空间，用于婚嫁、丧葬、寿庆、祭祀等重大活动，是家族权力的象征。

图 1-25　四合院垂花门

传统建筑的厅堂是我国古代封建伦理文化的重要表现，其中渗透着宗法等级制度及道德原则。在建筑厅堂中，左右对称的格局、中间祖宗牌位的设置、祖宗画像的悬挂、不同身份和辈份人的不同座次规定等，都是伦理观念在建筑空间中的具体表现。四合院以其独特的建筑形制，无言地表达了中国传统的家庭伦理观念，其建筑格局是对中国传统伦理道德的极佳诠释。

1.3.6 传统建筑的区系特征

1.3.6.1 文化地理与传统建筑

在初步探索中国传统建筑的谱系时，参考古代史地学的视角，我们将国内的传统建筑划分为两大区域——西北区域和东南区域。前者主要包括位于400mm等降水量线以北的半干旱和半湿润地区，这一区域涵盖了昆仑山脉南北侧、青藏高原和蒙古草原，涉及汉藏语系、阿尔泰语系和印欧语系等多个语系。在此区域内，传统建筑可分为四大类：

1. 藏语族、突厥语族、蒙古语族和通古斯语族的帐幕、毡房和蒙古包，这些建筑形式充分体现了这些民族的游牧文化和生活方式。

2. 塔里木盆地周边的突厥语族和东伊朗语族的建筑为木构平顶建筑群落，这些建筑以其独特的木构平顶和密集的飞椽构架为特点。

3. 青藏高原上的藏式碉房及其变体，这些建筑以石砌厚墙为围护体，内部采用木构平顶密肋飞椽，形成一种独特的构架，屋顶则覆盖着“阿尕土”。

4. 甘青地区各族建筑元素交融的“庄窠”（“庄廓”）式缓坡顶两合院与三合院民居，以及位于青藏高原东部边缘的羌式碉房和合院等，这些建筑形式展现了多民族文化的交融与共生。

相较之下，“东南区域”的地理背景更为复杂，可划分为两大气候带。第一个气候带位于400mm等降水量线以南和由秦岭——淮河划定的800mm等降水量线以北之间。这一区域的传统建筑主要分为两类：

1. 在豫、晋、陕、甘地区，可以看到以靠崖窑、地坑院和锢窑为特色的窑洞建筑，以及由木构坡顶和包砖土坯墙构成的房屋，形成了具有地方特色的晋系狭长四合院。

2. 在京、冀、鲁、豫地区，则以木构坡顶、平顶、囤顶等房屋构成的开阔四合院为主，这些建筑形式充分展现了北方平原地区的居住文化。

第二个气候带位于800mm等降水量线的秦岭——淮河以南和1600mm等降水量线以北。此区域的传统建筑更为丰富多样，可分为六大类：

1. 在川、黔、桂、滇等西南地区，合院建筑以穿斗体系和基部干栏——吊脚楼为显著特征，其石基土墙、平顶及屋顶场院沿坡地层层叠落，形成独特的“土掌房”“一颗印”（“窨子屋”）“三坊一照壁”的三合院建筑及山地楼居建筑。

2. 湘、赣、闽北地区的“四水归堂”天井建筑，又称为“土库”建筑，这种建筑形式在南方湿润气候下具有良好的通风和采光效果。

3. 徽州地区的天井建筑以堂楼为中心，高耸的马头墙、墙厦、精工木雕和楼面地砖为特色，体现了徽派建筑的精致与华美。

4. 江浙地区的合院建筑以穿斗——抬梁混合式的多进厅堂和宅园为代表，这些建筑在继承传统的同时，融入了江南水乡的特色。

5. 在闽南、粤东地区，我们可以看到以“古厝”为特色的建筑形式，这些建筑隐含了闽南民系带着中原所营造的风习南迁建屋聚居的历史事实。同时，这一地区有夯土围墙和木屋架的客家“围龙屋”（如堡寨、土楼等），体现了客家人的智慧和勤劳。

6. 岭南广府地区的多进民居合院建筑则以天井、冷巷和重瓦散热屋顶为特色，这些建筑在适应炎热潮湿气候的同时，也展现了岭南地区的建筑美学。

这些异彩纷呈的地域传统建筑形式，都是当地环境气候条件、民族文化和民系居住习俗的生动体现。然而，关于各地传统建筑的谱系数量、分布规律、分类方式及各谱系之间的关系等问题，仍需要进一步的研究和探索。

1.3.6.2 传统建筑区系

“语缘”这一纽带在历史长河中连接着不同的民族和民系，其重要性仅次于血缘，是塑造地缘文化认同的坚实基石。借助“语缘”的视角，我们有望全面解析我国汉族与少数民族传统建筑的谱系分类及其分布特征，进而深刻领会建筑本土化的传统源泉。根据语言学家的分类，汉藏语系中的汉语族可分为五大官话方言区，包括东北、华北、西北、江淮和西南，以及七大非官话方言区，如晋、吴、湘、赣、客家、闽、粤。以此为框架，我们可以划分出北方汉族的六大传统区系，包括东北、冀胶、京畿、中原、晋、河西；两大跨越南北的区系，如江淮和西南；以及南方的四大区系，包括徽、吴、湘赣、闽粤等。这样的划分不仅有助于我们理解传统建筑的地理分布，还能揭示语言与文化、地理之间的紧密联系。

1.3.6.3 谱系与基质

实际上，传统建筑各谱系的影响区域边界往往模糊且交错，甚至通过水系等迁徙路线能实现远距离跳跃性传播。因此，确定匠作发达的谱系中心显得尤为重要。认定的关键在于寻找具有普适性和可识别性的谱系基质。“基质”是指构成特定传统建筑谱系的基本特质，主要涵盖以下五个方面：

首先是“聚落形态”。它反映了聚落与自然环境的相互关系，体现了自然条件和文化习俗的双重影响。在不同地理、地貌中，聚落形态遵循着相似的构成规则，就像语言结构中的“句法”和“语境”一样相通。然而，各地的“方言”和“发音”各具特色，既有形态上的趋同，也有变异性的“拓扑”变换。

其次是“宅院形制”。受宗法关系影响的汉族宅院及其他民族宅院与地理气候条件和人伦秩序紧密相关，形成多种合院构成规则和样式。宅院内部主要包括以“四水归堂”为典型的“天井”及封闭或开敞的庭院等空间。

第三是“结构类型”。在抬梁、穿斗、井干、平顶密肋等多种结构类型及其混合体中，可辨识各地匠系对木结构的不同构架搭接传统。除北方官话区内与官式抬梁式构架体系相关的类型外，在800mm等降水量线以南的广大地区，穿斗式构架占据主导地位，尤以西南地区的川、黔、滇和华中地区的湘、鄂等地的传统建筑最为典型。

第四是“装饰技艺”。这种小木装修范畴内的精湛工艺反映了传统建筑谱系的工艺传承和相互影响。以雕饰为例，明清时期，随着晋、徽、浙、粤四大商帮的兴盛，木、砖、石三种材料的建筑、家具和摆设的雕饰技艺得到了极大发展。其中，北方的晋雕、江南的浙雕（如东阳白木雕、乐清黄杨雕）和徽雕、华南潮州的金漆木雕、闽南的龙眼木雕、海南的黄花梨木雕及青田的石雕等都极具地域谱系代表性。

最后是“营造禁忌”。这是从选址、建造到使用过程中一系列具有文化象征和心理学“自我暗示”作用的习俗，如鲁班尺和营造仪式等。比如“过白”这一做法不仅使前屋正脊天际轮廓得以清晰呈现，还有利于后屋纳入直射光，符合“聚气”“望气”之说。“过白”后来在京畿和华南的闽、粤等地流行，主要受赣语方言区的影响。

1.3.6.4 江南传统建筑谱系关联域的几个案例

1. 赣、吴、徽谱系中心

在江南的传统区系中，赣与吴的传统建筑渊源深厚，明中叶后，徽帮逐渐兴起且后来居上。清朝时期，在民间建筑中影响尤大。从历史背景来看，赣语区和吴语区作为江南文化的两大支柱，历经北方移民的多次冲击，仍坚守着江南文化的独特气质和深厚底蕴。

1）江右赣语方言区，以鄱阳湖畔及赣江之滨的临川（今抚州，古时的文化中心）、进贤、乐平、永修（曾名建昌，“样式雷”祖居地）、丰城（史学家雷礼的故乡）、吉安（古称庐陵）和邵武（位于闽北赣语区）等地为核心匠作谱系。其影响力延伸至湘语方言区的岳阳以东地区。这里的营造谱系历史悠久，匠艺精湛，保留了大量传统古风。宅院空间类型以开放式厅堂和天井构成的一进或两进合院为主，其中赣中吉安（庐陵）地区更是常见经偏外门、窄塾院进入正院的耕读文化空间。随着多进院落的逐渐升高，堂屋与门房、厢房围绕天井形成“四水归堂”的独特格局。从后金柱向天井望去，堂屋檐口不遮挡门房正脊，留有一线天的“过白”景观。宅院结构多采用穿斗式（柱承檩一素穿枋或正面饰板）和抬梁一穿斗混合式木构架。祠堂、书院、庙宇的主体结构常见插接（梁头插在两柱柱身内）抬梁式和减柱扛梁（复梁）做法，偶尔能见到担接（梁头担在柱头卯口内或大斗上）抬梁式结构。此外，该地区的建筑特色还包括木雕梁枋的多样化、柱脚为莲花（或讹角斗）形状的童柱、花格门窗、大门门槛前的木踏步等。“石基青砖清水墙、空斗内填黏土”，砌法有“一眠一斗”和“两眠一斗”等，都是这一谱系的鲜明特征。偶尔还能见到采用油灰地仗的官式做法。尽管江右赣语方言区的匠作谱系与吴系的“香山帮”和徽系的“徽帮”在某些方面存在相似之处，但它们在建筑风格、技艺传承等方面有明显差异。

2）江左吴语方言区，以苏州（古时的文化中心）、余杭（杭嘉湖平原的文化中心）、金华（明清建筑之乡，包括东阳地区）、宁波（明清商帮中心）、台州（保留宋元官式木构做法的特殊地区）和永嘉（保留中古传统气息的浙南要地）等地为核心匠作谱系。此地的建筑多以“穿斗一抬梁一插梁”混合的“厅堂一阔院”为主，主厅堂通常采用抬梁式。进深柱距明显大于赣系厅堂，虽然庭院也宽敞，但“过白”现象并不常见。在众多匠作中，苏州吴县的“香山帮”尤为引人注目，其历史源远流长，从明初延续到清末民初。“香山帮”营造的建筑特色鲜明，如宽敞的横向庭院和厅堂、东路的花厅和花园。主体厅堂的明间以抬梁式为主，而附属建筑则采用穿斗式。在斗棋方面，枫拱和凤头昂是其显著特点。此外，上层宅邸的设计充满了官式建筑的韵味。“香山帮”擅长使用精致的砖木双面雕，以及包括落地罩、飞罩、挂落等内敛而精致的室内木装修。“香山帮”的影响力贯穿明清两代，出现过蒯祥（1398—1481 年）这样的名匠，他曾主持明代南京和北京故宫的营造工程，并官至工部侍郎。另一位重要人物是姚承祖（1866—1938 年），他在清末民初对“香山帮”的贡献巨大，并留下了重要的典籍《营造法原》。

3）徽语方言区位于赣语和吴语方言区之间，核心匠作谱系集中在歙县（徽州古代文化中心）、休宁（徽杭水道起点）、黟县、婺源、建德等地，充分展现了山地传统建筑的特色。这里的建筑以“穿斗—插梁”的天井楼院为主，明代开始流行高耸的马头墙，与堂楼映衬。早期的楼厅风格类似官式建筑，采用彻上露明厅堂设计。自明末清初以来，插接抬梁式和轩顶逐渐成为主流，并创新出传统建筑中独有的楼面地砖。尽管徽州楼居占地面积有限，但建筑师们巧妙地通过竖向空间扩展来优化布局。他们将大量的营造工料用于建筑构件的雕饰上，展现出精湛的雕工技艺，与徽杭水道下游吴语方言区东阳的木雕艺术水平相当。

2. 雷氏祖居与江右匠作谱系

江右匠系，以江西永修雷氏匠户为杰出代表。清初，雷氏家族中涌现以雷发达为首的七代宫廷建筑世家，被誉为“样式雷”。雷发达（1619—1693 年）曾任工部营造所长班，其后的家族成员在官式建筑领域有着深远的影响。而在同样源自鄱阳湖流域的雷姓同族中，明中叶的丰城出现过一位重要的建筑家雷礼。他曾官至工部尚书，对建筑营造史产生了深远的影响。

3. 赣系与官式的关联

经过实地考察与建筑实测，我们发现上述江右匠作谱系的基质在鄱阳湖流域的赣中和赣北地区普遍存在，直至景德镇以远的徽语方言区，才逐渐展现出徽州建筑谱系的基质特征。据此推测，清代北京故宫在重建过程中可能保留了赣系基质的某些痕迹。

以太和殿为例，其天花以下的七架梁断面和两端承托的斗拱用材显著缩小，同时增设了连系柱间及参与承托天花的随梁枋，与上额枋保持齐平。这种设计相当于穿斗式结构的柱间穿枋，有效地弥补了抬梁式殿堂铺作层在横向刚度上的不足。此外，各檩下增设了通长的檩垫板和随檩枋，取代了清初以前官式建筑檩下常用的襻间。这与江右传统匠作中的瓦梁和栋梁（相当于脊檩和脊枋）在强化构架纵向刚度上的作用相似。这些变化似乎体现了官式建筑在结构整体性上向传统建筑的回归。

1.4 传统建筑的特点

传统建筑并非仅从单一历史时期汲取精华，而是在其存在的多个历史阶段中，经历了不断的增补与变革。因此，这些建筑不仅是历史的见证者，更承载了丰富的历史信息，这些信息通过各类文献与实物资料得以加深。同时，传统建筑能够多维度地反映某一社会、某一发展阶段的生产关系、生产力、经济基础与上层建筑之间的关系，成为研究社会发展史的宝贵资料。

这些建筑往往具有高度的审美价值，体现了其所属历史时期的文化高度。在保护和修复传统建筑的过程中，维护其本质特征至关重要。这些特征不仅是历史研究的焦点，也是文化特色的基石。《威尼斯宪章》明确指出，保护这些本质特征是文物古迹保护的核心使命，即使是残破的废墟，也蕴含着丰富的历史信息。

传统建筑的形象特征是城乡风貌的重要组成部分，它们塑造了城乡景观的基本风貌。因此，传统建筑的保护与重建与城乡规划建设政策紧密相连。

1.4.1 传统建筑的时代记忆

建筑是人类生存不可或缺的物质基石。自人类开始使用工具以来，建筑活动便成为他们展现智慧与创造力的舞台。在历史的长河中，每个民族的建筑都承载着其独特的文化烙印。在某一历史阶段，一个民族的建筑常常能够反映出其文化的精髓，成为民族文化的重要组成部分。

1.4.2 传统建筑的实用性

1.4.2.1 传统建筑的技术实用性

建筑原型与一般原型的核心差异在于其具备的实用性和技术性。建筑不仅要满足使用需求，还需要依靠技术条件进行构建。因此，作为地区性建筑原型的民居形制，既要满足实用功能，也需要技术支持。传统建筑的形成与发展始终以满足人们的需求为基石。各个历史时期的民居建筑形式和空间构成均在物质技术基础上，是对当地自然与人文环境的综合反映。实用性是民居营造的核心目标，而技术性是实现这一目标的基石。传统建筑的演变在实质上反映了生活行为与建筑行为的发展变化。不同的生活需求和建筑技术，塑造了各具特色的民居形制。

在农业社会，由于生产力水平相对较低，传统建筑的营造紧密依赖于当地的自然环境。受地区环境资源的影响，民居形制中的技术性特征尤为明显。其中，最根本的体现便是传统建筑形制的结构类型。这种结构不仅构成民居的形态骨架，还隐含着调节民居形制限度的潜在极限。抬梁与穿斗结构是常见的两种结构类型，广泛分布于北京、江苏、浙江、安徽、江西及四川、云南、贵州等地。这两种技术在汉代已相当成熟，因此，基于这些结构类型发展起来的民居形制展现出更好的稳定性和更大的拓展性。

在北方地区，抬梁式结构尤为常见，如北京四合院的正房，而南方更倾向于使用穿斗式，如云南白族住宅的主体部分。抬梁与穿斗的混合式结构是这两种结构类型的完美结合。在安徽、江苏、浙江、江西一带的民居中，山墙边采用穿斗式，通过密集的柱梁横向穿插结合，辅以墙体，从而增强抗风性能。明间为使空间更为开阔，采用大梁连接前后柱，减少柱子数量，这种设计巧妙地融合了穿斗与抬梁两种结构的优点。四川省甘孜藏族自治州道孚县的藏族民居是在传统的“崩科”结构类型基础上进行改进的典型案例。道孚“崩科”民居以木框架体系作为整体骨架，再结合圆木对劈、横向竖排维护墙体。这种独特的结构方式使内壁为圆木的破面，外壁为圆木的圆面，形成极具特色的民居外观（图 1-26）。

图 1-26　道孚“崩科”民居

民居形制的实用性与技术性表明，地区建筑原型不仅是一种物质形态，更是对真实生活需要的直观表达。民居形制的发展是与营造技术的发展和完善同步进行的，它作为地区建筑原型，带有一种目的性，并伴随着当时当地对这个目的的最佳解决方式。传统建筑的定型是阶段性营造目标的达成，也是与之相应的营造技术的实现。传统建筑的演进是在此基础上的下一个目标的追求，也是营造技术的进一步调整。

1.4.2.2　传统建筑的标准实用性

在封建社会，中国的建筑构建展现出卓越的成就，这主要归功于其标准化的构建和对材料性质的深入掌握。宋代的《营造法式》明确提出了“材”的概念，这种“材”不仅代表了构件的标准，更确定了构件的基本尺度。一旦构件的数据被准确标定，其大小形态便随之确定，这无疑大大提高了建筑营造的速度。相较于同时期的西方建筑，中国在同等建筑等级的条件下能节省大量时间。同时，标准化构建显著降低了人力物力的消耗，从而降低了建筑成本。分工的明确进一步提升了效率，使建筑工作更为高效。

空间的标准化是中国传统建筑的另一特色，主要体现在“间”的概念上。所有的平面都由“间”构成，不同身份和地位的人所居住的建筑有着明确的空间标准。这种标准化使中国传统建筑在建构方面取得了巨大的进步，即使在当今看来也是非常先进的。

中国的古建筑样式轻盈灵巧，这与其主要材料木材的特性紧密相连。中国的抬梁式建筑更是将木材的优点发挥到了极致。

如今，越来越多的人认识到中国传统建筑的价值，并希望将其发扬光大。然而，如何继承传统建筑是一个值得深思的问题。我们不能仅用大屋顶或简单地用现代材料和技术来模仿古建筑的形态，我们需要深入理解中国传统建筑的精神和核心价值，并将其融入当代建筑设计中。

1.4.3 传统建筑的人文底蕴

文化因子对传统建筑的影响深远且广泛，各地的民居形制都深刻反映了该地区文化的价值体系、民族心理、思维方式和审美观念。文化融合是地区文化调整的重要方式，当不同文化通过传播发生接触时，它们会排斥其他文化的特性，并在相互撞击中进行社会选择。最终，这些文化元素会经过调适和整合，形成新的文化体系。作为地区文化的重要载体和有机组成部分，各种民居形制也在多种文化的交流中经历了撞击与筛选，最终形成更有利于发展的新的民居形制。

骑楼民居形制的出现是海上丝绸之路将地中海文化传播到南洋地区的结果。这种民居形制的临街立面通常采用西式造型，重点体现在女儿墙、檐口、窗洞、阳台、柱廊等部分的装饰艺术上，如古希腊的柱式、古罗马的穹顶、巴洛克的山花曲线和哥特式的垂直线条等。这些来自不同文化地区的建筑样式都为骑楼民居形制的形成与发展提供了基础。

从骑楼的传播路径和动态过程来看，其西方样式的传播秩序和方向是在印度初步形成后，由殖民者以马来半岛为节点传入南洋地区。然后，它大致分三条路径向太平洋沿岸地区的广州、海口等地传播，而骑楼的东方样式由中原地区向岭南地区传播。因此，广东骑楼有两个起源地，一个是地中海作为海上起源地，另一个是中原作为陆上起源地。这种双向的渊源使骑楼的民居形制在不同的地区呈现不同的形态特征，即使在看似相似的各地骑楼中，也展现了丰富多样且变化多端的类型和发展形态。骑楼的传播跨越了单一的文化区，广泛分布于我国的广东、广西、海南、福建、台湾等地，每个地方的骑楼都风格独特。在与不同的城镇文化结合中，骑楼形成了既丰富变化又多样统一的样式（图 1-27、图 1-28）。

图 1-27　广东开平骑楼建筑

图 1-28　广州上下九路步行街骑楼建筑

建筑形制的演变发展，在实质上反映了人的生活需求、居住意识、居住行为和审美观念的演变。人对民居需求和欲望的逐步提高是不断促使民居建筑得以发展的内在动力。骑楼民居形制是在西方建筑形式传入我国南方部分城镇后，与其气候和经济活动相结合，融合近代中西方建筑文化和建筑技术的产物。在外来文化和本土文化的不断碰撞后，其结果是西方文化逐渐被本土化。文化发展上的多元融合，表明作为地区建筑原型的民居形制具有文化内涵的广源性，它的演进并不一定只是基于自身的发展提高，还可以选择性地吸纳多种文化中有利于自身发展要求的部分，并将其组织融合，从而发展出新的更合理的、更有效的民居形制。

1.4.4　传统建筑的生态理念

实质上，传统建筑与现代建筑之间的核心区别在于其环境控制的方式，前者顺应自然，后者倾向于人工干预。然而，一个常被忽视的事实是，生态绿色的理念并非现代建筑的专利，它早在建筑诞生之初便已经蕴含其中。人类社会作为“第二自然”，随着其发展逐渐与自然环境疏离，导致人与自然的对立。这种对立促使人们重新审视并回归自然，进而提出生态可持续建筑的理念。因此，生态建筑并非刻意为之，而是自然存在于建筑的历史长河中。从原始社会的巢居到黄土高坡的窑洞，再到现代的生态建筑，无一不体现建筑与生态环境的紧密联系和自然的适应性。

中国式建筑强调“负阴抱阳、背山面水、藏风聚气”等原则，与古人所倡导的“天时、地利、人和”理念一脉相承。一个理想的建筑环境，应该是天人合一、自然天成的，这既是建筑的选择，也是空间营造的目标。同时我们应认识到，随着人类文明的进步，朴素的生态环境观念逐渐融入美学和艺术思想，成为指导人类实践的重要原则。中国传统建筑作为社会文化的一种物质表达，体现了“道法自然”的哲学思想。以私家园林为例，其室外空间中的建筑与自然元素相互融合，形成多层次、多边化的空间效果，展现出人与自然关系的独特性和浓厚的抒情性。当然，现代的生态建筑在科技和审美层面上有了更大的提升，但我们也应避免在实际工作中迷失方向，盲目追求不切实际的手段或劣质的实验性建筑。事实上，先人已经为我们树立了榜样，他们的智慧值得我们去深入挖掘和学习。

中国民居建筑及院落是传统建筑中的杰出代表。它们不仅体现了民族的心理结构、行为方式、审美情趣和文化心理，还通过精心的布局、高超的技艺和合理的经济手法扎根于所在的地域，成为具有独特文化价值和科学价值的建筑遗产。尽管部分民居在功能上已不再适应现代生活的需求，但它们的科学价值、历史价值、文化和艺术价值及生态价值仍然深厚且值得重视。民居不仅是人民群众智慧的结晶，也是民居文化的具体体现和建筑创作灵感的重要源泉。因此，在现代建筑发展中，我们应深入发掘和整理民居蕴含的哲理及符号位码，从中提炼升华，为地方化、民主化、中国化的建筑发展提供坚实的根基。确切地说，中国传统民居具有隐形的“六缘”，即地缘、血缘、人缘、史缘、业缘和学缘。这六缘相互交织，与民居的建设、充实、发展和变革紧密相连。它们不仅关联民居的技术传承、文化内涵、人文历史、传统习俗、地理环境、模式承继、审美观念和深层哲理等方面，还为我们提供了深入了解和评价民居的重要视角。因此，在挖掘整理显形的建筑布局、建筑模式、技术构架和内外装修的同时，我们更应加大对隐性“六缘”尤其是生态设计理念的深化探析力度。

乡土建筑文化以中国传统民居聚落为核心，其选址、布局、构造及单幢建筑的空间、结构、材料等方面，均彰显出因地制宜、依山就势、因地制宜、就地取材及因材施工的营建理念，实现了“天人合一”的生态、形态与雅俗兼备的情态三者有机统一。传统民居聚落对保土、理水、植树、节能的认识和实践，体现了“天人合一”及“天人感应、万物有情”的生态环境观念。将生态、形态、情态融于一体的中国传统民居聚落，实属可贵。形态的虚实相生是指民居聚落在空间形象上实现内与外、黑与白、虚与实、动与静、简与繁的相辅相成、辩证转化；情态的雅俗兼备体现在传统民居聚落蕴含大众的民俗民情，包括田园乡土之情、家庭血缘之情及邻里交往之情。建立在生态基础之上的聚落形态和情态，既呈现出淡雅、和谐、自然之美，又体现了亲切、朴实、安定、聚合之情，实现了神形兼备、情景交融的境界。

传统民居聚落尽管在生态、形态和情态等方面的认识和实践，如相地选址、保土理水在整治环境和营建空间中有所体现，对今天或多或少有启发甚至借鉴意义，但其最宝贵的还是它所体现的中国乡土建筑文化的思想方法和这种思想方法所必然导致的人与居住环境的价值观。即人与居住环境是互相矛盾又相互依存的，人、建筑、社会环境与自然既对立又统一；“居住环境—聚落”的生态、形态和情态是有机统一的；材料与技术、功能、审美情趣的有机统一。

此外，社会意识与道德观念等精神因素同样对民居形制产生巨大影响。民居空间布局的基础是家庭经济结构的性质，如以厅堂为全家的精神中心，同时也是布局的中心，高墙深院、层层门障、影壁遮挡都反映出户主的心态。此外，流行于封建社会的建筑营造理论也对民居的朝向、间架、高度、入口位置、尺寸等产生了较大影响。

1. 结合气候改善室内热环境

我国传统民居对建筑的形式处理、材料运用、通风与热环境等方面都与地方气候相吻合，建筑一般坐北朝南，以迎取合适的阳光。改善建筑的微气候，则根据气候的不同，在建筑朝向、平面形式、结构材料上有所不同。地方传统建筑中的通风降温措施包括瓦项气楼及拉动式天窗、双层隔热屋顶、墙角的通气孔、空斗墙、前低后高的建筑群布置。

南方气候炎热，建筑注重通风及改造室内小气候。主要措施包括房屋前后门窗对开，形成穿堂风；用小天井加强自然通风；内庭院内植树成荫，西向遮阳，调节室内小气候；采用竹编空花栏杆、挡风隔扇风窗等细部措施改善通风，合理的楼梯间布置还可起到抽风的井筒作用。

北方冬季较长，建筑外墙注重保温，尽量减少北面开窗，普遍使用火炕、火墙、火炉、火地的热辐射提高室内温度，传统厚质保温材料有蓄热之效。

2. 利用自然环境和地形保持生态与水土

我国各地的传统单体民居建筑都是利用当地的自然条件因地制宜布置。充分利用自然环境有利的一面，化不利地形为有利地形，顺应山形地势进行建设，同时减少土石方、人力、造价，达到保持生态和水土的目的。如传统民居大都采用的以水定居、引水入院，致力于营造村落和家庭的小环境，形成“绿色院落”的做法；贵州苗洞山寨建筑为不占良田，常“化整为零”择地而建；地坑式黄土窑洞依照地形成片建设时，驻足远眺只见树冠和林木，仿佛建筑群落已完全融入大自然，生根于大地，可为巧妙利用地势、保持生态和水土的典范设计构思；东南平原地区的向“天”“水”“山”争取活动空间的悬挑法及湘西崇山峻岭中为弥补用地不足依地势而建的吊脚楼（图 1-29）等建筑形式都是通过对自然景物、地形态势和环境特性的考究、利用来满足建筑的使用和审美要求。

图 1-29　湖南吊脚楼

3. 充分利用地方和自然材料

在各地民居中运用地方及自然材料各自的特点：如黄土高原民间构筑常采用易削掘

而干燥时负荷强的土料，而这种土质在干燥过程中表面呈水泥状，可保持墙面的垂挺，且有保温、隔热之效。又如贵州、福建山区的石材、东北民居的土坯和干木、浙江民居的桐油和卵石、新疆民居的红柳和芦苇、云南民居的竹材、广东的甘蔗叶围护墙和架空木地板等地方建筑材料的广泛运用都是适用性和经济性的体现。

4. 综合整体的生态系统

如客家民居的布置中，多依传统建筑理论选址建造，基地多依山傍水、负阴抱阳。其建筑材料多取自当地，石为墙，木为构架，青瓦为盖，外形庄重、朴实，与绿水青山、自然环境有机地融为一体。其建筑墙面往往有池塘，前低后高，排水便利，后面高，又植有林木，果木繁茂，可遮挡冬天凛冽寒风，又可养水护土。建筑物内的生活污水排入池塘，较大面积的池塘可起净水作用并可养鱼，池中水既可消防又可灌溉塘边果木菜蔬。所以客家民居本身就是一个完整的人工生态自平衡系统，其生态模式乃中华先民长期追求自然和谐共处的智慧结晶。

5. 中厅建筑的生态功能

通过考察我国的传统建筑不难发现，我国各个地区的民居建筑基本采用了中厅建筑的形式。中厅建筑之所以长期被人们所钟爱、沿用，主要是因为其具有以下生态功能和特点：

1）可以开展室外健身活动和吸取新鲜空气，排放污浊空气和烟尘，是家务劳动、亲朋交往、节日聚餐、儿童游戏等的良好场所；

2）可以加强日照通风、改善室内外环境，大都设有排水暗渠，在有条件的地方还可引清流入厅；

3）按气候区的不同，利用中厅空栅形式（深、宽、窄）调节温、湿度以达到冬暖夏凉的效果。如北京向阳的宽四合院中厅空间就起到冬季采暖、夏季乘凉的作用。

4）中厅空间有防御功能，如云南、四川农村的“一颗印”中厅住宅较典型地体现了这一功能（图 1-30）；

图 1-30　云南一颗印中厅住宅

5）可以使居住空间相对安宁，并以缓冲功能使休息活动具有私密性和领域感；

6）中厅是联系大门入口和各房间的过渡空间，并成为全建筑的活动中心，同时是布景、造园、观花、赏月的最佳空间。

在岭南民居建筑中，中庭基本以天井的形式出现，较为典型的有广州的筒屋，广西、福建的民居等（图 1-31）。天井实质上是一个缩小的内院，建筑的天井继承了露水天井的优点，还增加了一些重要的生态功能，如天井由于占地面积小、围合高度尺寸较大、底部日照时间很短、外面的主导风不容易吹到底部，因而天井下部温湿度相对稳定，于是天井下部就成为岭南传统建筑热压通风的“冷源”。天井上部开口通天，于是成了通风的出风口，即岭南传统建筑中庭的通风功能。另外，中庭还有集雨、排水、换气、采光、家务等物质生活功能以及玩耍、观赏、聊天、赏月、祭天等精神生活功能。岭南建筑庭院里的绿化一般以盆栽和池栽为主，不种大树。所以，该地区的中庭建筑都具有组织风向、通风降温的功能。

图 1-31　福建民居的天井

1.5　少数民族的传统建筑

我国少数民族的传统建筑极具特点。

1.5.1　土家族建筑

1. 建筑特点

土家族的建筑风格虽然朴实无华，但却充满实用性。其建筑分区和布局简洁明了，大多为两层设计，上层为生活居住空间，下层作为储物之用。许多土家族建筑附带小庭院，小庭院内以青石板铺设小径，屋顶用青泥瓦覆盖，给人一种宁静而温馨的感觉。土家族居民在建造房屋时，会充分考虑当地的气候条件。他们根据气温的差异，灵活调整门窗和墙壁的厚度，以确保室内温度适宜。这种因地制宜的建筑理念，不仅体现了土家族人民的智慧，也展示了他们对自然环境的尊重与适应。

在装饰方面，土家族建筑有独特的文化特色。门窗上常雕刻着花鸟虫鱼等图案或刻有吉祥文字，寓意对美好生活的向往和追求。屋顶上的脊饰造型丰富多样，不仅具有装饰作用，还寄托了土家族人民的精神追求。在材料的选择上，土家族建筑注重环保和可持续性。他们通常选用当地的木材和竹材作为建筑材料，这些材料不仅美观实用，而且可循环使用，对自然生态的影响较小。此外，土家族建筑在建造过程中不需要任何金属材料辅助，完全符合未来生态的多元化发展需求。图 1-32 为典型土家族建筑。

图 1-32　典型土家族建筑

2. 建造技术

土家族人居住、生活的场所，选址依山傍水、依山势而建，讲究朝向，背阴采阳，都建在气候适宜、风景优美的位置，主要结构是穿斗式屋架，构架都是满骑满穿，即柱全部落上锁扣枋，穿枋全部穿过骑柱，加之使用材料规格较大，造型十分严谨。大多数民居穿斗房的柱、梁都可以做到又细又牢固的程度，穿插方式简单，但受力性能好，没有大过梁，用料非常经济。木构架的主要连接方式是榫卯，主辅构件间完全以这种方式连接，依靠木质构件各个方向的卯口与对应的榫插接，不需要其他辅助连接构件。这种方式使建筑结构整体具有柔性，增强其抗震性，又富于张力与自然的美感。建筑主要构件和次要构件紧密联系又起到相互制约的作用，共同承受来自屋面和楼面的荷载，最后将荷载传递到地面基础。

房屋建造主要有以下几大步骤：首先要提前准备好所需要的木材，一般选椿树或紫树；然后要加工主梁及各个立柱，在梁上还会画一些祈福或装饰的图案；接着要进行排扇，把之前加工得到的梁柱接上榫头，排成木扇备用；最后立屋竖柱，按当地风俗选择吉日，经过祭梁后，将木扇一排排竖起，之后是钉椽角、盖瓦、装隔板等。家庭条件较好的人家还会装饰屋顶，在廊洞下雕刻龙画图案，在阳台上装饰木栏等。图 1-33 为常见土家族建筑构造。

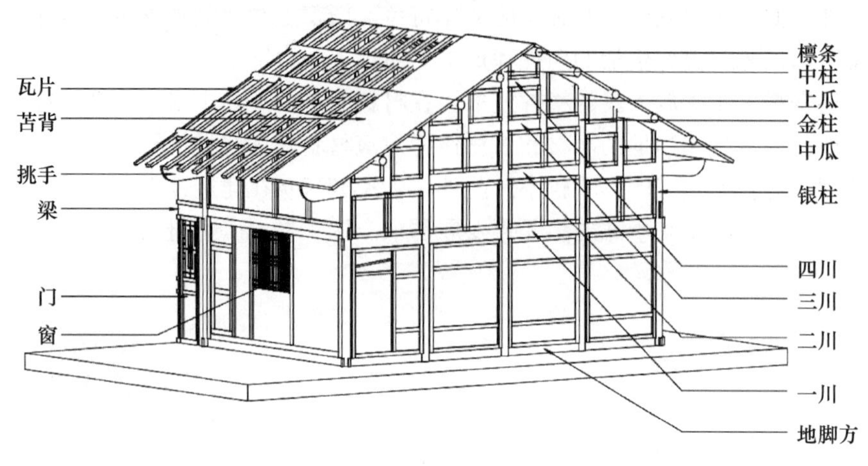

图 1-33　常见土家族建筑构造

1.5.2　苗族建筑

1. 建筑特点

苗族建筑是一种深植于中国南方山区的古老建筑形式，其特色在于穿斗挑梁木架与干栏式结构的完美结合。多数苗族建筑坐落于山体斜坡上，与自然环境和谐共生。这些建筑通常以四排三间为主，部分还会在正房旁增设 1～2 个偏厦，以增加使用空间。

在建筑布局上，苗族民居通常为两层或三层设计。最上层是居住和储粮之所，中层通过木质楼梯与上下层相连，并设有宽敞的走廊。堂屋作为接待客人的场所，两侧则分隔成数间小房，用作卧室或厨房，整体布局左右对称，既实用又美观。冬季，部分侧间还设有火坑，供居民取暖。

在材料的选择上，苗族民居充分展现了“就地取材、因料施用、因事制宜”的智慧。杉木是苗族建筑中最为常用的材料，其力学性能好，耐久性强。此外，松木和枫木等木材也被广泛使用。杉树皮与芦草的结合，形成了具有防水功能的屋面材料，而竹子则以其坚硬、通直的特性，在建筑中发挥着不可或缺的作用，既可用作辅助材料，也可作为房屋骨架。居民们在修建房屋时，尽量保持材料的原始颜色和纹理，以此展现当地的环境特色，体现了物尽其用的理念。图 1-34 为典型苗族建筑。

2. 建造技术

苗族建筑一般选在山顶或山脚，大多是依山而建的干栏式结构，在不改变自然环境的前提下，所有建筑与山体形态基本融合在一起，顺着山势蜿蜒排布而上。修建地基时把倚靠的山体挖成两层，外层山体用石块等材料堆砌成坎，再把地面削成高台，在高台下方以木柱支撑，并在与高台平行的立柱上安装梁和枋，将前排立柱置于下层地基上，没有落地的立柱与向外伸出的楼板保持相同高度，以此形成悬空吊脚。

图 1-34　典型苗族建筑

建造时应先准备建筑材料，选用当地的杉木作为主要材料，木质均匀且垂直度较好的杉木用作梁、柱和隔板。材料备好后，开始用墨斗在杉木上弹线，施工时应保证墨线笔直。然后用锯、凿、斧头等工具将弹好线的杉木加工成建造所需的梁、柱、椽等木质构配件，之后按当地风俗选择吉日立房架、上梁和盖瓦，再拼装楼板、墙板等，建筑立柱之间用枋穿连，组成稳固的网状木结构，使立柱间相互嵌合，隔板间的构件不用铁钉，全部依靠木栓相互连接。建筑的窗花大多是浮雕和镂空雕，手法细腻且内涵丰富。悬出的木质栏杆也雕刻象征吉祥如意的图案。最后，为了延长房屋楼板、墙板等木质构件的使用时间，需要使用桐油在构件上涂刷，先将构件用清水洗净，擦干后再用生桐油进行反复涂刷，一般需要涂刷 3 道。图 1-35 和图 1-36 分别为苗族常见的一层和二层建筑构造。

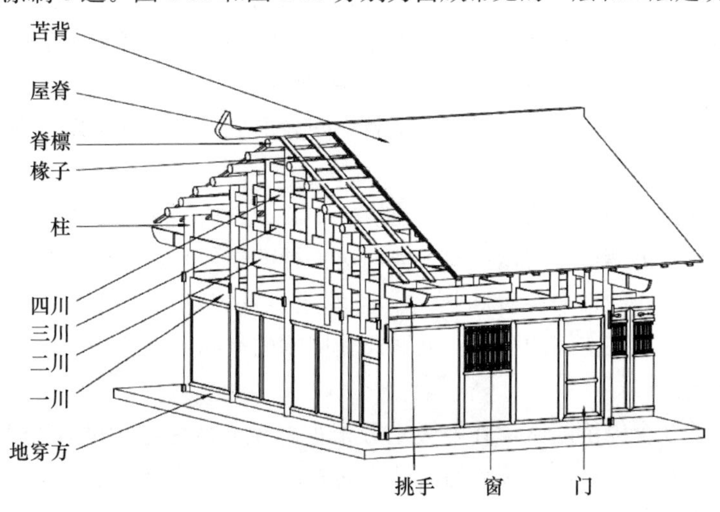

图 1-35　苗族常见的一层建筑构造

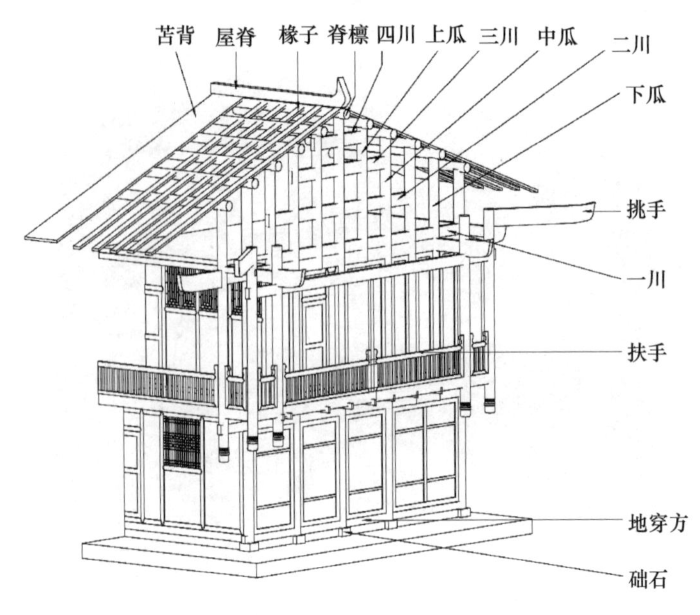

图 1-36　苗族常见的二层建筑构造

1.5.3　鄂伦春族传统建筑

鄂伦春族在民族渔猎文化的影响下形成沿河流季节性移动的运动聚落特征及聚落的组织结构特征。鄂伦春族的聚落产生源自渔猎文化的行为需求，聚落的特点是沿河流进行季节性的动态迁徙。鄂伦春族的传统支柱经济是渔猎经济，他们不从事农业和其他产业，渔猎生活在他们的原始生活中占有支配地位，所以他们的聚落迁移规律根据猎物的踪迹和渔业的需求而形成。

1. 鄂伦春族的建筑空间形态

出于民族宗教信仰的需求，鄂伦春族的居住建筑北面特意设计了一个室外宗教空间。这个空间在他们看来是神灵所在的神秘之地，需要一定的视觉遮蔽性，同时，利用居住建筑的北墙作为围合体的一部分，确保南面的生活行为不会干扰到这个空间。这样，一个以树为视觉中心的半封闭室外宗教空间就形成了，充分展现了鄂伦春族独特的宗教行为需求。

在室内空间设计上，鄂伦春族居住建筑以中心的火塘空间为核心，辅以旁边 3 个分等级的停留区域。火塘空间的设置源于他们对火神的崇拜。在鄂伦春族的信仰中，火是自然界的强大神灵，既带来温暖和熟食，也可能引发灾难。因此，无论他们搬迁到哪里，都会将火置于居住空间的中心。火塘及其周围的空间不仅是他们生活的中心，也是祭拜火神的圣地。

至于室内的 3 个停留区域，其等级划分根据鄂伦春族家庭中的社会等级制度决定。入口对面的“玛路”席是最高等级的区域，通常用于供奉神偶或接待尊贵的男客人。而两边的铺位“奥路”席则等级稍低，供家族其他成员居住。右侧铺位等级高于左侧，长辈居住在右侧，晚辈则居住在左侧。这种空间布局清晰地反映了鄂伦春族家庭中从“神灵到长辈再到晚辈”的等级制度（图 1-37）。

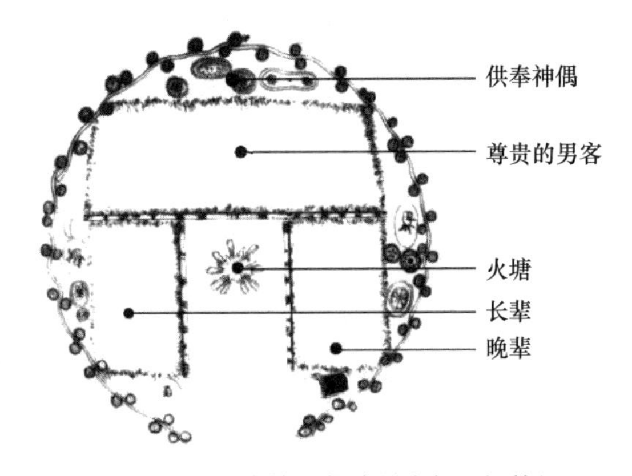

图 1-37　鄂伦春族居住建筑内部空间等级

2. 鄂伦春族的建筑构筑方式

鄂伦春族的居住建筑分为春、夏、秋季的移动性建筑，以及冬季的季节性建筑、冬季的临时性建筑和永久性建筑。春、夏、秋季的移动性建筑为“斜仁柱”，冬季的季节性建筑为“乌顿柱”和“木刻楞”，冬季的临时性建筑为“雪屋”，永久性建筑为“奥伦”，它们的构筑方式反映了鄂伦春族的渔猎文化的基本行为需求。鄂伦春族春、夏、秋季的主要居住建筑“斜仁柱”采用的构筑方式是由其渔猎文化在这 3 个季节的行为需求演化而来的。鄂伦春族在春、夏、秋这 3 个季节要跟随猎物的踪迹而频繁迁徙与鄂温克族的追随驯鹿而频繁迁徙的行为类似，所以他们与鄂温克族同样采用“斜仁柱”这种移动性较强的建筑，以构架与表皮相分离的构筑方式来满足渔猎生活需求（图 1-38）。

图 1-38　“斜仁柱”建筑

鄂伦春族冬季的主要居住建筑“乌顿柱”和“木刻楞”采用的构筑方式由渔猎文化冬季的定居行为需求演化而来。鄂伦春族在猎物较少的冬季需要选择一个林密、避风朝阳的地点固定居住，只有猎人外出追踪猎物。这就要求他们冬季的固定居住建筑具有一定的耐久性和良好的保温性能，而外出猎人的居所需要能够快速建造并具有良好的保温性能。“乌顿柱”属于鄂伦春人冬季的固定居所，采用半覆土与木构架相结合的构筑方式来满足这种冬季渔猎文化的需求。它的具体建造方法是在朝阳的山坡上先挖一个深一米多、宽若干米的坑，在靠近土壁的地方立几根木柱，在木柱上面架横梁和椽子，再在其上覆以屋面材料，以三面土壁作为建筑的墙面，最后在没有土壁的向阳一面安上门窗，围合成一个完整的乌顿柱（图 1-39）。这个建筑将覆土的构筑方式与木构架结合起来，利用周围土壁的高蓄热能力形成建筑周围的保温层，利用木构架的结构作用形成室内使用空间，保证了建筑的耐久性和保温性能，体现了鄂伦春族渔猎文化特色。“木刻楞”是鄂伦春人冬季的固定住所，它采用了井干结构与草泥内保温相结合的构筑方式来满足冬季的定居生活需求。它的具体建造方法是选择直径 30cm 左右的圆木，截成长度相等的木段并上下两面砍平，结合处凹凸槽应互相对应，一层层垛起来，在转角处的木段端部交叉咬合，形成建筑的四壁，再在左右两侧壁上立矮柱承脊檩构成屋面结构，以井干式的构筑方式形成建筑的外围护结构，最后在建筑的四壁内部抹上草泥作为建筑的嵌缝材料和保温层（图 1-40）。鄂伦春族的“木刻楞”将井干结构与草泥内保温结合，保证了结构的稳定性和室内的舒适性，同样体现出鄂伦春族冬季渔猎文化特点。

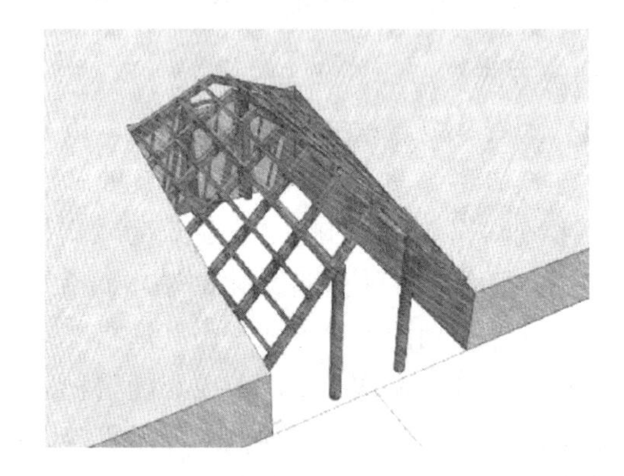

图 1-39　鄂伦春族的“乌顿柱”构筑方式示意

图 1-40　鄂伦春族的“木刻楞”构筑方式示意

鄂伦春族冬季的临时性建筑“雪屋”采用的构筑方式是适应冬季移动狩猎需求而产生的。它是鄂伦春族的猎人在冬季外出打猎时栖身的临时居所，采用半覆雪与简易木构架相结合的构筑模式来满足冬季渔猎文化的需求。它的具体建造方法是在积雪较深的地方先挖出一个雪坑，以雪坑的四壁作为建筑的墙面，在周围插上木杆，其上围盖兽皮作为建筑的顶界面，形成一个完整的“雪屋”建筑（图 1-41）。这种构筑方式利用了积雪的易塑造性和简易木构架易加工性达到快速建造的效果，利用积雪本身的保温性与不透风性保证建筑在野外的保暖性能，体现了鄂伦春族冬季渔猎文化特色。鄂伦春族的仓库建筑“奥伦”的构筑方式是在其渔猎文化自给自足的经济模式影响下形成的。鄂伦春族的狩猎文化与鄂温克族的牧猎文化在经济形态上相似，又处于同一地域，可用于建造的自然材料大体相同，所以鄂伦春族的仓库建筑“欧伦”与鄂温克族的仓库建筑“格拉巴”采用了同样以自然树作为基础结构的构筑方式来满足渔猎或狩猎生活需求。

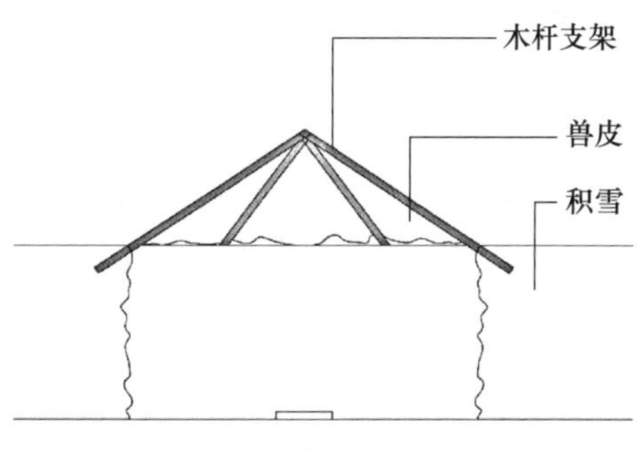

图 1-41　鄂伦春族“雪屋”建筑

1.5.4　畲族传统建筑

1. 畲族传统建筑的空间特征

景宁县内地形地势复杂多变，山体与水域都比较丰富，畲族百姓在崇山峻岭中寻觅一处适合他们长期生活的地方。“畲寮”的平面构造通常呈“一”字形分布（图 1-42），开间的数量常为单数，空间平面的两端较为狭窄，中间更为宽阔，是一种体现畲族文化之根、行为之源和民族信仰的传统建筑样式。“三深五通”的空间布局是典型的平面布局，这种布局分布在景宁畲族自治县的大部分地区，大多数传统房屋有两层。一楼是主要生活空间，二楼通常是无人居住的地方，主要用于祭祀祖先，以及粮食作物和农业工具的储存空间。三进深、五开间的平面布局是当地畲族传统住宅建筑中一种独特的空间形式，被称为“四架三间”，这种结构的建筑在景宁县的畲族传统建筑中是经常见到的。其特点为建筑的两侧负责承重的墙体位于山墙的左右两边，房子前后都没有封闭的墙。建筑内部空间的承重结构采取了使用柱体与柱体外延的构造。一般来说，“四架三间”

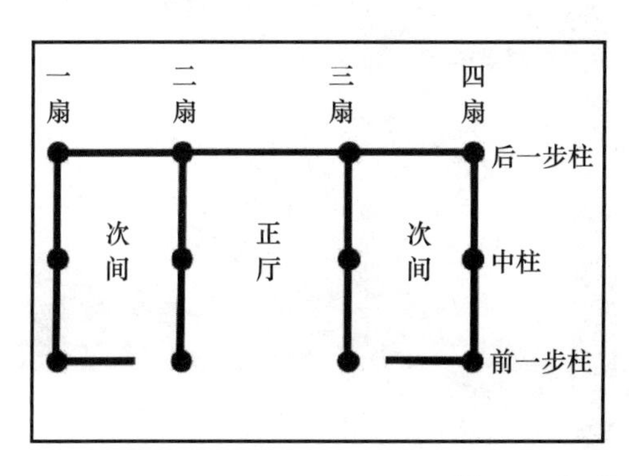

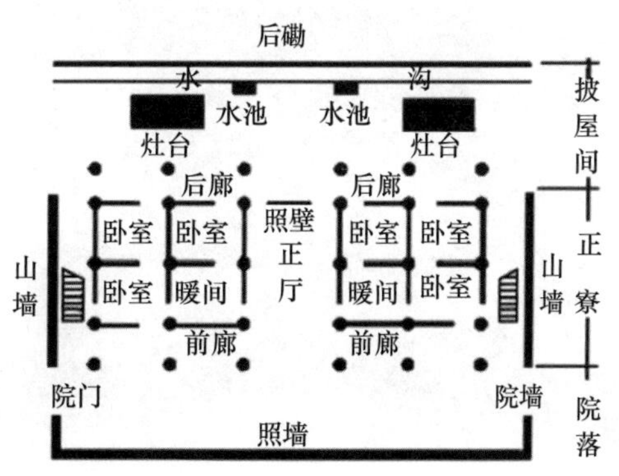

图 1-42“一”字形平面布局

的内部结构是“明三暗五”。“明三”是一个大厅，从正面看，左右两边的房间几乎没有不同。大厅后为一面照壁，表明厨房在墙后，前后房间被墙隔开。在大厅的前面一般都会有一个院子，甚至还有一口天井。

中央主厅（畲族称为“中堂”）占据了平面布局中最大的空间，本质上保持了中心轴的对称。中堂是建筑的核心，集送客和接待客人于一体。它是家庭重要的公共活动空间，是丰富和展现中国传统文化生活方式的场所。中堂的地板用泥巴被负责建造的师傅夯实且中堂没有另外的开口，它是敞开的。在立柱中间有一面照壁（通常被畲族人称为“香火壁”）。屏风前摆放着长长的桌子，上面放着几杯茶和水。从两边的柱子到走廊，座位靠近墙壁。中堂是供宾客、婚礼宴会和工匠使用的地方，畲族虽然有长长的桌椅，但与汉族人不同的是，家中老人和儿童没有严格的秩序伦理。在走廊的外面放置座位可以扩大娱乐的空间，餐桌也可以放在里面。

次间和第二层的地面是木地板，距离地表大约 20cm。这样的构造在中国传统的南方山地建筑中非常普遍，它能有效地阻挡地下的水分，让整间屋子都保持干燥。次间和第二层的地面主要分为两层，外墙是用木料做成的，为了扩大卧室的数量，既设置了通道，又用布分隔。一个朝南的小窗户有效地遮蔽了冷冽的山风，因此畲民也把这种卧室称为“暖间”，可以作为平时家中聚餐和聚会的场地，在方桌下放置了一个烧火的盆，用来取暖和自制热米酒。在寒冷的冬天，它也能被当作一个卧室，用来提供就餐、待客和家庭活动的场所。暖间内还有一个专门的柜子，用来存放冬天的红薯，这个柜子叫“番薯柜”，当有客人来的时候，番薯柜可以当成床来用，如果是睡房的话，那床肯定是朝向东边的。

在中堂正中的照壁两侧普遍设两个小门，这样的“开口”在畲民中被称为“上头口”。从两侧的小口往内走，就能到达畲民的厨房。与此同时，这两扇小门也能在炎热的天气中使房屋通风。在卧室后方的厨房空间几乎没有外墙，通常会选择石块的堆砌来制作后磡，以免山体的石块坠落与山体在特殊天气下引起的泥石滑坡。在厨房外的后磡之下会挖出一条排水沟，以便将日常的生活污水及石块中的积水排出（图 1-43）。畲族传统建筑中楼梯的建造位置与汉族不同，畲民通常将楼梯设置在山墙的两侧，而不是照壁后。

图 1-43　畲族传统厨房布局

第二层的结构与第一层相同。二层的房间一般不用于居住，除非家中人口特别兴旺，否则两侧的房间被使用与储存谷物粮食及农作用具。二层的中堂往往是畲族百姓用作祭祖的场地。二层的回廊由于有屋顶房檐的遮蔽且透气，通常用作畲民晾晒家中衣物或农作物、食物等的好场地。在这种结构的“畲寮”中，只依靠梁与柱就撑起了檐廊，一层的檐廊则与彻底开放的中堂连接，再加之屋顶向外延伸造成的巨大屋檐，使室内空间与室外空间在视觉体验上变得模糊，这种空间被称为模糊性的空间，能让房屋有更多功能。

家中摆件相对朴实。大部分的家具都是用木头做的。床铺、桌子、椅子都是用山里的木材和竹制作的，很难见到精美的家具。由竹子编制的用具多样，如蒸笼、壁龛、篮子、火笼等。

畲民生活质朴，在建造住宅时首先考虑实用的使用功能，不讲究花哨的装修，因此，畲寮中生活和生产的功能分区比较模糊。虽然畲族传统建筑的空间规模相对汉族建筑而言较小，层高也不似汉族建筑那般高大，但是畲寮的内部使用空间的利用率很高，不注重交通空间的面积，楼梯设计在房屋边缘次要的位置，宽度约有 60cm，以直跑楼梯的形式来节约空间。

畲寮正厅的两侧设有前后四间卧室，具有较强的私密性，二楼空间作储物使用，通常畲族传统建筑空间的隐私空间面积占整体空间相对大的比例。在建筑空间利用上简约紧密已经成为畲寮的主要特征。

2. 畲族传统建筑的工艺特征

景宁地区畲族传统建筑取用的是该地区是十分典型的“版筑泥墙屋”形式，这是当地畲民经过漫长时间的建造过程探索出的适用于当地的建造模式。此类形式的建筑以泥土木材为架构，木架和夯土墙体一起为建筑支撑荷载。外立面泥墙的施工做法如下：首先，将黄泥土中的其他物质筛选出去；其次，在黄泥土中放入被裁成小段的稻草或稻壳，再将两者均匀混合；最后，将混合好的黄泥层层堆积并夯实。这种施工方法是加入富含纤维的材料使夯土墙变得更有韧性，增加其安全性和使用寿命。骨架的制作第一步要在建造房屋之前先挖好基槽，用石块构筑基础；再用穿斗式的木架构造起整个建筑的框架；夯土外墙筑造完成后，用各类木质墙板构件搭建房屋内的墙面；最后一步，在屋顶上铺设青瓦及制作木结构的回廊（图 1-44）。

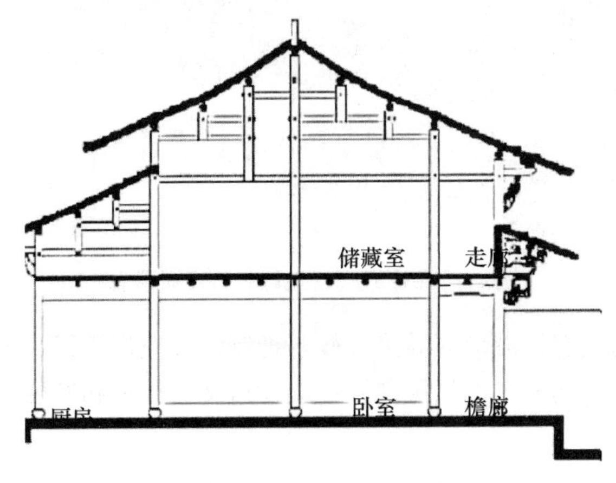

图 1-44 景宁传统建筑结构示意

畲族传统建筑选取热惰性生土，在加固夯土墙的基础上，还具有明显的维持室内温度、隔绝热量的功效。两侧的山壁通常没有开口，只有一个很窄的窗口。夯土结构在调节屋内大气中水分含量方面起到了很好的效果。在潮湿环境中使用这种材料有利于人体健康。此外，还可以起到通风散热的作用，避免热量和水汽从门窗流失到室外。所以这种建筑的节能性能较好。夯土作为一种渗流媒介，其蒸汽透过能力弱，易于在墙上扩散，从而降低了产生空气凝结问题的可能性。这也是在传统房屋中使用夯土墙的原因。畲族传统建筑简单质朴，融于自然，不讲究太多花哨的装饰，但畲寮中的横梁是畲民表达审美情趣的装饰重点。

1.5.5 傈僳族传统民居

1. 干栏式竹篾民居——千脚落地房

在我国傈僳族传统民居中，占比最高的类型是干栏式竹篾民居——“千脚落地房”，又称竹篾房（图 1-45）。原始的干栏式民居是指用竹或木材搭建柱体，较粗木料做桩，较细木料穿插为龙骨，用竹编技术绑扎结构，在底架上建成的房屋结构。傈僳族干栏式竹篾民居主要分布于我国云南省怒江沿岸和四川省盐边县地区。这里的竹篾民居以粗细不一的金竹为柱，形成底面的干栏式结构。以编制好的成片竹篾为板、墙构建人居层。原始一代民居在屋顶竹篾上铺盖稻草，二代民居使用大量的木板片和竹篾，从而起到良好的通风透气的效果，但这样的原始民居屋顶已不多见，已由政府统一将其屋顶更换成石棉瓦。

图 1-45 傈僳族怒江地区竹篾民居形态

竹篾民居为了适应怒江沿岸的湿热气候，抵制河谷地带横行难愈的疫症，是一代代傈僳族人民遮风避雨的场所，也是傈僳族传统营造文化传承和发展的场地。

2. 营造技艺

建筑房屋的主人家会在施工前向村内负责营造房屋的大木匠请教，掌握木材和竹材选用方法、承重木结构搭建方法、竹篾楼板编织技术、营造的禁忌等，并在小组全员帮助下自行建造房屋。冬季是建房首选时期，一则是由于冬季是怒江一带的旱季，便于竹木料和茅草的干燥和建造工作的进行；二则是冬季村内农活渐少，有较多的空闲劳动力可以支援备料。在竹篾房的整个营造过程中首先是勘测选址和备料，前期准备工作完成后开始动土立柱、搭建架空层和楼面，最后再进行外墙的围合和屋顶构建（图 1-46）。

传统竹篾民居营造过程

勘测选址 ➡ 准备材料 ➡ 动土立柱 ➡ 立火塘 ➡ 屋架搭接
⬇
独脚楼梯 ⬅ 入户门 ⬅ 屋顶构筑 ⬅ 屋墙固建

图 1-46　传统竹篾民居营造过程

用来做竹篾的竹子需要软硬适中、有韧性、可弯折。每年八月后，新竹逐渐长成符合制作竹篾民居的使用标准，这类竹料的选择十分考验匠人的技艺。伐料结束后，将竹料控干水分。用 1 个月左右的时间处理成竹篾片。先将其劈开，根据粗细再分为 16 份左右，再将竹皮竹芯分离，形成不到 20mm 宽窄的薄片。竹皮用来编织楼面竹篾地板，竹芯则根据宅基地大小提前编织好竹篾民居的外墙部分备用。除需要砍伐收集的竹木料外，传统的竹篾民居需要使用茅草制屋顶。

打地基时，保证木柱或竹柱至少插入地基 300mm 以上，与选定标高的临时木柱水平平齐，并通过较密集的排列和所有竹木料顶端水平平齐，保证房屋地基的稳定和地板面的平整。需要注意的是，在立柱阶段要确定火塘的具体位置。

首先，第一层楼面构造。根据宅基地大小选取 4～5 根直径相对统一的大木料（直径为 150～250mm）并垂直于承重柱。这一层由于柱体较重，除利用独特的绑扎技术外，还需要与竹钉结合的方式将其与承重柱进行第一轮搭接绑扎。而现存的二代竹篾民居第一层处理多使用穿斗形式的榫卯搭接，第一层大木料与承重柱以榫卯相接。在承重柱上挖榫洞，将底层大木料穿插后用竹钉固定。这种做法比最原始的纯绑扎固定更牢固，可承载更大负荷（图 1-47）。

图 1-47　左洛底村竹篾民居榫卯承重结构

其次，第二层楼面构造。在大木料上垂直交叉铺设较粗的金竹，以绑扎搭接的方式与下层木料及周边立柱固定。其间隔不做固定要求，第二层金竹数量一般为一层木料数量两倍以上。再次，第三层楼面构造。铺设较细金竹（直径为 10～15mm），与二层金竹垂直，与一层木料平行搭接。这一层竹料铺设密度较大。在第三层竹料铺设的同时完成“立火塘”的工作。楼面的最后一层为竹篾层，为现场编织形成的竹篾地板。这里主要使用竹篾皮来编织，相比竹芯更加坚硬耐造。在火塘立成后，将事先备好的多条细竹篾片以合适的间隔距离排放。细竹篾片一端与楼面一端重合，并与重合位置的立柱及第三层细金竹固定。然后需要多名编织者每人手持 4 片竹篾片，按照细竹篾片的排布依次蹲在第三层竹料上。另选一组人拉起事先与楼面固定的竹篾片的另一端。固定端的人员与后端的人员相互配合，两者交错起伏，使垂直方向和水平方向的细竹篾片之间相互交错，并用废弃竹子头夯紧，达到编织效果。如此反复进行数遍穿插编织，直至编织到房屋另一端为止（图 1-48）。

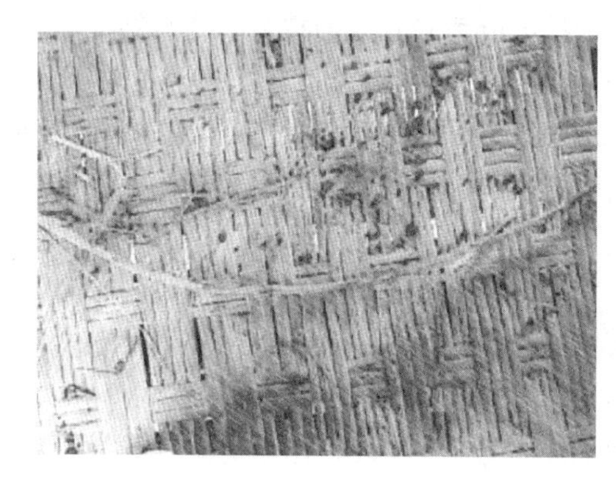

图 1-48　一代竹篾民居楼面（左）和村史竹篾楼面（右）

火塘设置在传统竹篾房外间，传统竹篾房的火塘搭建是与楼面营建同时进行的，其楼面结构保持一致，但这个区域的营造又相对独立。在立柱结束后，大木匠会根据与主人家商议确定的火塘位置的边角和正中心位置立好“火塘柱”，并在楼面结构第一层营造时，将大木料与火塘柱固定，在第三层细竹搭接固定的同时将预先制作好的火塘结构镶嵌在楼面预设的位置（图 1-49）。火塘平面取 1150～1300mm 不等的正方形大小，是

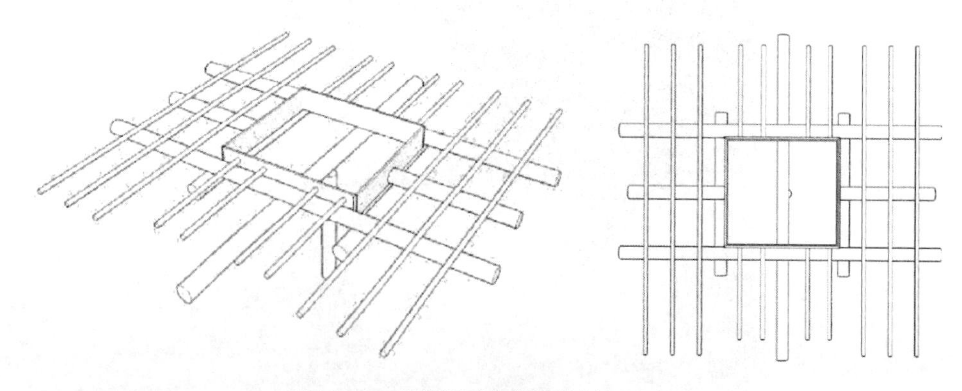

图 1-49　竹篾民居火塘结构剖析示意

由底板和4片削切好的木板（厚度约为30～40mm）围合形成的凹槽结构。在凹槽中填上七分满的纯黏土，再在顶上铺上一层草木灰和老房子中的柴灰。镶嵌好的火塘与完成铺装的楼面平齐，再放上3块毛石便可使用（现保留下来的已是焊制三脚架，图1-50）。傈僳族人会将炕笆吊在火塘正上方的屋架上，炕笆是由细金竹（现多使用金属条）运用绑扎的手法形成框架并搭接成密格，吊在竹篾民居的屋架上。常年经受火塘烟雾的熏烤，主要用于肉类食品的储存和烘干。

在完成楼面和火塘的营建后开始进行屋架的搭接。

图1-50 二代竹篾民居中火塘空间

竹篾民居的屋架建造完工后开始对人居层的空间进行围建，也叫屋墙围建。怒江傈僳族的竹篾民居外墙不同于中原地区的生土或砖石构成，而是采用竹篾片围包。这种建造手法虽然相当原始，但透气性能相当不错。

在完成屋墙的围建后，傈僳族人通常会进行屋顶的构造。

第一步是顺着两边屋顶的斜面以平行中梁的方式铺设较为密集的细金竹，也就是我们现在所称的椽子。第二步是在细金竹上铺设一层事先编织好的竹篾片，用竹篾皮将其绑扎固定在底层金竹屋架梁或其他屋架梁上。第三步是在竹篾片上绑扎茅草。

怒江地区的傈僳族传统竹篾民居拥有一种不同于其他地区傈僳族民居的特色用具——独脚楼梯（图1-51）。由于受到地形和房屋结构影响，多数竹篾民居并不是倚靠山体建设。这就导致人居层的活动空间和村落内小径存在一些落差，需要通过一截矮小的楼梯连接，这就形成怒江傈僳族民居中特色的矮脚楼梯。这种楼梯可以采用木板或者竹条制作，没有扶手。木制楼梯仅在木板上削切出几段凹凸的踏步或是钉几根防滑木条，竹制楼梯则是将竹条用竹篾条绑扎固定而成。

图 1-51　现存独脚楼梯

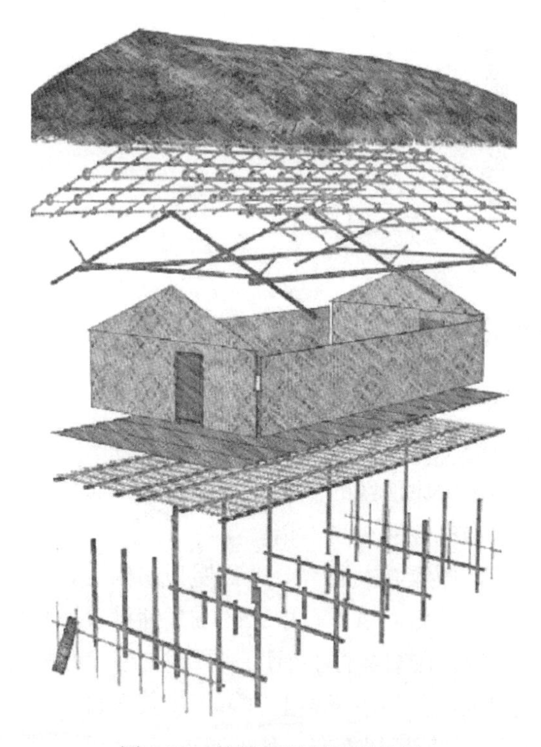

图 1-52　竹篾民居复原爆炸图

1.5.6　哈萨克族传统建筑

1. 哈萨克族传统建筑的构造

毡房是哈萨克族游牧历史上最早的居住建筑，适宜于四季气候，其转场搬迁、抗震抗风能力强、便于拆卸与搭建，是一种简易而又美观、使用空间大且舒适、内饰布局合理的住房（1-53）。

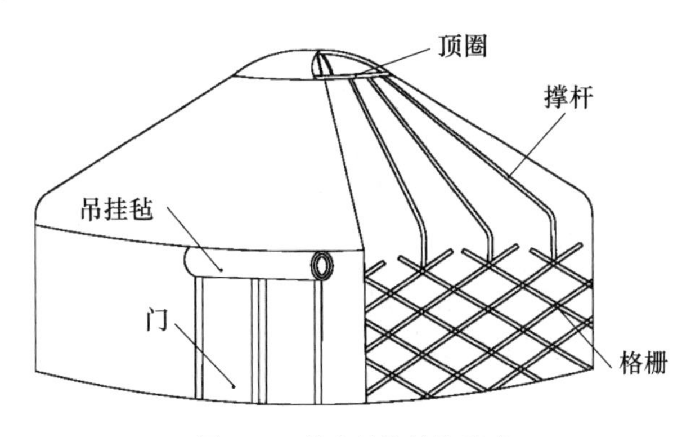

图 1-53　毡房整体结构示意

毡房一般由顶圈、撑杆、格栅、门、吊挂毡及各种连接绳组成。顶圈是哈萨克族毡房中比较重要的结构，它起到的作用是采光、通风、通烟等，在结构当中起到固定整体的作用，制作这个构件一般要两根红柳木，割掉上面的树叶，放置水中泡软，再放入事先烧好的羊粪热坑中进行加工，加工好后把两根红柳木弯成圆形，在上面制作若干的连接穿孔，最后用几根细柳木以“十字交叉”的形式进行固定，就制作出了顶圈（图 1-54）。

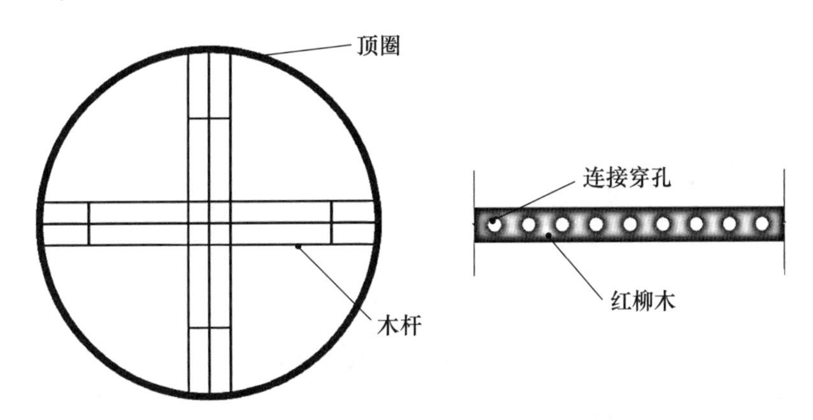

图 1-54　顶圈结构示意

格栅是毡房的墙壁，是毡房中起支撑作用的构件，它的制作过程和前两者一样，因为格栅要支撑起整个毡房，所以它有不一样的做法，即把若干的红柳木以“十字交叉”的形式围成一个圆形，末端与门连接，组成毡房的墙壁，再用芨芨草编成具有色彩图案的墙篱并用连接绳连接在格栅上就形成了完整的毡房墙壁。撑杆与格栅的连接方式是在撑杆的端部穿孔，在每一个相交叉的格栅上进行固定（图 1-55、图 1-56）。

整体的做法是先撑起格栅与顶圈，然后用撑杆连接两者。格栅起支撑作用，撑杆和顶圈起稳定作用。格栅外围用芨芨草编成具有彩色民族图案的墙篱，起毡房内饰的作用，也可挡风、挡灰尘。最后，在顶部覆以活动的方形毡子，将毡子的四个角用毛绳与毡房固定。

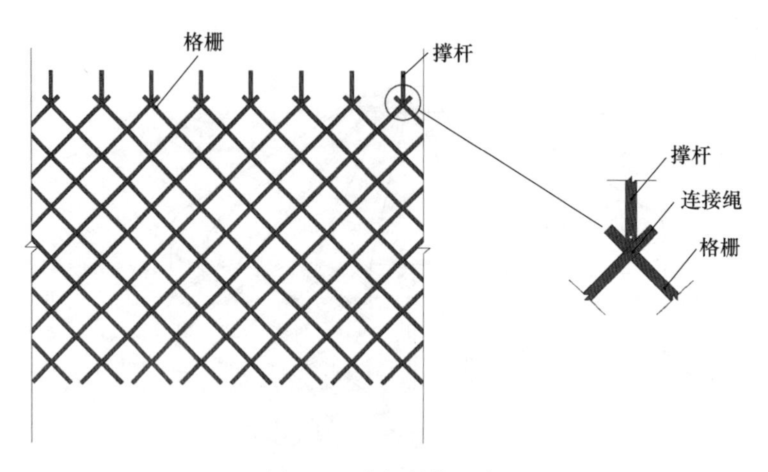

图 1-55　格栅结构示意

图 1-56　格栅与撑杆的连接方式

2. 哈萨克族传统建筑的形式

在辽阔的大草原上可见白色的毡房、流动的羊群、奔腾的骏马，以及蓝天、碧水、白云，这美丽的景象根本无法用语言形容。哈萨克族牧民之所以选择易于拆迁、便于搭建的毡房，主要原因是民族的生活方式与外来种族的入侵。第一，哈萨克族是游牧民族，早年因为气候的变化，常会迁移住处；第二，哈萨克族绝大部分居住在中国的边境地区，早些年会受到外来种族入侵的影响，为了躲避和对抗外来种族入侵，哈萨克族牧民最终选了便于迁移的毡房（图 1-57）。

在发展中国家，建筑师们对地域主义建筑的探索也取得了初步成果，比如埃及的哈桑·法赛、印度的查尔斯·柯里亚和墨西哥的路易斯·巴拉甘等。其中以查尔斯·柯里亚为首的印度建筑师的地域建筑创作表现得尤为显著，他的设计在生活模式和空间使用上接近地方传统，而建筑造型则运用明显的现代建筑形式语汇。

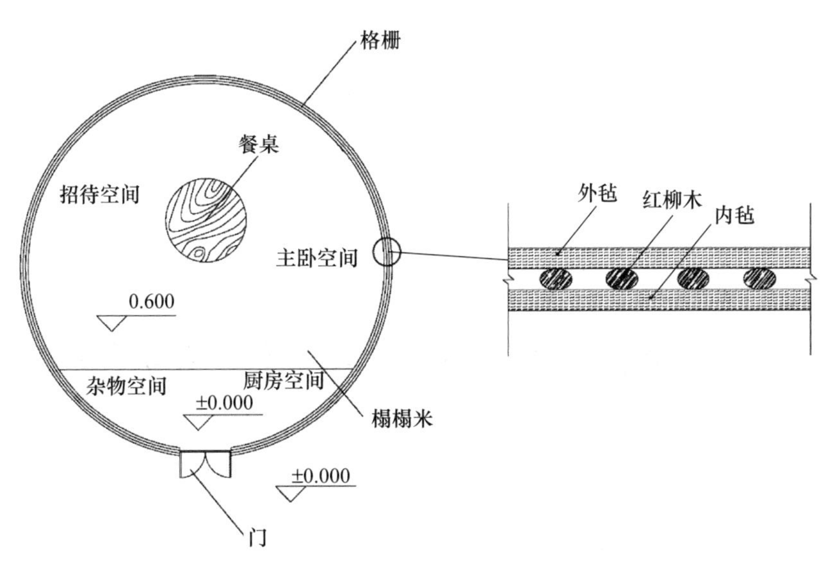

图 1-57 毡房平面空间与结构详图

20 世纪 80 年代后，欧美国家对地域建筑的创作与研究进一步发展。比如北欧建筑师基于独特的地域自然资源和人文传统进行集体实践并取得显著成果。在亚洲地区，日本建筑师更擅长将日本文化和哲学理念与建筑相结合。他们的地域建筑更多地展现出文化精神或美学特征，许多建筑都完全摆脱了对传统建筑表象特征的束缚。

传统建筑营造技艺是历史的延续

营造，这一古代中国对建筑的称谓，既代表了一个行业，也描绘了人类的一种生产活动及其方式。在营造这个词中，“营”与今天的建筑规划与设计相似，它涉及选址、规划布局、功能设置、体量尺度等方面，体现了意匠经营的理念。比如古村落的选址和规划，不仅涉及时空观、宇宙观、自然观等知识与实践，还涵盖了村落中广场、水口、廊桥等空间场所的布局，这些共同构成了独特的文化空间。在建筑设计中，庭院、天井以及建筑的形态、形式、色彩装饰等元素的选择与优化，也是“营”的重要组成部分。

与现代规划师或建筑师不同，传统的建筑设计并非个体的自由创作，而是一种群体性的、制度性的和规范性的安排。它代表了集体意志的表达，同时也是技艺的独特展现。任何手工技艺都包含设计的成分，但营造中的“营”所涉及的设计内容更为丰富和复杂。

而“造”则指的是施工建造，包括选材、加工、制作、安装等技术环节。它是一个技术内涵丰富的系统工程，以木作和瓦作为主，集合了多工种于一体的传统建筑行业。在营造过程中，木作和瓦作分别担任主导和辅助角色，控制着整个施工的组织和管理，确保工程的顺利进行。各工种的工匠各司其职、相互协调，使整个营造工艺发展成为一套非常成熟的施工系统和科学的流程。

在现代，设计与建造已经分离为两个独立的行业，但在传统社会，“营”与“造”紧密相连，往往体现在同一位匠师身上。中国传统工艺中技与艺、道与器的统一关系，在建筑营造中得到完美体现。

营造技艺是建筑构思与设计得以实现的技术和艺术表达，包含多重内涵，如后天获得的技能、为空间和造型需要创造的技术手段和方法、趋利避害的知识与技术措施，以及完整的工艺系统和独特的“工巧”和诀窍等。

传统建筑风格的形成与技艺密不可分，技艺往往是风格的外在表现。技艺本身包含技术和艺术两个方面，因此可以将其界定为技术与艺术风格的统一。中国传统木构建筑的艺术风格与营造技艺相互映衬，体现了中国传统文化中技与艺的完美结合。

营造技艺作为非物质文化遗产，关注的是非物质的营造过程及其技艺本体，而非作为结果的建筑物。虽然技艺是无形的，但其所遵循的法式是可以记录和把握的，而技艺所完成的成品是有形的，并蕴含了丰富的文化内涵。营造技艺也被称为活态遗产，因为它在历史进程中一直延续并不断传承，与物质文化遗产相比更具生命力和动态性。然而，两者之间也存在密切联系，如建筑作品既是技艺的结晶也是文化的容器，与人的生活相互作用，以呈现其中的生活。

2.1 传统建筑营造技艺种类

《营造法式》将传统营造技艺细分为十三大类：壕寨、石作、大木作、小木作、雕作、旋作、锯作、泥作、砖作、窑作、竹作、瓦作、彩画作。这些技艺类别至今仍在广泛沿用。

早在母系社会的中、晚期，我国黄河流域便出现了全木构框架的结构形式。河姆渡遗址中的干栏式建筑和由穴居演化而来的木骨泥墙建筑，为我们积累了丰富的木结构建筑经验，奠定了中国木结构建筑体系的基础和雏形。到了汉代，古典木结构体系已基本形成。

唐宋时期的营造技艺分工更为细致，涵盖了石作、大小木作、彩画作、砖作、瓦作、窑作、泥作、雕作、徽作、锯作、竹作等。此时，建筑的构思规划、设计施工，以及建筑造型与建筑形制都呈现出高度标准化和程式化的特点。这种程式化在北京官式建筑中尤为典型，形成了一套严密的规制，对民间建筑的设计与建造产生了深远影响。尽管受地域、气候、环境、民俗等因素的影响，中国不同地区、不同民族间的木结构建筑发生了一些变异，但在建筑理念、构筑方式、营造方法等方面仍有共性，共同体现了中国木结构建筑的统一性和丰富性。

明清时期，营造技艺进一步细分为大木作、装修作（包括门窗隔扇、小木作）、石作、瓦作、土作（土工）、搭材作（架子工、扎彩、棚匠）、铜铁作、油作（油漆）、画作（彩画）、裱糊作等。在营建前期，通常由木作作头（大木匠、主墨师傅）与业主商定建筑的等级形制、样式，并控制建筑的总体尺寸。在营造过程中，木作作头担任主导角色，瓦作作头辅助其工作，两人共同作为整个施工的组织者和管理者，负责控制工程进度和协调各工种间的配合。各工种的师傅和工匠各司其职、紧密配合，确保工程有条不紊地进行。从最初的“定侧样”“制作丈杆”到木作、瓦作、石作等完工后进行的油漆彩画工作，整个施工工艺流程都由作头指挥管理。至此，传统营造工艺已发展成一套非常成熟的施工系统和科学流程。

从民族特点来看，汉族及部分少数民族都采用了以木结构为主体的建筑营造方式，尤以北京、江苏、浙江、安徽、山西、福建及西南少数民族聚居区等地的木结构建筑营造技艺为代表，形成了多种流派。尽管各流派在技艺上有所差异，但其文化内涵及核心技艺是相通的。汉民族地区的典型做法自汉代形成，历经各朝代发展，传承至今，尤其在东北、华北、华南等地区得到了广泛应用，成为今天汉民族地区共同使用的营建方法。其中具有代表性的流派和工匠群体包括北方官式宫殿营造技艺、苏州“香山帮”营造技艺、徽州民居营造技艺、浙江民居营造技艺、闽南民居营造技艺等。此外与西南地区的苗、侗、傣等少数民族拥有的独特木结构营造技艺，共同构成了中国丰富多彩的木结构建筑文化。

2.2　传统建筑营造技艺谱系

2.2.1　传统建筑区划与谱系分类依据

传统建筑的显性基质。传统建筑展现的基本特质，我们称之为“基质”，包括其聚落形态、建筑形制、结构类型和装饰技艺。这些基质特性常常是明显的，通过建筑学的采风与测绘，我们可以轻易地掌握其特点。通过归纳与总结，我们能够发现不同建筑间的共性与差异。利用建筑类型学等研究方法，我们可以更加精确地界定更大区域内的建筑特征。这一工作依赖于大量单体和片区的调研，学术界在这方面已积累了丰富的素材和经验，并取得了重要的研究成果。

基质背后的深层原因。要深入了解传统建筑基质的成因，我们需要更宽广的跨学科视角。自然环境和社会文化环境是影响建筑构筑形态的关键因素。气候、地形和材料等因素在传统民居的构筑形态中尤为明显。比如，水系促进了建筑的传播，而山体则成为传播的障碍。社会文化背景则涵盖了行政分界、移民区域和语言分区等，这些领域的研究（如民系、文化地理学、人类学等）为我们提供了宝贵的资料和方法。尽管这一研究仍在持续，但已在局部区域取得了显著成果。

匠师与匠艺的独特地位。匠师与匠艺在传统建筑区划与谱系中占据着独特的位置。尽管有些研究将其纳入建筑基质的范畴，但在实际中，匠师与匠艺的技艺常因其在历史建筑中的不可见性而被忽视。与地理、行政区划、语言等间接影响建筑的因素不同，匠师与匠艺直接作用于建筑基质。匠作系统的差异及其流动过程直接导致了传统建筑基质的多样性和独特性。在建筑营造中，匠师具有决定性的权威，他们的技艺和专业水准决定了建筑的最终形态。

大木工艺与榫卯的重要性。对于以木构为主体的传统建筑，大木工艺尤为关键。每个区域的大木匠师都有其独特的营造范式，如大木结构体系和梁柱等大木构件的形制。这些特征是界定该区域建筑基质的关键图谱。在大木工艺中，有一个常被忽视但至关重要的元素——大木榫卯及其求取方式。尽管它在完成的建筑中并不显眼，但却是大木掌墨师傅最关注的核心技艺之一。榫卯不仅影响建筑的整体结构、尺度和构造，还是决定建筑基质差异的关键因素。

2.2.2　浙江传统建筑分区的案例分析

回顾浙江传统建筑区划的研究历程，学者们提出了三区、四区、五区、六区等多种划分观点。尽管其中部分观点仅是对区域的合并或细分，差异较小，但仍存在显著的分歧。这些分歧反映了研究的复杂性，不同的研究角度和权重分配都可能导致不同的结论。因此，或许探讨的过程本身比结论更有意义。

从榫卯制作的角度来看，浙江传统木构建筑存在一个明显的区划标准，即柱梁枋之间的榫卯是否使用销子。在浙江的大部分地区，包括浙中、浙西、浙东和浙北，榫卯连接在很大程度上依赖销子，柱、梁、枋间主要采用直榫加销子的连接方式。然而，浙南温州地区是一个例外。该地区不使用销子，而是依靠匠师们在榫卯的式样和尺度上的精巧设计来实现紧密连接。温州地区的大木匠师采用上下榫、叉子榫等复杂榫卯形式，确保榫卯连接紧密、受力良好且不易拔榫。

不使用销子的做法可能源于古制。从现存江南宋元时期的榫卯来看，梁与柱子之间的榫卯大都不使用销子，而是通过复杂的榫卯形式来实现紧密连接。例如，苏州宋代罗汉院大殿的月梁榫卯采用带袖肩的燕尾榫；宁波保国寺大殿和景宁时思寺大殿的月梁入柱榫卯则为宋《营造法式》中所列举的镊口鼓卯，梁由上而下插入柱身；武义元代延福寺大殿的梁栿入柱榫卯则采用有大小头的长短榫。而在温州地区，梁枋入柱采用雌雄榫、上下榫、叉子榫等复杂榫卯来加强连接、防止脱榫，这种做法与宋元时期江南建筑的榫卯做法颇为相似。

因此，从建筑本体出发，榫卯类型及其营造方式，特别是梁与柱这两种最为重要的大木构件之间的榫卯运用，成为揭示建筑区划独特地域特征的关键线索。

2.3 木工成为传统营造技艺的主流

中国木结构建筑体系源远流长，汉代时便基本确立，抬梁式和穿斗式两大构架形式初见端倪。到了唐宋时期，这一体系已渐趋完整、成熟与稳定，从规划、设计到施工，乃至建筑的造型与形制，都展现了高度标准化和程式化的风貌。官式建筑尤为突出，在官方倡导与监督之下，宋代便已形成全国统一的营造技艺和艺术范式，塑造了中国古代建筑风格的独特文化现象。

明清时期，官式建筑的形式、结构、构造、做法及用工等均受官方要求而固化，形成既定规制。清代宫廷建筑的设计、施工及预算，更是由专业的“样房”和“算房”负责，其中“样式雷”雷姓家族世代传承“样房”职责，凸显了建筑创作与设计的专业化和制度化。

中国古代木构架建筑独具匠心，拥有一套完整的标准化体系，各部分做法均经过长期实践检验，形成固定程式。这一体系不仅涵盖建筑布局、结构、构造和技术等内在标准，更体现了院落组合、建筑体量、比例关系及建筑装饰等方面的艺术追求。这一准则和规范在官方控制下成为工程监督和验收的标准，也在民间广为信奉和遵守。

在漫长的发展过程中，这一体系不断传承与创新。宋代的《木经》《营造法式》、明代的《鲁班营造正式》、清代的《工程做法》及现代的《营造法原》等，都是对这一技艺体系在不同阶段、地域或专业领域的记录和总结。

几千年来，中国匠师积累了丰富的技术经验，在材料选用、结构设计、模数计算、构件加工、节点处理及施工安装等方面都展现出独特的技巧，并伴随着相应的禁忌和文化仪式。建筑工匠作为技艺的主要传承者，通过师徒间的言传身教，将技艺代代相传。

中国传统木结构建筑营造技艺以木材为主材，榫卯为结合方式，模数制为设计施工手段，体现了中国人对自然和宇宙的认识，反映了社会等级和人际关系，影响了行为准则和审美倾向，凝结了古代科技智慧，展现了中国工匠的精湛技艺。

这种技艺根植于中国独特的人文与地理环境，体现了中国人营造合一、道器合一、工艺合一的理念，是中国传统生产与生活方式的生动写照。

2.3.1 传统大木作（以浙江为例）

2.3.1.1 大木准备

1. 大木用材

木材种类：在木材的选择上，南北存在明显的差异，俗话说“北松南杉”，意指北方偏爱红松，而南方钟爱杉木。但在浙江的传统营造中，杉木和松木都占据着重要的地位。尽管各区域在使用情况上有所不同，但总体来说，杉木因其独特的优点而更受欢迎。杉木被誉为“木中之王”，江南地区甚至有“除了杉木不算材”的说法。南宋戴侗在《六书故》中赞誉杉木可为栋梁、棺椁、器用，才美诸木之最。杉木的优点主要表现在3个方面：其不易受虫蛀的特性在南方尤为可贵；其纹理直、不易变形、强度大且自重轻，材质坚韧且易于加工；此外，杉木具有良好的耐腐蚀性。民间有谚语云：“干千年，湿千年，干干湿湿两三年。”这表明在干湿交替的环境中，杉木相较于其他树种更能经受住时间的考验。

历史上，浙江地区盛产杉木，浙江各地都喜爱使用杉木，但其来源却因地而异。温州地区主要依赖本地杉木，而宁波等地更倾向于从外地购进杉木。浙南地区，特别是瓯江流域，是著名的杉木产区。当地人在盖房子时特别偏爱杉木，这与其木构建筑的结构方式十分契合。温州的木匠在制作榫卯时，为了增强其连接能力，往往会设计得较为复杂，并要求榫卯制作精准、连接紧密。他们表示，杉木的材质软硬适中，使榫头的敲入变得容易，甚至在制作时还能留下一些墨痕，使榫卯连接得更紧密。然而，现在为了追求更大的料材，常用的进口木往往过于坚硬，无法留下墨痕，且榫卯的敲入也变得困难。

在浙江的北部，如杭嘉湖平原和宁绍地区，不盛产杉木，因此建筑所用的杉木大多需要从外地购进。以宁波为例，其山区主要产松木。由于经济繁荣，宁波人更倾向于选择从外地运来的杉木。他们特别喜爱福建的杉木，称其为“建杉”或“建木”“南木”。这种杉木树龄长、密度大、自重大。在浙江，木材的来源地常成为其命名的依据。如产自钱塘江上游的木材被称为“上江木”，而产自瓯江上游、景宁、龙泉等地的木材则被称为“温木”。

尽管浙江的许多地区都盛产松木，但相较于杉木，它在某些方面存在天然劣势。由于松木容易被虫蛀，因此在重要的建筑（如祠堂或豪门大宅）中很少使用。然而，在过去那些杉木不盛产、交通不便且经济不发达的地区，如丽水、台州等地，松木作为民居的主要建材却十分常见。在清代太平天国运动之前，缙云地区并无杉木，因此全部使用松木建房。后来随着杉木的引进和种植，松木的使用量才逐渐减少，但即便如此，杉木在当地仍然相对稀缺。缙云河阳的大木师傅也提到，过去人们盖房子主要使用松木，但随着经济条件的改善，现在多选择杉木。台州临海民居过去也大量使用松木。从材质上看，松木相较于杉木更为坚硬，因此其横向受力性能更好。此外，松木的大料相较于杉木更易得，因此在制作大型梁、桁、枋等构件时，松木成为一个很好的选择。浙南泰顺地区的木拱廊桥建造中，就常常同时使用杉木和松木两种材料，其中松木主要用于制作廊桥的横梁。缙云的师傅特别提到，松树中的油松品种最优秀，其含油量高、不易腐烂、木质坚硬，甚至连斧头都难以砍入，同时不易被白蚁侵蚀。

尽管杉木在浙江的传统营造中广受欢迎，但它也存在一定的局限性。以浙江东阳为例，那些讲究的厅堂建筑在柱梁等主体木构上很少使用杉木，这主要是因为杉木的尺寸相对较小。通常，杉木的直径在30cm以下，这对于东阳地区流行的“肥梁胖柱”建筑风格来说，其尺寸显得过于小巧。当然，也存在一些颜色呈红色的老杉木料，这些木料来自福建、江西或湖南的原始林区，不仅尺寸较大而且木质坚硬。然而，这类老杉木的价格相当昂贵，有时甚至高达上万元每立方米。

在市场上，杉木的供应主要分为老杉和培育杉两种。目前使用较多的是培育杉。然而，速成的培育杉往往木质较松、容易开裂，与经过长时间生长的老杉相比，显得不够稳定。尽管如此，由于老杉的价格过高，许多工匠和消费者仍然选择使用培育杉。当然，也有一些巧妙的办法来弥补培育杉的缺陷。比如，一些老建筑在拆除时会留下一些旧杉木料，这些料经过岁月的洗礼，质地更为紧密、坚硬，且不易开裂。宁波龚中兴老师的营造团队就非常擅长利用这些旧杉木料。龚老师表示，旧杉木不仅质地优良，而且在使用上也能带来一些惊喜。虽然施工上可能会麻烦一些，需要去除旧料上的钉子并进行精确的镶补，但这些努力都是值得的，因为旧杉木的使用寿命更长，质感也更独特。

值得注意的是，即使是优质的杉木，也有其使用的年限。因此，在选择木材时，不仅要考虑其当下的品质，还要考虑其长远的耐用性。龚老师建议，选择年代适中、木质优良的木材是最佳的选择。过于陈旧的木材，虽然质感独特，但可能因为长时间的腐朽而失去原有的强度。

在浙江的传统营造技艺中，除了杉木和松木，还有多种木材被广泛应用，如柏木、栗木、榉木、银杏木、樟木、椿木、桐木、榆木、枫木、苦槠木、檫木、梓木、榧木、楸木、槐木等。这些木材各有其特性和用途，为浙江的建筑和家具制作带来了丰富的选择。

宁波师傅在选材上有着独到的见解，他认为柱子可选用苦槠木、柏木或栗树等。而东阳师傅则偏好使用榉木作为柱子，柏木也有使用，松木则较少。在梁的选择上，他们更倾向于使用樟木。兰溪师傅则有一个有趣的说法，他们认为中间的4根金柱最好选用4种名称吉祥的树木，如柏树、梓树、桐树和椿树。

在建德地区，师傅特别强调栋梁的选材，专门寻找香椿木来做，而临海师傅偏爱使用柏木和栗木作为柱子。栗木的纹理弯曲且斜向，因此不太适合做梁，而松木则更适合。在缙云河阳地区，对栋柱有着特别的要求，当地有俗语“东樟西檫”，即东边栋梁用樟木，西边栋梁用檫木。在浙江一些地方，香椿木甚至被尊称为“树大王”，而樟木被誉为“树小王”，民间匠师亲切地称之为“樟树皇”。

兰溪师傅分享了关于樟木的知识，他指出樟木有好坏之分。最好的是桂花樟，其花纹细腻；铁子樟则材质较硬；条樟的条纹较宽；而最差的是笋壳樟，容易剥落。在选材上，门槛常用苦槠树或梓树，因为它们不吸水、不怕风雨、不易腐烂。对于雕刻件来说，樟木是最佳选择，而牛腿通常使用樟木制作，木榔头同样选用樟木。

在大木师傅们的工作中，工具的制作常使用木材。比如，兰溪师傅使用石楠木制作木槌，凿子柄则用黄檀木或继材木。在浙江，除温州外，榫卯结构通常大量使用销子。销子的木质要求特别坚硬，以前都选用本地的硬木制作，各地所用的销子材质各不相同。比如，浙北海宁师傅提到，海宁的销子一般用运河边的榉木或榆木制作，如果实在没有，也会用毛竹代替。东阳以前大多使用“椿木”作为销子材料，这里指的是香椿木，民间有“椿木为木中之王”的说法。临海的销子木材则主要来自当地的山上，被称为“铁柳”“田柳”或“田榴”树。临海的工匠也会使用山茶、黄檀木来制作销子。很多地方制作销子的当地硬木名称都是以“青”字开头，如浦江的“青楸木”，东阳的“青冈木”，缙云的“青枥木”等。

为了提高销子的坚固度，通常需要进行水煮或火烤的加工处理。水煮处理是将销子放在铁锅里加水煮，直到表面呈黑色并发出金属般的声音，这样木材质地会变得更坚硬。火烤处理则是将硬木放在火上烤，边烤边转，时间根据具体情况而定。

除了销子，竹钉也需要进行处理。将竹子放在铁锅里干炒至变黄并发出清脆的响声，再制作竹钉。为了防止竹钉炒煳，可以加入一些砂子一起炒。为了使竹钉更加牢固、不腐朽、不遭虫蛀，更好的方法是将竹钉浸在桐油里炒。然而，现在为了节省工时，很少有师傅再煮销子或炒竹钉了。甚至竹钉也很少使用，大多被洋铁钉或枪钉所替代。

浙江传统营造中的木材运用丰富多样，不同的木材和加工方法体现了工匠们的智慧和技艺。这些传统的技艺和材料选择不仅为建筑和家具制作带来了美感和实用性，也传承了深厚的历史文化价值。

2. 选料和算料

选料与算料对于大木匠师们而言是至关重要的环节。

在选料前，匠师们会精心列出详细的料单，明确标注柱子、梁、枋、桁等主要大木构件的尺寸和数量。如果业主已经备好了材料，匠师们则需要更加细心地挑选和计算使用。首先，他们会精心挑选柱料，再选择梁料。在选择梁料时，他们通常会先选择大梁，再选择小梁。在浙江地区，梁往往可以进行拼接，因此选料的范围相对较广，如温州、宁波等地。在某些地方如东阳，祠堂、厅堂等建筑的梁需要使用整料，并且梁的尺寸较大。因此，匠师们会首先挑选几根适合大梁的木材，然后再选择小梁和柱子的材料。

在衢州等地，开间方向的楣料甚至比梁还要大，因此这根木材的挑选尤为重要。栋梁通常被视为尊贵的构件。据匠师们所述，过去的栋梁并不是购买的，而是由匠师和业主共同上山“偷”来的。当然，这里的“偷”实际上是指匠师们会悄悄地将钱交给树的主人。在上山时，他们还会带上香和香烛等物品，以祭拜山神。如今，这些规矩已经简化。栋梁可以提前购买，或者在需要时再去购买。

在选择木料的弯直方面，匠师们通常会优先选择直料，如果经济条件允许的话，直料不足时他们会选择大料劈成直料来使用。当然，如果经济条件有限，弯料也能被巧妙地运用。临海的师傅们有句俗语："弯田不弯谷，弯料不弯屋"。这意味着在浙江的民间大木匠师眼中，只要坚守"大木不离中"的原则，无论木料如何弯曲，都能找到合适的使用方法。

对于柱子的尺度，浙江的师傅们普遍认为，柱子稍微细一些并不会影响使用。东阳的师傅们说："寸木立千斤"，意味着即使柱子很细，也能承重。宁波的师傅们说："楣头能放得牢，柱子就多大"，意思是只要楣头稳固，柱子的尺寸就不是问题。缙云的师傅们更是形象地表示："只要料上能放个馒头，就可以做柱子"。师傅们会根据业主提供的材料，因材施用。

在木料的加工方面，浙江的师傅们坚持"大木不留皮，小木不留墨"的原则。这是因为木料的树皮部分木质较差，容易腐烂和虫蛀，所以不宜保留。师傅们常抱怨现在市面上的很多进口木质量并不好，树皮太多，容易烂，导致出材率很低。因此，在加工过程中，他们会将树皮部分削去，以确保木料的质量和耐久性。

2.3.1.2 大木设计

1. 尺度权衡

尺度权衡对于匠师们来说是营造的第一步。过去浙江的传统匠师们没有图纸，所有尺寸都是把作师傅定的。对于匠师们来说，确定尺度是决定营造成败的关键之一。匠师们的尺度权衡包括 3 个层面：一是房屋整体尺度的确定，二是柱网平面和构架剖面的尺度，包括开间、进深、檐高等，三是具体大木构件的尺度确定。

1）浙江各地的传统营造尺

浙江大木匠师手中的尺子有直尺、曲尺、长卷尺等，用的最多的是曲尺，因其具有画矩为规和测量尺寸的双重功能。曲尺有两种，一种被匠师们称为鲁班尺，是工匠们用竹片、木头、牛骨等材料自己制作的，另一种是市面上买的不锈钢的米制曲尺。至于传统上的门公尺（或称"门光尺""鲁班真尺"等）及与之相对应的压白尺法则基本不用。因此在浙江一提到鲁班尺，有两种含义：一是指不同于米制的传统尺制，另一种是工匠们自己制作的标刻有这种传统尺制的曲尺，有些匠师也称之为"角尺"。

米制尺在传统营造中的普遍应用是 20 世纪 80 年代后的事情，当前浙江的大木匠师们均同时采用鲁班尺和米制尺两种尺制。浙江鲁班尺基本在一米等于三尺六寸至三尺七寸，也就是一尺为 27～28cm，这与浙江宋代的地方尺"浙尺"（尺长 27.43cm）、苏州的鲁班尺（尺长 27.5cm）都非常接近，可推测浙江民间营造尺制的历史延续性和地域相似性。在调研中发现金华、宁波、嘉兴、温州等区域的大部分匠师用的都是一米等于三尺六寸（一尺等于 27.8cm）的鲁班尺，温州有少部分匠师用一米等于三尺七寸（一尺等于 27cm）的鲁班尺。宁波有些匠师用的是一尺等于 27.5cm 的鲁班尺。

虽然匠师们现在大多数都是按图施工，而图纸上标的尺度都是以米、毫米为单位的，但对于大多数匠师来说，鲁班尺还是无法丢弃的，其最主要的原因是传统习惯问题。在匠师们的脑子里有很多师徒相传和多年营造经验积累下的鲁班尺尺度经验。在小的榫卯尺寸上，也多为鲁班尺的数据，比如宁波的销子尺寸。扁销常为一寸二宽，五分厚；方销的大头是5分×5分，小头为4分×4分；雨伞销总长常为一尺二、一尺四、一尺六等。

鲁班尺的应用还体现在工具上。大木匠师们的工具规格一般还是以鲁班尺为计量单位。如刨子最大的有一尺八寸，最小的五寸、六寸；凿子小的有两分，大的有一寸四。在金华、宁波等运用讨照法求取榫头尺寸的区域，讨照工具——照板的尺度也是用鲁班尺来定，一般都为两尺或三尺。

同时用两种尺制是一件很头疼的事情，因为牵涉到尺度的换算问题。但对于匠师们来说，这并不是难事，师傅们自己会总结一些常用换算数字。如30cm约等于一尺一，4分约等于1cm等。在换算中，难免有取整近似等情况，但一点尺寸出入并不会对营造的准确性造成大的影响。建筑的开间、进深和大的构件尺寸都会标刻在“老司头”画的杖杆上，其他匠师只要将杖杆上的尺度复制过去即可。而对于匠师们来说，大木尺寸可以允许一定范围的误差。当然，在大木中，相对应的榫头与卯口需要严丝合缝、尺度精确，但榫头的尺度也不是靠尺子量出来的，而是依靠“讨照付照”“回榫法”等方式，将卯口的尺度直接复制到相对应的榫头上，所以其精确度也不会因鲁班尺与米制尺的一些换算误差而受到影响。

年龄在60岁以上的老工匠们对鲁班尺难以割舍，但对于年轻一些的匠师来说坚持用鲁班尺已没有多大的意义。现在越来越多的工程依赖专业设计院出的按米制标注尺寸的图纸，随着割舍不掉鲁班尺的老工匠们越来越少，按图施工等要求越来越普及，鲁班尺逐渐被抛弃是难以逆转的趋势。

2）整体构架的尺度权衡

整体尺度的确定一般变化较大，影响整体尺度的因素一般有业主的意愿和财力、建屋基地的大小、根据当地营造传统所能采用的平面形式，以及风俗上的要求等。匠师们对于房屋整体尺度的控制权没有具体尺度那么强。

（1）开间的尺度权衡：对于开间和进深的尺度，各地一般都有一些传统的规矩，各地的规矩有相似的地方，也有不同的地方。浙南温州地区，民居在开间上与其他地区很不相同，开间数变化很大，达到九间之多的民居非常常见，这种明显属于僭越的建筑形制是温州民居的一大特点。温州民居在开间上的称谓为中间、左右三间、五间、七间、九间，呈现一种除去中间外，越到旁边越大的趋势，这样规定主要是能获得好彩头的意味。很多建筑确实都符合这一规定，如瑞安的孙诒让故居，中间2.4丈①、三间1.2丈、五间1.2丈、七间1.3丈、九间1.4丈；瑞安林庆云故居，中间2.1丈、三间1.2丈、五间1.3丈、七间1.8丈；温州平阳顺溪老大份民居，中间2.1丈，三间1.2丈、五间1.2丈、七间1.4丈、九间1.5丈。也有并不完全符合这一规定的，如乐清林氏宗祠的开间尺度，中间1.8丈、三间1.5丈、五间1.4丈、七间1.5丈，三间就比五间要大；温州平阳顺溪老四份民居，中间1.9丈，三间1.2丈、五间1.4丈、七间1.3丈、九间

① 1丈约3.33米

1.2丈9。东阳、缙云、临海的大部分把作师傅说，一般民居中间最常用尺度都是一丈六尺，小的做一丈四。临海中间一般做一丈六尺六寸，大型的宗祠和大型民居中间可以达到一丈八、两丈。浙西和浙东在平面上称中间、左右一间、左右二间、左右三间，左右一间、二间的数值自由度较大。建德的民居中间的尺度习惯做一丈五，现在叫“五米中”。左右一间最常见尺寸是“一丈一尺五”，再边上就按照地基来定了。海宁师傅说，中间的尺度大的做一丈六，小的做一丈二的也有。次间比中间少一尺到二尺。梢间一般比次间又要少一尺。浙江各地传统建筑在开间尺度上的权衡，总面阔一般都是以基地为准，并无定值。规定较为明确的是正中间的尺度。温州正中间的尺度较其他地区都要大，且中间与边间和尽间的差异也最为明显。浙西、浙东的很多区域，“一丈六寸”都是中间最为常用的尺度。

（2）进深的尺度权衡：温州传统民居的进深尺度变化很大，根据地基、根据构架类型，进深尺度均不同。温州的民居步架尺度变化比较大，一步架尺度的变化从四尺五寸～三尺，廊的尺度则从五～八尺的都有，后廊最小做到四尺。温州有些建筑的进深极大，大到六丈左右，相当于16米多。临海的桁条步架最为常见的是四尺，进深一丈六尺为最多。如临海地区，都是让把作师傅自己定尺度，步架定四尺，两根桁条间距八尺，那么梁就是八尺梁。四尺廊、五尺廊、六尺廊都有。东阳建筑中间的桁条步架也是做四尺的最多。构架在进深方面，最常见有五柱，分别为前小步、前大步、栋柱、后大步、后小步，各柱间的尺度以“六尺、八尺、八尺、四尺”“六尺、八尺、八尺、五尺”“六尺、八尺、八尺、六尺”最为常见。前廊最小四尺，最大也有大到八尺之多的。东阳建筑的总进深，最大可将近五丈，但比起温州的六丈来，还是要小得多。建德常见的总进深有二丈四～三丈四。海宁建筑中，内四界的尺度最常用的一丈六尺即每步四尺。前廊如果做轩，尺度在六尺左右，如果不做轩，则常做5尺。海宁的后廊最大有8尺的。海宁的梁称为“从”，最常见的是“四尺从”“八尺从”，可见步架也是以4尺为主。总结各地进深方向的尺度，匠师们都认为变化是很多的，要根据房屋的构架类型和基地尺度来定。浙西和浙东地区，房屋中间四步架的距离，以一丈六尺为最常见的尺度。前廊的尺度温州最大，为五～八尺。其他地区则多为四～六尺。

2. 屋面水分

屋面水分即屋面坡度，浙江传统建筑屋面坡度做法与清工部举架做法和苏州的提栈做法相同，即从最下面的檐桁往上到脊桁，每一步架按照一定的系数逐桁递增。在调研中，发现浙江各地匠师对屋面做法有几种不同的叫法。比较普遍的称谓是“顺水”“挠水”或“弯水”，其中温州瑞安、丽水缙云、宁波师傅都称为“顺水”；临海、宁波、东阳师傅都称为“挠水”；温州泰顺、建德师傅称为“弯水”，建德还有师傅称为“水身”；临海师傅说屋面坡度要“屋水”，海宁师傅称为“水性”，如六分水性、五分水性等。

屋面水分非常重要。如果没有图纸，这是匠师们设计的第一步，如果有图纸，这是匠师们研究图纸的第一步。因为屋面水分关系到整个构架的尺度，屋面水分定好，柱、梁、桁条等主要大木构件的位置就基本定好了。屋面水分的数值要清楚地反映到丈杆中，有些匠师还会将屋面水分画在样板上，如温州瑞安师傅强调一定要画1∶10的屋面顺水样板。桁条与屋面水分关系非常密切，制作桁条时，一定要把水分画准。浙江各地的匠师们对水分值的确定相差不多，一般都认为，起水最小为 3.5 分水，如果小于 3.5 分，底瓦水就要倒灌。一般檐部起水为 3.5～4 分。匠师都认为 3.8 分是最理想的起水数值。至于最上面的水分，普通民宅最多做到 6 分水，宗祠、厅堂、豪宅最多可以做到 7 分水或 8 分水，大殿可以做到 9 分水。从道理上，浙江的水分递增同“举架”和“提栈”一样按照 0.5 的级数递增，如，4 分水、4.5 分水、5 分水，称为“三顺水”。但在实际操作中，匠师们要考虑整体构架安排，柱、梁、檩等大木构件的尺度和位置安排，水分值往往要酌情处理，并不一定是 0.5 的级数。如乐清林氏宗祠顺水从下到上分别为 3.8、4、4.2、4.5、4.8、5.2、5.5、6。宁波月湖一座民居水分为 3.8、4.6、5.6、6.6 分。

3. 侧脚与生起

侧脚和生起做法是浙江传统建筑工艺中比较有特色的工艺之一，但是并不是所有区域都有侧脚和生起的做法。浙南温州地区的侧脚和生起做法都极为显著，且当下的匠师们仍然严谨地恪守着侧脚和生起的做法。金华、台州、丽水等地的侧脚和生起的做法也都大量保留着，这些区域的传统大木匠师非常清楚侧脚和生起的传统做法。但新做的建筑有渐渐取消侧脚和生起做法的趋势。浙东宁波的明代建筑中还保持有侧脚和生起的做法，但现在除一些楼房保持有侧脚做法外，平房基本不做侧脚了。浙北地区传统建筑基本不做侧脚和生起，浙北地区的很多做法与苏南很相似，苏州的《营造法原》中也没有任何侧脚和生起做法的记载。

浙江的传统建筑，除浙北杭嘉湖地区外，其他区域都曾经或仍然坚持做侧脚和生起。为什么要做侧脚和生起？在大木匠师看来，侧脚起到加强构架稳定性的作用。侧脚可以使柱子上的荷载产生水平分力，使柱头向室内挤压，让榫卯的连接更加紧密，对于防止榫卯脱榫有效。生起的做法更多是出于视觉上的考量，浙江传统建筑的生起，一是檐柱的生起，一是栋柱的生起，分别对应于檐口部分的起翘和屋脊部分的起翘。其中栋柱的生起运用更加广泛。

1）侧脚

在浙江不同地区对侧脚的称谓各不相同。调研中，匠师们对侧脚惯常用的叫法或写法有“生墨”“撒墨”“刹墨”“省头”“生脚”“升”“散水”“桑水”“双溪”等，温州泰顺师傅称侧脚为“生墨”，温州瑞安师傅称侧脚为“撒墨”，宁波师傅称侧脚为“刹墨”，临海师傅称侧脚为“省头”，东阳师傅称侧脚为“生脚”，东阳师傅称侧脚为“升”，温州瑞安师傅称侧脚为“散水”，临海师傅称侧脚为“桑水”，宁波师傅称侧脚为“双溪”。总结起来，考虑到地方口音的影响，浙江传统大木师傅对侧脚的称谓主要是“生”“生墨”和“散水”，将其称为“生墨”的原因是侧脚做法，主要在于弹墨线是通过在柱子上画出侧脚后的中心墨线来实现的。匠师们说，弹墨线是关键，一定要分清“生墨”的前后左右，不能搞错。

浙南的“生墨”，匠师们的经验值是两寸～两寸五。泰顺师傅说，中间生两寸五，如下面柱脚开间是一丈七尺一，上面柱头则是一丈六尺六。瑞安师傅一般生两寸，如果柱子五、六米高，一般侧两寸（相当于五、六公分），七、八米高的柱子，则侧三寸，也就是相当于侧1%的比例，这与宋《营造法式》中规定的开间方向的侧脚比例相同。温州江心寺大殿的侧脚为0.8%，相当于宋《营造法式》中规定的进深方向的侧脚比例。江心寺大殿外面一圈廊柱两个方向侧，且两个方向侧的比例相等，其他柱子都是朝一个方向侧。温州的匠师们一般边间柱子不做侧脚，因边间柱子常靠着山墙，因而必须收回做成直柱，以便柱子与墙体垂直。如果边间木构架与墙体分离，则可做侧脚（图2-1）。

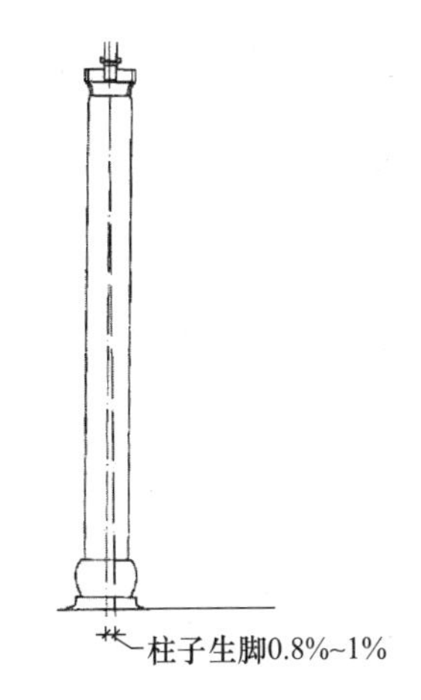

图2-1　东阳柱子侧脚——“生脚”

东阳的“生脚”主要有两种，一种叫“跟娘生”，另一种叫“布裙生”。“跟娘生”是全部柱子都做“生脚”，主要用于祠堂、厅堂、庙堂等大型建筑中。“布裙生”是周围一圈柱子做“生脚”，而中间柱子不做“生脚”，“布裙生”比“跟娘生”简单，一般农屋都做“布裙生”。东侧脚的比例也是接近于0.8%～1%，如：8m以上的柱子生7cm左右，6～7m的柱子生5cm左右。侧脚应该根据柱子的长度按照比例决定侧脚的高度，但在实际操作中，师傅们往往根据情况进行简化，一幢建筑的柱子，即使高度不同侧脚也都做一样的数值。东阳师傅做的东阳蔡宅祠堂就是这样，每根柱子都做了5cm的倾斜。东阳的“跟娘生”和“布裙生”都是“正生”，东阳还有一种“倒生”，当地叫作“稻桶生”。“倒生”即柱子侧的方向是背朝房屋中心向外的。匠师们说，一般盖房子如果做成“倒桶生”那就是做错了。但有一种情况可以做“倒生”，就是当两个房子连在一起的时候，那么一个房子用“正生”，另一个房子肯定要做“倒生”。

关于侧脚的做法，《营造法式》中记载：“凡立柱，并令柱首微收向内，柱脚微出向外，谓之侧脚”。也就说柱顶、柱底都要侧。梁思成先生认为这种理解是不合理的，因为如果柱首也向内偏，柱首的中心不在建筑物纵横柱网的交点上，这样必将会给施工带来麻烦。但是，浙江的传统匠师们在做侧脚时，往往并不拘泥于侧柱顶还是侧柱脚，有时柱础位置已经先定好了，那么就侧柱头；如果柱础位置没有定好，那么可以侧柱脚，如果这样，地基尺寸需要大木师傅与泥水师傅一起确定。师傅们说，一般来讲，柱顶侧效果会更好。但是对于施工难度来讲，两种侧法的施工难度是相同的，只要确定好侧脚后的中心线，求取榫卯尺度时用新的中心线作为标准求取即可。

浙江传统建筑侧脚由柱头向内侧的做法，是与其施工方法紧密相关的。匠师们称侧脚为“生墨”“刹墨”，是因为匠师们在柱子上画线时，除了弹出柱子的中线，还要把柱子侧脚以后的“生”线弹出来。在做榫卯时，匠师们用以求取榫尺寸的照板或卡尺，要以“生”线而不是柱子中线为基准求取。有的匠师不弹“生”线，而是将“生”的尺度直接反映在照板上，也就是将照板的中线对准拟弹的“生”线。有些把作师傅怕出错，不仅讨照时要将“生墨”讨出来，还要画非常准确的1∶10的样板，以确保每根料的尺寸都清楚准确（图2-2、图2-3）。

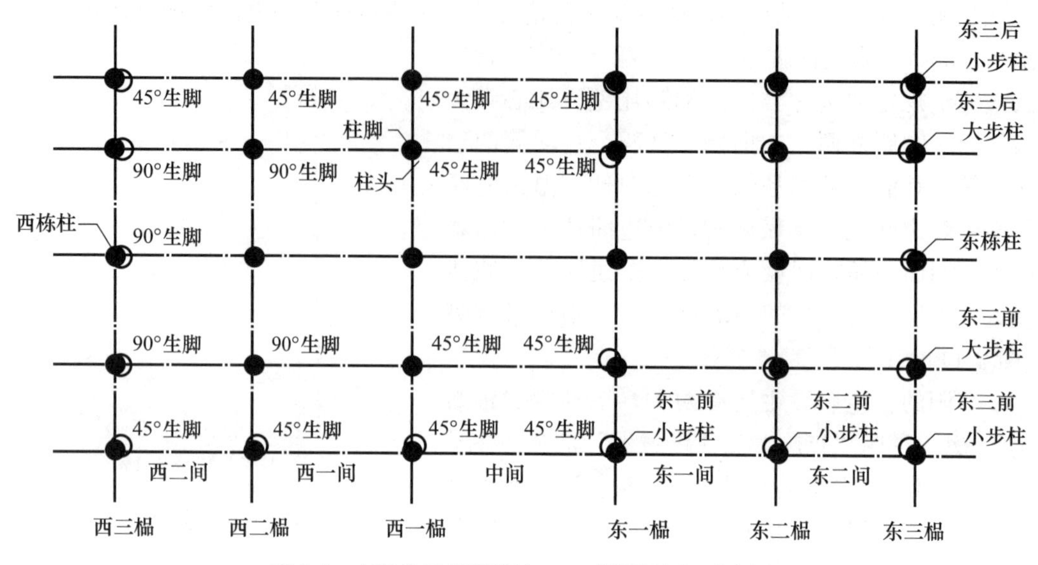

图 2-2　东阳柱子侧脚做法——“跟娘生”示意图

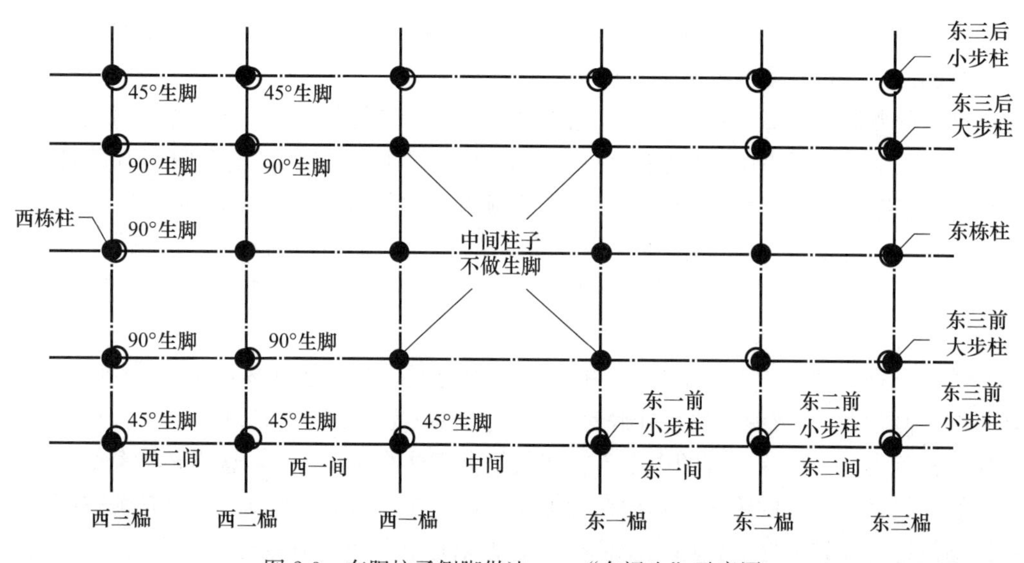

图 2-3　东阳柱子侧脚做法——“布裙生”示意图

在调研中发现，浙江的大木匠师在新建的古建筑中已经越来越少做侧脚了，主要是工艺麻烦，很费功。比如，临海的一些年长的大木匠师还知道侧脚怎么做，年轻一些的匠师很多不会做。温州传统侧脚非常普遍的地区，很多新造的古建筑也不做侧脚了，师傅们说因为麻烦，窗、门都不好装。侧脚这一古老工艺很可能失传。

2）生起

浙江传统匠师对生起的惯常叫法或写法有“起撒”“送省”等。浙江保留有生起做法的区域主要是温州、台州、丽水等地。浙南称生起为“起撒”，厅堂、庙堂、民居都要做。从三间各柱开始，起撒 3 寸，五间 5 寸，七间 7 寸，九间 9 寸，也就是除三间各柱增高 3 寸外，其他开间的柱子都增高 2 寸。台州临海的生起称为“送省”，匠师们有口诀是“三六九送省”，也就是三间增高 3 寸，五间增高 6 寸，七间增高 9 寸。当然这些尺寸是常用尺寸，匠师们会根据建筑的尺度做适当调整（图 2-4）。

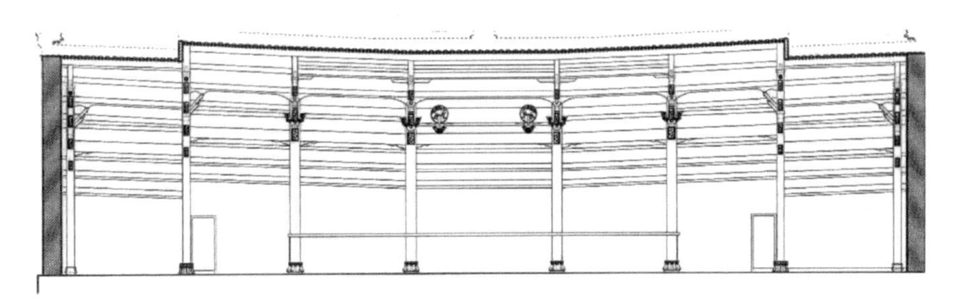

图 2-4　温州乐清林氏宗祠栋柱生起（图片来源：浙江省临海市古建筑工程有限公司）

《营造法式》对生起的规定是：“若十三间殿则角柱与平柱生高一尺二寸，十一间生高一尺，九间生高八寸，七间生高六寸，五间生高四寸，三间升高二寸。”比较《营造法式》与浙江生起的做法，可见温州与台州的生起尺度与《营造法式》很接近，温州除三间生起 3 寸较《营造法式》高一些外，其他开间都是升高 2 寸，与《营造法式》相当。台州虽每间升高 3 寸，但考虑到浙尺比宋官尺稍小的因素，则差别也不是很大。从这个方面可以看出，温州和台州南部的建筑保持有宋风的一个特点。

2.3.1.3　榫卯类型与制作

1. 榫卯节点

若以榫卯连接方式作为分区基准，浙江传统木作建筑可被明确划分为两大区域，一是销子使用较少、榫卯构造繁复的区域，主要分布于浙南地区。在此区域，榫卯设计独特且精巧，依赖榫卯间的紧密咬合和巧妙穿插，来强化联结力、摩擦力和抗拔榫能力。另一区域则广泛采用销子，主要榫卯形式为“直榫加销子”。这一区域范围广泛，涵盖了浙中、浙北、浙东和浙西等地。

在销子使用普遍的区域，直榫成为主流。尽管直榫加工相对简便，但其抗拉力较弱，因此连接榫卯与构件的销子变得尤为关键。当然，浙中、浙北、浙东和浙西在具体榫卯特征上仍存在一定差异。总体来说，这些区域在榫卯使用上的共性远超其特性。这种分区方式不仅反映了浙江传统木作建筑在技艺上的地域特色，也揭示了各地匠师在应对不同建筑需求时所展现出的智慧与创造力。

1）很少用销的浙南榫卯

浙南地区榫卯类型中最具特色的是不使用销子的榫卯设计思路。温州的瑞安、平阳、永嘉等地的师傅的榫卯都是不使用销子的。瑞安师傅说：“用销子说明这个师傅的水平不行”。当然，销子也不是完全不使用，在拼梁、拼板等地方，暗销和竹钉还是常常用到。明销在一些地方也有使用，如浙南斗拱中的上昂部位。但在制作梁、柱、枋、桁等主体大木构件相互连接的榫卯中，浙南师傅几乎不考虑使用销子。师傅们在榫卯的式样和尺度上经过精巧设计来达到榫卯连接紧密、受力良好的目的，并做到不易脱榫等特性。

（1）浙南榫卯类型

单出榫：单出榫是一种直榫。当只有一个榫入柱，又不适合用燕尾榫的时候，就会选择单出榫。因为不使用销子，浙南的单出榫几乎不做半榫，基本都是要穿出柱子的，这样可以增加拉结能力，减少拔榫的危险。单出榫在浙南又被称为“短榫”，其实并不是整个榫头短，而是榫头挑出柱子外面的长度比起上下榫等要短一些。一般单出榫穿出柱子外面的长度为一寸八（6cm）左右，而上下榫穿出柱子有三寸六（12cm）左右。单出榫根部的厚度要比头部厚，一般厚出的尺度为两分左右，如根部厚为一寸八（6cm），头部厚为一寸六（5.3cm），这样做的目的是增加榫卯的拉结能力（图 2-5）。

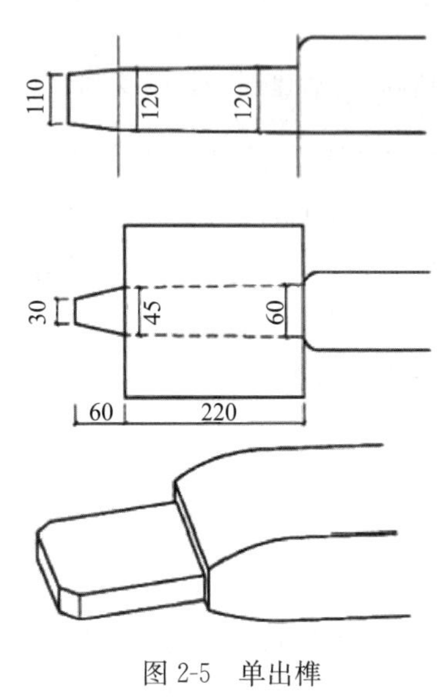

图 2-5　单出榫

雌雄榫：雌雄榫在浙南又叫“龙口插”，这是左右相接的梁或枋于柱头相互榫接时所用的榫头，左右两个榫头，一个做成双榫，即“雌榫”，另一个做成单榫，即“雄榫”，在柱中相互插接。在榫的高度上，单榫的雄榫比双榫的雌榫的单个榫头要高一些，常分成 3∶4∶3 的关系。如雌榫的上下两个榫高为 3 寸（10cm），雄榫的高度为 4 寸（13cm），雌榫、雄榫相接后的总高度为一尺（33cm）。榫的长度包括出榫和榫肩的长度。榫肩在浙南称为“尖”，师傅们说榫头所有的力都在“尖”上。榫肩的长度一定要大于一寸半（5cm），常做到一寸八（6cm）以上。出榫的长度根据柱子卯口的深度而定，卯口深度去掉两个榫肩的长度，就是出榫的长度。在榫的厚度上，也像单出榫一样做成大小头，一般根部要比头部厚出两分。雌榫和雄榫都是根部粗、头部细、交叉在一起时形成交错的咬合，增加紧密度和咬合力，使榫头连接更紧密（图 2-6）。

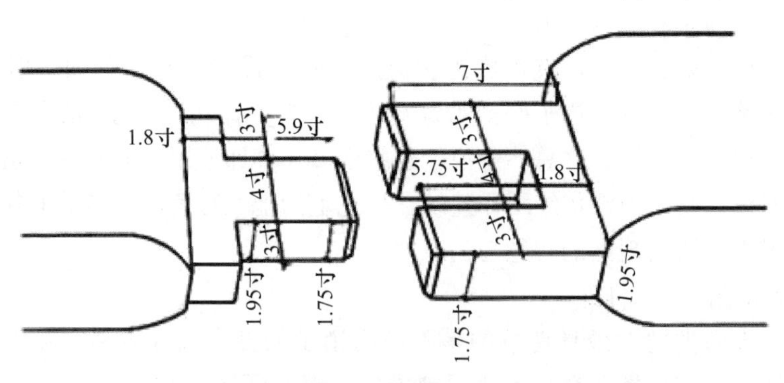

图 2-6　雌雄榫

上下榫：是左右高度不同的枋子首尾相接于柱头相互榫接时所用的榫头，有“上下平长榫”和“上山爬”等不同做法，运用较多的形式是“上下平长榫”，即上下榫都做成穿通柱子的长直榫形式。为了增加榫卯的联结力，位于上面的榫头伸出柱子的部分要卡在下面这根构件的背上，也就是在下面构件的背上凿出卯口，使上面穿出柱子的榫头正好套入这个卯口中。上下榫伸出柱子的长度比单榫长，一般都在 10cm 以上。上下榫要做成根部厚、头部薄的形式。在柱子上打榫洞时，也要打成大小头，大木匠师在柱子上的卯口上，往往要写上“大”“小”的字样。“上山爬”是两个相互连接的榫，它们在柱子里面的部分不是平直叠加的，而是以斜面相连的（图 2-7）。

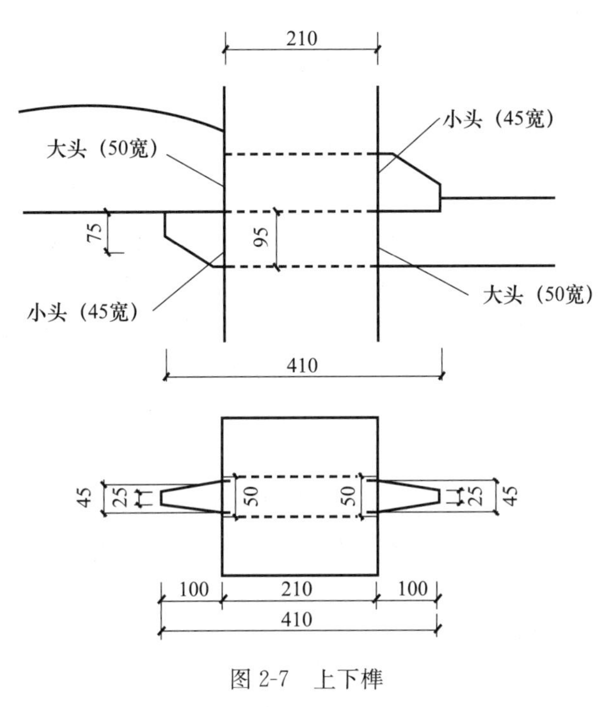

图 2-7　上下榫

叉子榫：叉子榫是左右相接的梁或枋于柱头内相互榫接时所用的榫头，根据构件的高度可以做成“四指叉”“五指叉”“六指叉”，甚至做到“七指叉”“八指叉”。这些叉子榫都是平直榫，还有一种做成斜面的榫，叫“凤凰叉”。浙南的师傅们在制作叉子榫时，为了增加拉结力，常会做很多精巧的设计，如上下的出榫做得长一些，在与之相联结的构件上凿出卯口，使长出的榫头穿套入构件中（图 2-8）。

对半榫与对榫：对半榫又叫“对中尖”，即两个带肩的直榫，相互之间用榫头与对方的榫肩相对的榫卯形式。对半榫的拉力比上下榫、雌雄榫和叉子榫都弱，只有在构件尺度不高、两个构件又不能有高低的情况下才会采用。还有一种是用榫头与榫头相对的榫卯，即左右两个半榫相碰的榫卯形式。因为没有销子，这种榫卯的拉结能力也较弱，一般只在柱子较大、构件下有替木等加固构件时才会使用。

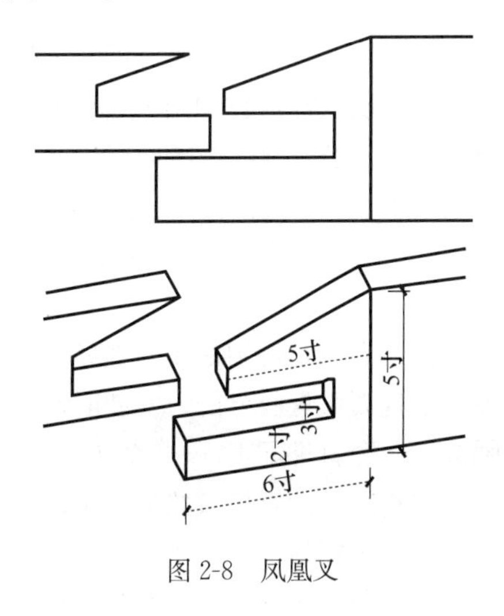

图 2-8　凤凰叉

扎榫：浙南的扎榫就是燕尾榫，有些浙南匠师也称之为“开执榫”。扎榫的联结牢度非常好，但安装时需要采用“上起下落”的方式，因此能使用的部位有限，常用于两根桁条间、梁与桁条间、梁与连机间、楼平（楼面承重梁）与楼格栅间的榫卯。扎榫端部宽、根部窄，一般根部每边窄两分五（8mm）到三分五（1cm）左右。浙南的扎榫还要做成上面大下面小的形式，下面每侧收 1cm 左右。

（2）浙南榫卯的特征

浙南榫卯在浙江传统木作建筑中是比较特殊的一类，其特点可以总结为以下几点：

在浙南地区的传统木作建筑中，匠师们巧妙地避免使用销子，转而依赖榫卯之间的精密咬合来强化联结力。他们深知，榫卯设计的复杂性与其联结力、抗拔榫能力成正比，因此，复杂的榫卯如六指叉、八指叉在此地尤为常见。为了进一步增强榫卯间的联结力，浙南的榫卯设计常呈现厚薄变化的特点，即根部较厚而头部较薄。值得一提的是，浙南榫卯的榫头高度相较于其他地区略小，通常单出榫的高度也仅为十几厘米。当构件较高时，匠师们会巧妙地设计成双榫、三榫甚至四榫，以增加联结面的数量，从而增强榫卯的结构性能。在浙南，榫卯多数是穿出柱子的设计，不穿出柱子的榫卯极为罕见。温州的匠师们特别忌讳不出头的榫卯，称之为“乌龟榫”。单榫穿出的长度相对较短，一般约为 5cm，而高低榫等长榫穿出柱子的长度则较长，通常为 10cm 左右。浙南的大木匠师们深知，榫头穿入柱子越深，结构越牢固。因此，他们常通过增加榫卯穿出柱子的长度来增强抗拉力，并防止拔榫现象的发生。在一些不太重要或显眼的建筑中，匠师们会尽量保留更多的榫卯出头部分。这些出头的榫卯通常四面削尖，不仅外观美观，而且在套榫时也更易插入。

除上述几种榫卯外，浙南的大木匠师还会综合利用各种类型的榫卯进行组合，使榫卯联结牢固，比如雌雄榫与长榫的组合，叉子榫与上下爬榫的组合等。由于浙南的榫卯比较复杂，不使用销子，因此在安装上，比起浙江其他区域要麻烦得多。浙南大木安装更加费时、费力，往往要使用葫芦等进行辅助。浙南的榔头是石头做的，敲击能力更强，不像其他地区，一般使用木榔头。

2）大量用销的其他区域榫卯

（1）榫卯类型

除浙南外，浙中、浙西、浙北、浙东地区的传统木作建筑大量使用销子。梁榫产生角变位的时候，榫从柱卯内向外有微小的拔出，嵌固力有些释放。但是，在榫头贯穿一根销栓，构件虽小作用却很大，控制了拔榫，加强了嵌固能力，内外柱拉结更为紧密。销子的使用使这些区域的榫卯形式大为简化，较为常用的榫卯类型有直榫、扎榫、柱顶榫、柱脚榫等。常用的销有柱中销、雨伞销、扁销、直暗销、竹钉销、元宝销。

直榫：直榫是运用最多的榫卯类型。不像浙南的单出直榫有厚薄之分，这些区域的直榫是平直而没有收分的，安装时水平打入卯口内，其拉结力很弱，很容易拔榫。大木匠师会用一个直榫配上 1～2 个销子来解决拔榫问题，因此销子的使用极为广泛，作用极大。这些区域的直榫按照形式不同，又可分为半榫、透榫、双榫、交叉榫等。

单榫是运用最为普遍的直榫类型。单榫中有不带榫肩的全榫，也有带有榫肩的半榫。具体使用看构件大小和匠师的个人喜好。长的单榫会穿透柱子，短的单榫则不穿透柱子。在祠堂、厅堂等柱子较大的木作建筑中，不穿透柱子的单榫使用较多，而在柱子较细的民房中多为能够穿透柱子的单榫。但也有区域上的差别，如金华地区的匠师们，只要柱子较大（如直径为20cm以上），就会考虑使用不穿柱子的单榫加柱中销，但在台州地区，匠师们则更多使用能穿透柱子的长单榫加柱中销或扁销。单榫的高度依据梁枋等构件高度，厚度则依据柱子的粗细，具体尺寸一般按照大木匠师的经验而定。匠师们有一句俗语叫“断梁不断榫”，所以在榫卯尺寸制定上有很大的灵活性。一般来讲，榫卯的厚度不能超过柱径的1/3。师傅们说，最窄的榫卯厚度也不小于4cm，用于与直径小于20cm的柱子连接。据笔者调研，最宽的榫卯厚度达12cm，可插入直径为50cm的柱子内。按照师傅们的经验，直径20cm的柱子做5～6cm宽的榫卯，直径30cm的柱子做6～7cm宽的榫卯，直径40cm的柱子做7～9cm宽的榫卯，直径50cm的柱子做8～12cm宽的榫卯。

大进小出榫，穿透柱子的榫卯即透榫，一般在柱子比较细的情况下使用。透榫有直透榫和大进小出榫两种。当构件尺度不大、高度不高、榫卯也不可能做得太高时，就采用直透榫；但如果构件较高（比如大梁），就常做成大小头的透榫，称为“大进小出榫”或者“半透半不透榫”，在东阳又被形象地称为“菜刀榫”。透榫可配柱中销或扁销(图2-9)。

双榫的楣板、抽板或梁等构件高度较高，大木匠师们有时会采用上下都出榫头的双直榫形式。双榫可做成不穿透柱子的半榫形式，也可做成穿透柱子的透榫形式，具体采用哪种形式要看柱子的粗细和构件实际的大小。

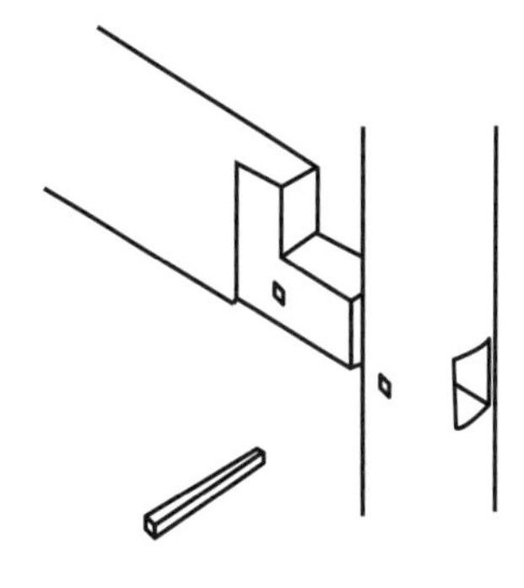

图2-9 大进小出榫

交叉榫是一种组合榫卯，如左右两个榫头穿入一根柱子时，两个榫头做成相互咬合的关系，使其在卯口内整合紧密。最常见的交叉榫是“高低榫”，东阳又称为“套榫”，每一个榫头都做成大小头的“菜刀榫”式样。两个榫头在卯口里相互搭接，类似于浙南的对半榫。另外在浙北，常被做成“聚鱼榫”的样子，一部分榫头锯成斜向的，增加咬合摩擦力。交叉榫可以用两个柱中销连接。如果两个构件高度一致，大木师傅则会考虑采用雨伞销，连接力更强（图2-10、图2-11)。

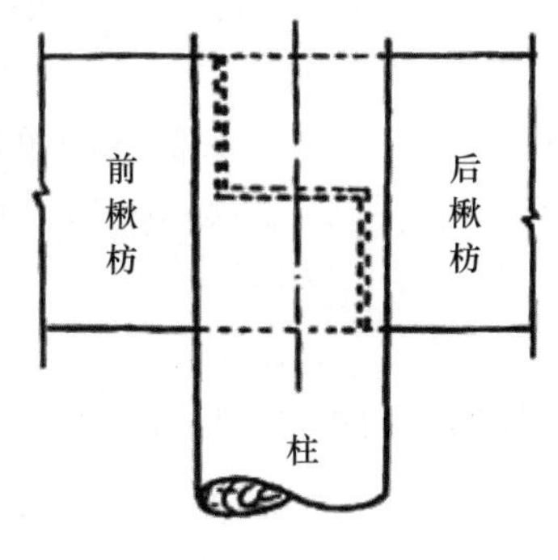

图2-10 套榫（图片来源：《婺州民居营建技术》）

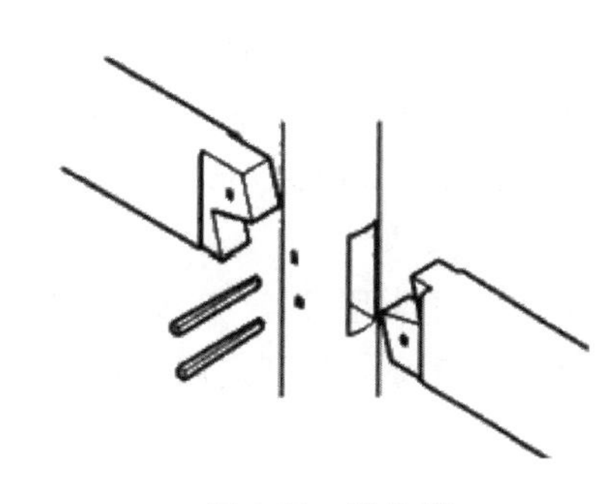

图2-11 聚鱼榫

碰榫是当柱子左右两边都有榫头时，两边的单榫会在卯口内相遇，类似于浙南的对榫。用柱中销或雨伞销连接。做碰榫时，两个榫头之间稍微要空一些，彼此留一点余地，不要碰牢。

扎榫：扎榫即燕尾榫。运用在桁条与桁条之间的连接，这种扎榫在宁波称为“鸳鸯扎”，而运用在桁条与蝴蝶木间、柱子与雀替或牛腿间、椽子与椽花间的连接等被称为“环门扎”。这些区域的扎榫与浙南的相差不大。只是浙南不仅要做成“里大外小”，而且要做成“上大下小”。但这些区域的很多扎榫为了省时省工，上下一般做成一样大的，很少区别大小头。宁波师傅做的扎榫，厚度为 1 寸①，窄边的宽度为 2 寸，宽边的宽度为 2 寸 6，桁条的扎榫为 4 寸。

由于浙江传统建筑习俗中“东大西小”的观念，在桁条间的扎榫一定要东边做成凸出的公榫形式，西边做成凹入的母榫形式。在东阳下南田村的一座正在修缮的祠堂建筑中发现带有木肩膀也就是榫肩的扎榫。因为有榫肩，使得榫头打入卯口的部分有两级卡口相扣，增大了榫头根部的受剪面，增强了榫卯的抗剪能力和结构刚度。但是在实际调研中，新做的扎榫中，师傅们几乎不做这种带有肩膀的扎榫了，原因是制作复杂，比较费工（图 2-12、图 2-13）。

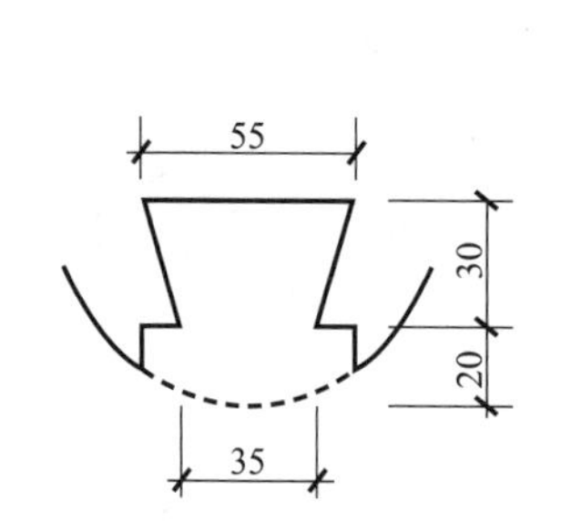

图 2-12　东阳某祠堂带榫肩的札榫

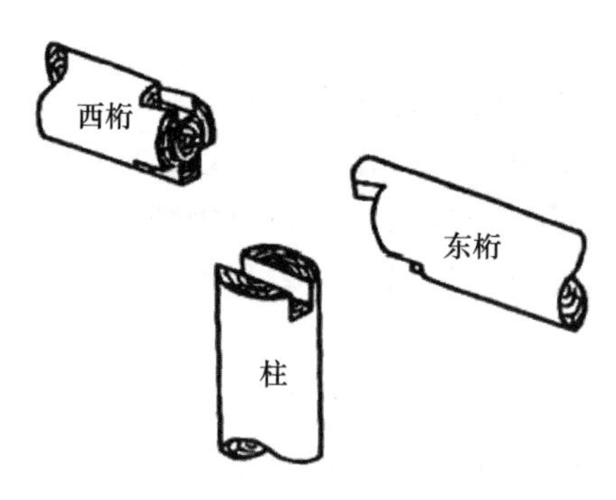

图 2-13　桁条公母榫

（图片来源：《婺州民居营建技术》）

柱顶榫：柱顶榫在北方又称为“馒头榫”或“柱头榫”，宁波叫“逗头榫”。柱顶榫在金华、衢州等插梁架构架中，主要运用在柱头与斗或斗垫之间的连接。在柱头上做一个方形的小榫头即可。在浙北和浙东的大木构架中，由于很多梁是搁在柱子上的，因此在柱顶要做榫头，梁底要做卯口，使梁箍住柱子。做法有两种，一种叫“斗来作”或“顶空榫”，即柱子上做半榫，插入梁底的榫眼中。另一种是“箍头作”，即在柱头开梁胆口，梁端挖孔，套住柱子。

柱脚榫：这里的柱脚榫主要是童柱与梁之间连接的榫卯。有简单的单榫，也有童柱骑在梁上的“骑榫”形式。浙江传统木作建筑的立柱底基本不做与柱顶石连接的“管脚榫”。

（2）销子类型

箍头作销子在浙江运用非常广泛，它增加了榫卯间的连接，防止拔榫，对于大木构

① 1 寸＝3.33cm

架的稳定起到非常重要的作用。浙江的销子有明销和暗销两类。明销按照位置和形状的不同主要有3种：柱中销、雨伞销和扁销。暗销则有直暗销、元宝暗销和竹钉销等类型。木销都要用质地坚硬的硬木做，有田柳树、青冈木、榉木、榆木等。销子最好能在火上烤干或者加水煮上七八个小时，使木制变得更加坚硬（图2-14）。

柱中销：柱中销是运用最多的销子类型。柱子与梁、枋等构件连接时，在榫头和柱子上凿出销洞，将榫头安入卯口后，用柱中销销住。柱中销的断面是方形的，一头大、一头小。销子有做成直的，也有做成弯的或三折的形状。相比直销，弯销与柱子的连接更牢固。有些师傅分得更细，当柱子是圆柱时，榫头要做出虎口，与柱子相抱紧密，这时候柱中销要做成弯曲的形状，打到柱子里会越来越紧密。当柱子是直柱时，榫头没有虎口，这时则要用直的柱中销，否则反而连接不紧密。最小的销子截面为1.5cm见方，另有2cm、3cm和4cm见方等规格不等的销子。近年来，为了省工，很多地方都改成了圆形的柱中销，只要用电动钻头钻出孔就可以，不需要再用凿子和斧头凿方形榫眼。但圆形销子在受力和紧密度上远低于方形销（图2-15、图2-16）。

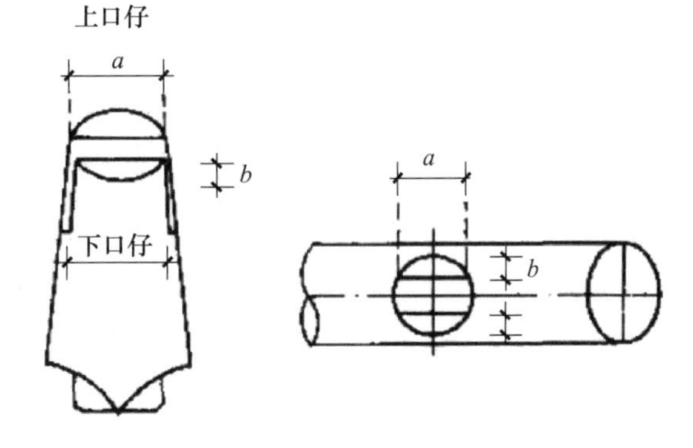

图2-14　箍头作（图片来源：《古建筑木工》）

图2-15　建德师傅的柱中销

图2-16　柱中销——浦江后阳祠堂

雨伞销：雨伞销的形状与燕尾榫相似，两头做成一头大、一头小的梯形。雨伞销用于两个构件高度一致时的连接，如连接柱子两边高度一致的两根枋子。雨伞销的连接牢度比柱中销和扁销都要大，雨伞销可以装在构件的下面，也可以装在构件的上面。装在下面的时候，要先装雨伞销，再装枋子，施工麻烦些，但也更加牢固。装在上面的雨伞销，则安装简单一些。但为了牢度更高、受力更强，有些匠师则上下都装雨伞销。雨伞销虽受力好，但制作和安装较为麻烦，比较费工，因此现在一般只在原本有雨伞销的修缮工程中才会制作。在新建的木构建筑中，匠师们已经很少使用雨伞销了，都是用柱中销或者扁销来代替（图2-17）。

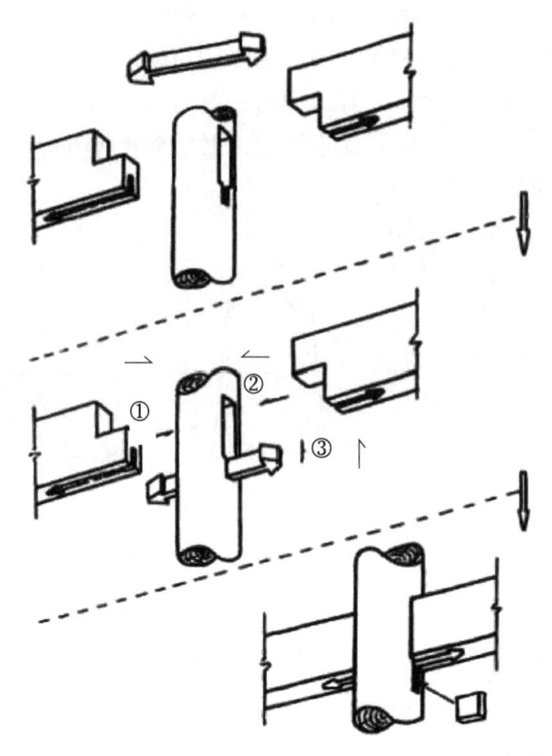

图 2-17　雨伞销的安装过程（图片来源：《婺州民居营建技术》）

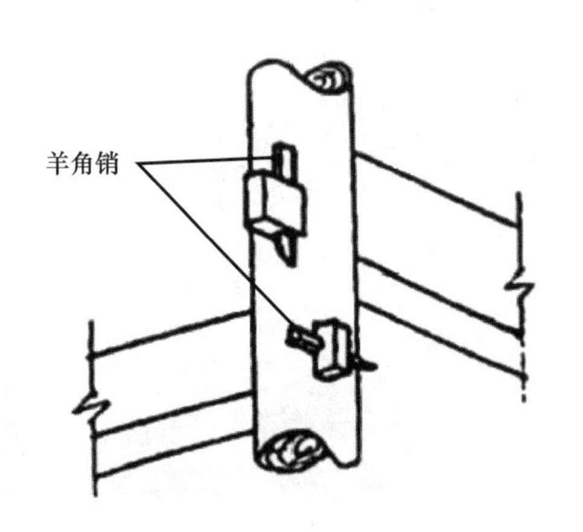

图 2-18　扁销（图片来源：《婺州民居营建技术》）

扁销：扁销的形状是扁形的，是用于销住透榫的销子，销在透榫穿透柱子的断头处。浙江各个地方对扁销的叫法不同，海宁称为“竹篾销”，东阳称为“羊角销”，台州称为“关销”，宁波称为“叶销”等。在一些柱子较细的民房中，扁销运用特别普遍。另外，台州地区的大木工匠特别强调榫头要穿过柱子，因此在台州的扁销运用较其他地区更为普遍（图 2-18）。

直暗销：在板与板的拼合时，常用到直的暗销，如连机与桁条的连接等。直暗销可采用硬木，有些也用杉木。

竹钉销：在薄板相拼的时候常用到竹钉（图 2-19）。

元宝销：元宝销的形状是燕尾状的，与扎榫非常相似，因此在宁波被称为“木桩扎榫”。运用在需要紧密相拼的地方，如在拼梁时就常会用到元宝销（图 2-20）。

2. 两类榫卯之比较

比较《营造法式》中的榫卯和明清官式建筑的榫卯可以看出，榫卯构造的变化从唐宋到明清有一个逐渐简化的过程，这是榫卯构造时代性演变的大致趋势。比较浙江各区域的榫卯，同是明清时期的传统木构，浙南榫卯构造较之其他区域要复杂得多，浙南榫卯的这一特征同浙南木构保留的其他古老形制一样，体现了浙南传统木构建筑较其他区域存在地域性滞后的现象。这里阐述榫卯求取的方法与原则。

图 2-19　宁波奉化师傅工地上竹钉销

图 2-20　元宝销

柱、梁、枋是传统木作建筑重要的大木构件，横向的梁、枋与竖向的柱通过榫卯连接构成大木构架的主体。梁、枋配制的长短决定构架在开间、进深方向的轴线尺寸，连接梁与柱、枋与柱之间的榫卯准确与否，直接决定大木构架的美观度、牢固度和受力强度，这是大木营造成败的关键。梁与柱、枋与柱之间的榫卯需要严丝合缝，这就要求匠师们需要将榫卯的厚度、高度、长度和梁、枋抱住柱子的榫肩弧形交口都要制作得非常准确。但是，现实中柱子常是不规则的，有天然的弯曲，有“下大上小”的收分，有些地方还要做成梭柱，或柱子要做出不同尺度的侧脚，这样就形成了柱子的不规则与榫卯的精准无误差之间的矛盾。为了解决这一矛盾，大木匠师们想出了各种办法以准确求取柱、梁、枋的榫卯尺度，充分体现了大木匠师们的营造智慧。

（1）方法分类

在浙江，柱、梁、枋之间榫卯的求取一般称为“讨照、付照”。“讨照”中的“讨”指讨取，“照”指照做，即利用一些工具讨取并记录下柱子卯口的尺寸，然后照着这些尺寸在与其卯口相对应的梁或枋子上画线，以制作出准确榫头的方法。“照”还包含有用以记录尺寸的“照篾”“照板”等工具的意思，即讨取卯口尺寸在“照篾”或“照板”上，然后将“照篾”或“照板”上的尺寸付出回画到梁或枋上。也有人将“讨照”称为“套照”，意思是“套样照做”。

讨照需要讨取卯口尺寸的工具和方法及记录卯口尺寸的工具和方法。按照讨取卯口尺寸的工具和方法的不同，浙江地区的讨照种类有弦线照，牛头照、车轱照、插板照、回榫作、托尺作、流星照、角尺照、海底照等。弦线照又被称为“琴线照”或“棋盘照”。其讨照方法是用两块照板拉着 4 根弦线，将照板固定地卡在柱子两头，绷直弦线，然后用照篾讨取卯口各部分尺寸。牛头照是利用一种形似牛头的讨照工具，配合角尺获得卯口尺寸。车轱照是用一种梯形薄木板插入卯口，配合角尺获得卯口尺寸的方法。插板照与车轱照相似，只是照板不是梯形的，是与卯口同宽的长方形。回榫作与车轱照相似，但要增加试装榫头，用机叉画出准确榫肩弧线的过程。托尺作的讨照工具是直的或弧形的丁字形尺子。流星照使用照篾和铅锤来讨取卯口尺寸。角尺照是不用照板，直接将角尺插入卯口中量取卯口尺寸的方法。海底照是当柱子已经立好，又要增加卯口，并要讨取卯口尺度时，在立好的柱子正中拉一条铅垂线，然后往两边拉两根斜线，铅垂线与斜线要平行，再用角尺或篾照量取卯口尺寸的方法。

在上述九种讨照方法中，弦线照在浙江运用最为广泛，金华、丽水、台州、宁波、绍兴、杭州等地，绝大多数匠师都运用弦线照，浙北嘉兴和湖州地区传统习惯是使用回榫作，但有些匠师学习弦线照后，觉得弦线照更为方便，因此也转而改用弦线照，托尺作主要通行于浙南，温州瑞安、永嘉的师傅都用托尺作，建德的师傅说，他们当地的牛头照都是从江西帮的师傅那里学来的。建德师傅原来是用弦线照的，后在杭州做工时跟一位安徽师傅学会了牛头照，感觉比弦线照简便，就改用牛头照了。车轱照的使用匠师是衢州的师傅、插板照的使用匠师是兰溪的师傅。角尺照、海底照、流星照只是在匠师采访中提到，并没有在营造现场见到师傅们使用。角尺照、海底照是宁波慈城的师傅提到的。角尺照是临时对某个卯口进行讨照时，现做照板太麻烦，就拿一把角尺量一量的简易方式。海底照是在柱子已经竖起的情况下，对卯口进行讨照的办法，可见角尺照和海底照都是在特殊情况下使用的讨照方法。流星照是兰溪师傅提到的，讨照时用角尺、照篾和铅锤给照篾提供垂直线的一种讨照方法。

按照记录卯口尺寸的工具或方法的不同，分为篾照法、纸照法两类。篾照法是利用竹子做的篾签来记录卯口尺寸的方法；纸照法是将卯口尺寸记录在纸上的方法。按照讨照和付照方式的不同，又可分为一次性完成和边讨边付两种。弦线照和牛头照一定是使用篾照法的，因此讨照的过程需要照篾。弦线照是一次性完成一根柱子上的所有榫卯的讨照，牛头照可以一次性完成，也可以边讨边付。车轱照、托尺作、角尺照等可使用纸照法，集中讨完所有卯口尺寸后再付照，也可以不用纸照，采取边讨边付的方法，讨完一个卯口就付出一个榫头。回榫作既不用篾照法也不用纸照法，采用边讨边付的方法，且每一个榫头都需要预先入榫校正。

（2）求取原则

对于榫卯求取，匠师们说一定要牢记四点原则：中线不能错、定位不能错、虎口不能错、尺寸不能错。

原则一："中线不能错"。"中线不能错"是要严守住中线。"大木不离中"，一切以中线为基准线。在温州永嘉这条中线又叫"老司线"，东阳称大木为"中木"，可见这根中线的重要性。中线分为"柱子中线"和"讨照中线"两种。柱子中线是需要讨照卯口尺寸的那根柱子的中线，不管是弦线照、牛头照、车轱照、回榫作的照板，还是托尺作的托尺，上面都要画出柱子中线。讨照时，照板上的中线一定要与柱子上的中线重合。弦线照、牛头照多了两根"讨照中线"，即弦线照的弦线、牛头照的横杆位置。付照时，梁枋上一定要先画清楚柱子中线或者讨照中线，最终要做到梁枋榫头上的中线与柱子卯口中线重合。如果中线错了，那么会直接影响大木构架尺寸的准确度。

原则二："定位不能错"。"定位不能错"是指每一个卯口都有清楚的定位，在讨取卯口尺寸时能够按照定位进行标记，从而防止榫头做错。定位的方法有两种，一种是以柱子上的榫卯进行定位，一个榫卯一个名称，此种方法要将柱子的 4 个面按照 4 个轴线方向进行区分，一般分为"前、后、正、背" 4 个面。前、后方位是柱子进深方向的两个面。正、背方位是柱子开间方向的两个面。正背定位时遵循的是"正面朝中"原则，即朝向中的方位为“正”位。如果使用篾照法记录榫卯尺寸，必须在照篾上写清楚“前、后、正、背”。如临海师傅正在建造的一座五开间房屋，五根前廊柱在开间方向 5 个“口楣”的卯口分别命名为“右边前廊柱正口楣”“右乙前廊柱倍口楣”“右乙前廊柱正口楣”“右中前廊柱倍口楣”“右中前廊柱正口楣”“左中前廊柱正口楣”“左中前廊柱倍口楣”“左乙前廊柱正口楣”“左乙前廊柱倍口楣”“左边前廊柱正口楣”。左乙榀进深方向的 5 根柱子间的 4 根“下柚”的卯口命名为“左乙前廊柱后下柚”“左乙前大步前下柚”“左乙前大步后下柚”“左乙栋柱前下柚”“左乙栋柱后下柚”“左乙后大步前下柚”“左乙后大步后下柚”“左乙后小步前下柚”。有些师傅会把“前、后、正、背”写在最后加以强调。如“右乙前廊柱口楣正”“右乙前廊柱口楣背”“左乙前大步下柚前”“左乙前大步下柚后”等。

定位的第二种方法是在梁枋的两头榫头处记录对应卯口的柱子名称，这样两根柱子的名称界定一根梁枋。这种方法可以没有“正、背”的区分。如浙南瑞安林氏宗祠中，开间方向前大步柱间有 7 根“过间”，中间过间的两端分别标记为“左中间前大步过间、右中间前大步过间”，右三间过间的两端分别标记为“右中间前大步过间、右三间前大步过间”。

两种定位方式与榫卯求取方式是直接相关的。第一种方式多为一次性求取所有柱子卯口的尺寸，再分别将尺寸对应到要制作的梁枋榫头中，因此要以柱子卯口方位为基准，一定要分清“前、后、左、右”。第二种方式是做一根梁枋，求一次榫卯尺寸，因此只要在梁枋两头记录其所对应的柱子名称就不会弄错（图 2-21）。

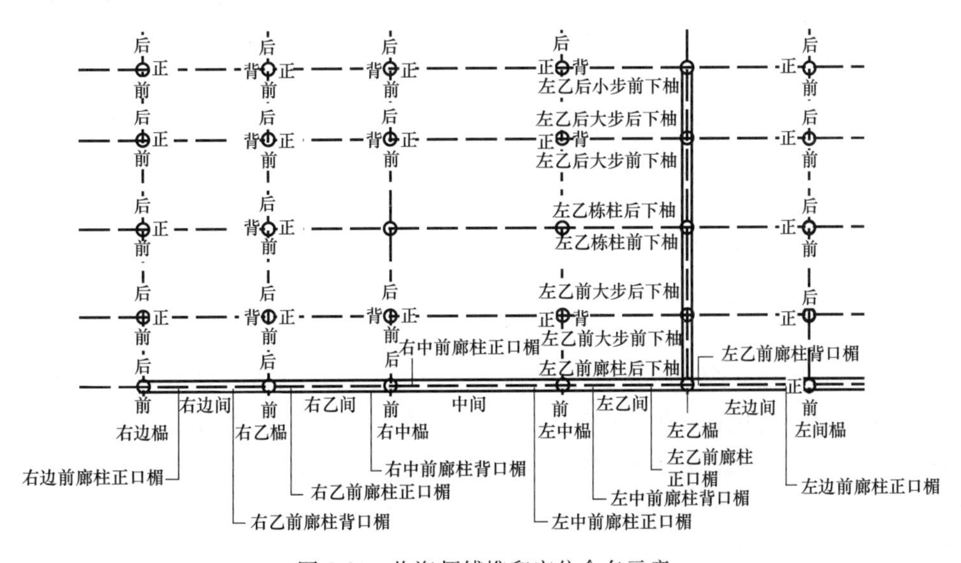

图 2-21　临海师傅榫卯定位命名示意

原则三：“虎口不能错”。“虎口”是梁枋榫头两边肩膀抱住柱子的面，又称为“照口”。当柱子是圆柱时，虎口是弧形的，当柱子是方形时，虎口是平的。方形柱子的虎口比较简单，关键是圆形柱子的弧形虎口一定要做准，要与柱子的弧面贴合，这不仅是美观的需要，也是榫卯牢固度的需要。所有讨照的方法几乎都要讨出虎口斜线，车轱照、回榫作的照板上主要是虎口信息（图 2-22）。

原则四：“尺寸不能错”。在大木匠师口中，尺寸往往似乎并不要求那么精准，但在榫卯制作上，他们把精度不仅调到寸，甚至要精确到分。最不能错的是中线尺寸，榫卯入榫的榫肩位置与中线的关系至关重要，一定得求准，否则影响整个大木构架的准确。榫卯的厚度要注意留墨和吃墨，卯口小一点，榫头大一点，大小全在墨线的几分之间。

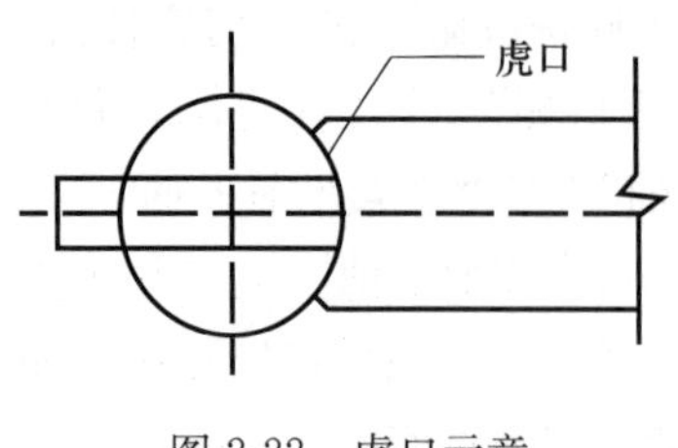

图 2-22　虎口示意

3. 榫卯尺寸记录

大木匠师们在讨取榫卯尺寸后，要用一定的方法将其记录下来。浙江传统大木匠师记录榫卯尺寸的方法有多种，一是用照篾记录，称为“篾照作”；二是将榫卯尺寸记录在纸上，匠师们称为“纸照作”。除这两种方法外，还有用薄木板做的“照板”记录榫卯尺寸的、用三夹板做的样板进行记录，以及记在心里等方法。“篾照作”和“纸照作”是运用最为广泛的两种方法，其优越性在于集中求取榫卯尺寸，从而增加营造的效率和准确性。

1）篾照作

篾照作指将尺寸记录在竹片做的照篾上的一种榫卯记录方法。篾照作对应的榫卯求取方法是弦线照和牛头照。

（1）照篾的形状与尺寸

照篾是一种长条形竹签，将竹子劈开刮光后制作而成。正反两面都可以写字，正面称为“篾青”，反面称为“篾白”。榫卯制作完毕后，用刀把上面的字迹刮光，可重复使用。照篾宽约 3～8 分，厚约 2～6 分，随匠师习惯而定。照篾的长度约 1～3 尺。弦线照的照篾要标画榫高，一般使用较多的是 2 尺长的照篾，但如果榫高较大就得用 3 尺长的长照篾。牛头照的篾照往往只标画榫肩虎口尺寸，其他尺寸只是用字记录在照篾上，使用 1 尺的短照篾即可。照篾形状也是随匠师们的个人习惯，有的是长方形，有的将下端削尖，还有的是将一面劈成斜面或楔形。

（2）照篾与榫卯的关系

照篾上的尺寸是由卯口求来的，一根照篾对应一个榫头的尺寸，但一个卯口可能有多个榫头插入，因而一个卯口可讨多根照篾。照篾上的信息包括榫的长度、宽度、高度，以及榫肩虎口的位置、销子的位置。一根梁枋两头各有一个榫头，因而一根梁枋对应两根照篾。一座建筑有多少榫卯就有多少根照篾。一个最简单的三开间小建筑的照篾可达上百根，复杂的大型建筑甚至可达上千根照篾。

照篾一旦弄错或丢失，榫头就没法制作了，所以大木匠师们对于照篾的保存非常重视。每根照篾的青面都要写上榫头的名字。

（3）照篾上的符号

在用篾照法讨照时，在照篾和梁枋上大木匠师们会使用一些符号，如：“⊼”“⊼”为讨照中线，又称“棋牌线”；“⊻”“⊻”“⊻”为短榫；“⊭”“⊭”“⊭”为长榫；“⊓”“⊔”为虎口线；“⊥”为截断线、榫长；“⊻”为榫长；“⊕”“⊕”“⊠”为销子等。

（4）照篾“上、下、正、背”的规定

榫卯的定位至关重要，上、下、正、背的位置绝对不能弄错，否则大木构架无法准确安装。因此，大木匠师们会对照篾的“上、下、正、背”做一些规定。照篾的上、下即表示所对应梁枋榫卯的上皮和下皮。照篾的正、背表示的是所对应梁枋的正面和背面。匠师们遵守“正面朝中”的原则，梁枋朝中的那面为正面，反之即背面。

①“天青地白”是所有篾照作统一遵守的“上、下”规则。这是对于照篾“上、下”的规定。在浙江，只要使用篾照作的师傅都遵循这一原则，即照篾的青面表示榫卯的上面，照篾的白面表示榫卯的下面。

②“笃天不笃地”是东阳师傅篾照的“上、下”规定，即量取卯口长度时，照篾的上方要靠着卯口的上皮。因为在凿孔时，以卯口上皮为准，留有墨线，并加工使其平正光滑。

③“交正不交背”是东阳师傅画照篾的规定。“交”的意思是在画交叉线，也就是说画交叉线表示卯口正面的榫肩虎口线，卯口背面的榫肩虎口线不用交叉线，以防止正背弄混。

④“柱子放倒，错木柱脑”是宁波奉化师傅画照篾的规定。“错木”是画交叉线，“柱脑”是柱子放倒后的上面，代指柱子正面。“错木柱脑”的意思同“交正不交背”的意思一样。

⑤“劈正不劈背”是建德师傅画照篾的规定。将照篾的一面劈成斜面，斜面的一端表示正面，垂直面的一端表示背面。

⑥“大口为正”是临海师傅画照篾的规定。照篾的一边画上类似“八”字的符号，开大口的一端即表示正面，反之为背面。

2）纸照作

纸照作是一种将榫卯尺寸记录在纸上的方法。纸照作主要流行于浙江的温州、丽水和台州等地。纸照作对应的榫卯求取方式为车轱照、托尺作等。纸照作一般要两个人配合，一个人负责测量卯口尺寸，另一个人负责记录。

纸照有两种类型，一种是“平面纸照”，即绘制平面柱网图，柱子的四周写上对应梁枋的榫卯尺寸；另一种是“剖面纸照”，即绘制剖面构架简图，在梁枋两端上下写出对应的榫卯尺寸。不管是平面纸照还是剖面纸照，最重要的是能记录所有榫卯的尺寸，不能遗漏。平面纸照需要按照柱子上的竖向卯口分层绘制，如图 2-23所示为一座两层民居，按照柱子的卯口排列，需要绘制“下柚层、川栅层、云柚层、大梁层、小梁层”共 5 张平面纸照图。剖面纸照按照纵向的“榀架”和横向的“穿架”来分层绘制，如纵向三开间

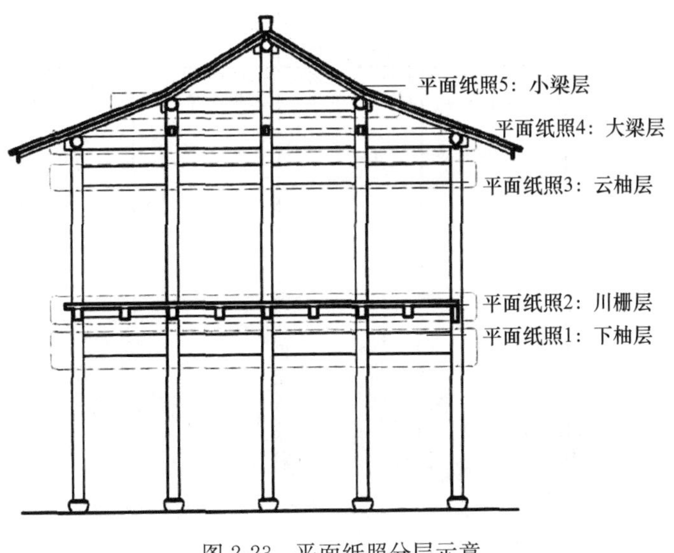

图 2-23　平面纸照分层示意

四排柱子、横向五排柱子的房屋，共需要绘制 9 张剖面纸照（图 2-24）。为了方便使用，不至于遗漏，把作师傅会将纸照定在一起，成为一个“纸照簿”，纸照上的尺寸主要是榫卯的长度、高度和厚度。其中长度是指榫卯的榫肩位置与中线的距离。

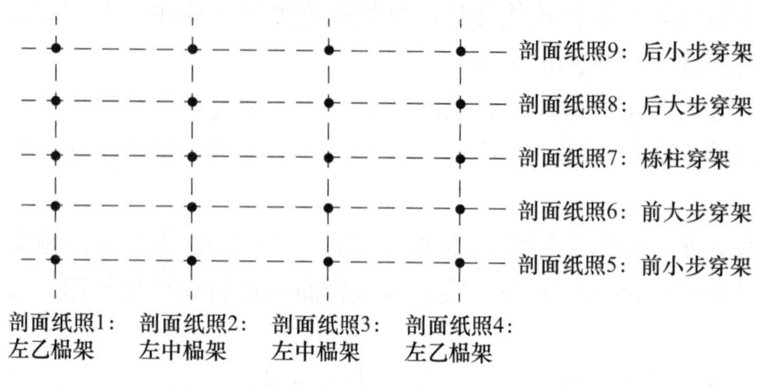

图 2-24　剖面纸照在平面上的关系示意

过去的匠师喜欢用数码字记录榫卯尺寸，年老的把作师傅还保留着这一习惯。从 1 到 8 的数码字分别为“一、＝、三、〤、〥、〦、〧、〨”，如温州泰顺师傅纸照上的“〧寸”为 7 寸，“〨”为 8 寸。临海师傅的纸照上的“〦〧”代表 6.7 寸，“〨〦”代表 8.6 寸。

每一位把作师傅标注榫卯的方法并不相同，带有把作师傅的匠艺传承和个人风格，只要一个营造团队中所有大木匠师都能统一使用，保证在营造中不至于弄错就可以了。

对于篾照作和纸照作的优劣之分，匠师们的意见并不统一。有些匠师坚持说篾照作比纸照作好，而泰顺师傅坚持纸照作更好，他们认为一个榫头配一根照篾，实在太麻烦，劈砍照篾也需要花掉不少时间、精力，还是纸照作更方便。对于匠师们来说，一种方法的优劣还是要根据自己的匠艺风格和习惯而定（图 2-25）。

上6.8 下7.1　上7.5 下7.6　上7.8 下7.6　上7.6 下7.6　上7.8 下7.9　上7.7 下7.5　上7.6 下7.4　上7.5 下7.8　上7.2 下7.4　上6.9 下7.0

总高3.5 厚5.0　总高3.5 厚3.6　总高3.5 厚5.0　总高3.5 厚5.0　总高3.5 厚5.0　总高3.5 厚5.0　总高3.5 厚5.0　总高3.5 厚5.0　总高3.5 厚5.0　总高3.5 厚5.0

过间

右五间前大步柱　右三间前大步柱　右中间前大步柱　左中间前大步柱　左三间前大步柱　左五间前大步柱

图 2-25　瑞安师傅纸照示意

4. 榫卯制作方法

1）弦线照

（1）工具

弦线照最重要的工具是照板和弦线，又称照盘。照板是两块薄木板，其宽度和厚度没有特别明确的规定，一般宽度为3～4寸，厚度为0.8～1寸。照板正中画有中线，4个角各有4个穿越弦线的小孔（图2-26）。用一卷长的弦线穿过两块照板的4个穿线孔，形成4道弦线，拉开弦线，把照板卡在柱子的两头，照板与四根弦线形成一个长方体框架。照板的长度主要取决于穿线孔与中线的距离，而这个距离由柱子的粗细决定。过去的民间匠师使用鲁班尺，弦线与中线的距离一般定为1尺，也就是说照板最少要在2尺以上，一般做成2.2尺。如果柱子比较粗，弦线与照板的中线距离可加大到1.5尺或2尺。现在米制尺越来越流行，很多匠师的照板都用米制尺来定尺度。东阳师傅在东阳蔡宅祠堂建造中使用两块照板，一块弦线与中线距离为30cm，照板长为70cm；另一块弦线与中线距离为40cm，照板长为90cm。对需要做侧脚的柱子进行讨照时，要将侧脚的距离标记在照板上，在照板中线的两侧按照侧脚尺寸各画出两条线，称之为“扮升线”。弦线照的另一个重要工具是照篾。

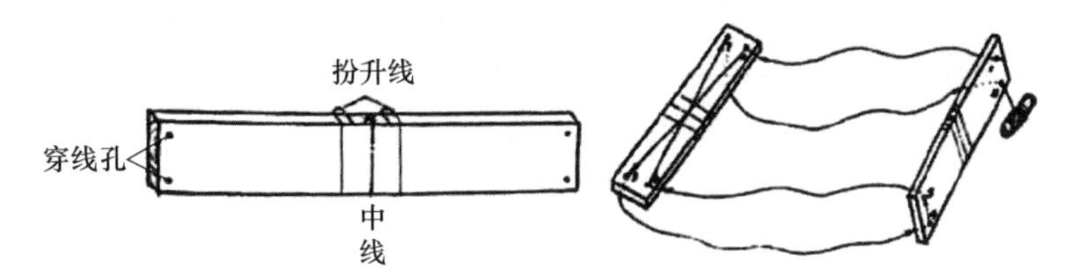

图2-26　东阳画有扮升线的照板（图片来源：《婺州民居营建技术》）

（2）讨照

① 讨照前准备：讨照前需要将要讨照的柱子固定在三角码上，保证柱子十字线横平竖直。拉开弦线，将照板卡在柱子两头，将照板的中线、轴线或扮升线与柱子重合，绷紧弦线，使照板固定不动。

② 讨照步骤

步骤一：“讨卯口上端尺寸和虎口尺寸”。照篾青面向上，水平与弦线正交，篾照上部顶于卯口正面上端点，在弦线与篾照相交的点上画一道短线，并打上叉。将篾照平移到离顶面接近5分的地方，这是梁枋与柱子相交的虎口的位置，用同样的方法在篾照青面画一道短线。如果柱子细，讨一个虎口点即可，如果柱子粗，可以多移几点，每点间一般都控制为5分左右。讨完正面尺寸再讨背面尺寸，方法相同，只是不用打叉。

步骤二：“讨卯口下端尺寸和虎口尺寸”。方法同步骤一，不同之处短线画在篾青上。

步骤三：“讨卯口深度”。将上端卯口深度讨在篾青上，将下端卯口深度讨在篾白上。

步骤四：“讨卯口长度”。用篾照尾部对准卯口上皮，将下皮位置画在篾白上，画上短线，讨取卯口长度。

步骤五：“讨销子位置”。将照篾头部伸到销子中心处，在照篾与弦线相交点上画上销子符号。如果有两个销子，上面的销子画在篾青上，下面的销子画在篾白上，用以讨取销子深度的位置。将照面头部对齐卯口上皮，将销子中心的位置画在篾白上，用以讨取销子高度的位置。

③ 照篾安排：弦线照往往是柱子洞凿好后一起讨照。一根柱子的所有照篾讨好后，要用绳子结成一捆，以免弄混。

④ 柱子侧脚讨照：如果柱子有侧脚，要在讨照时将侧脚放入。具体做法是柱子侧脚有柱顶侧和柱底侧两种情形，当侧脚有柱顶侧时，照板的扮升线对准柱头中线；反之，扮升线对准柱底中线。

(3) 付照

付照是将讨得的柱子卯口尺寸，付到与这个卯口相对应的梁枋的榫头上。弦线照讨照是由把头师傅一个人讨的，制作榫头的大木匠师都可以做付照。一根梁枋对应两根照篾，一般由把头师傅将每根料上的两根照篾找好并捆扎在一起，以免弄错。付照的匠师将两根照篾分别摆放在需要做榫头的梁枋的两头，比如右边前大步和右边栋柱之间的下柚，两个篾照分别是“右边前大步后下柚”和“右边栋柱前下柚”。

步骤一：用开间杆或进深杆确定梁枋的大致尺寸，两边各放出几公分余量。画出梁枋的中线和讨照中线，其中讨照中线在宁波又被称为“棋牌线”。

步骤二：开始按照篾尺寸在梁枋一端画线，依次将梁枋正面上、正面下、反面上、反面下的榫长、榫高、榫宽、虎口位置、销子位置分别画在梁枋上，有时也需要边加工边付照。然后按照同样的方法给梁枋的另一端画线。

步骤三：在梁枋的顶面写上梁枋的名字。

2) 牛头照

(1) 工具

这种讨照工具由两根竖向照木串联一根照板组成，竖向照木可以沿着横向照板移动，形如牛头，因此取名牛头照。横向照板由竹片或薄木板制作，宽约为3～5cm，厚约为0.5cm，长度根据柱子粗细调节，一般50～80cm。竖向照木3～4cm见方。临海师傅的牛头照两根竖向照木的下半部分还向内折入1cm左右，制作更为讲究。

牛头照与弦线照相似，需要标记柱子中心线、讨照中线，但不需要画扮升线。沿横向照板的上皮往下定讨照中线的尺度（相当于弦线照照板中线与一边穿线孔间的距离），一般根据柱子的粗细定为20～40cm，在两根竖向照木上各画上一条短线。这条短线表示柱子中心线，其与横向照板上皮间的距离就是讨照中线尺度。有些师傅会在竖线照木上多画几根柱子中心线，以对应不同粗细的柱子。如建德刘余清师傅的牛头照上有20cm、25cm、30cm 3条柱子中线。

(2) 讨照

牛头照的讨照、付照与弦线照基本相似。讨照时，要将柱子的卯口向上，将牛头照的竖向照木卡在柱子两侧，照木上的柱子中心线对准柱子的顺身中线，保证照木与柱子相切，横向与照木平直，整个牛头照保持横平竖直且稳定的状态，然后开始讨照。讨照的其他过程与弦线照相似。在记录卯口长度、虎口位置时，贴着横向照板上皮画线，因横向照板是稳定不动的，不像弦线可以晃动，在讨取尺寸时牛头照还可以更准确一些。牛头照的讨照关键要在柱子上画清楚顺身中线，并将照木上的柱子中心线对准顺身中线。如果柱子有侧脚（即浙江大木匠师们所谓的“生脚”或“省头”），则一定要将侧脚后的柱子顺身轴线画上，将照木上的柱子中心线对准侧脚轴线。这一点与弦线照不同，弦线照可以不画侧脚后的顺身中线，将照板对准柱子两头的中线或扮升线即可。但牛头照是每个卯口单独对准讨照的，由于每一个卯口的侧脚量不同，其需要对准的柱中位置也不同。

牛头照讨照步骤如下。

步骤一：调整柱子，将柱子卯口朝上，两端十字线横平竖直。

步骤二：“讨取卯口上端虎口尺寸”。将牛头照在上卯口处卡在柱子两侧，竖向照木上的柱子中心线对准上卯口处的顺身中线，卡紧牛头照，使其保持平直、稳定。用照篾讨取上卯口正背两侧的虎口位置。

步骤三：“讨取卯口下端虎口尺寸”。方法同步骤二，将虎口尺寸画在篾白面。

步骤四：“讨取榫头长度”。将照篾深入卯口上皮内，讨取榫头的长度。

步骤五：“讨取榫头高度”。将照篾下部对准卯口下口，将卯口上口位置标画在照篾白面。

步骤六：“讨取销子位置”。用照篾一头对准柱子中线，将销子的位置标画在照篾上，上部的销子画在篾青面，下面的销子画在篾白面。

步骤七：“讨取榫头宽度”。用一块梯形的三夹板深入到卯口内，画上三夹板卡紧卯口时两侧的位置，两点间的距离就是榫头准确的尺寸。在制作榫头时，可以直接用三夹板作为模板，也可以用尺子量取三夹板上的尺寸。

3）车轱照

车轱照是用一块简单的木板作为照板进行讨照的做法，因此又叫“板照”“插板照”。

（1）工具

车轱照最重要的工具是照板，又称“榫板”。照板一般为梯形，厚度没有特别规定，0.5～2cm 均可。照板做成梯形，大头要比最宽的卯口宽，小头要比最窄的卯口窄。长度以能穿越最深的卯口为基本，并且两头最少能露出 5cm 以上。照板一面头部刨出一个小斜面，以区分卯口的上面。在使用车轱照进行讨照时，还需要角尺、直尺等辅助工具。

（2）讨照

步骤一：讨取榫头宽度

将照板有斜边的面朝上，从卯口上皮处插入，一直插到照板与卯口卡牢，不能再往内插的地方为止，注意照板一定要保持平行。在照板与卯口卡牢的两点（a 点和 b 点）处画上标记。a、b 两点之间的距离就是榫头的宽度（图 2-27）。

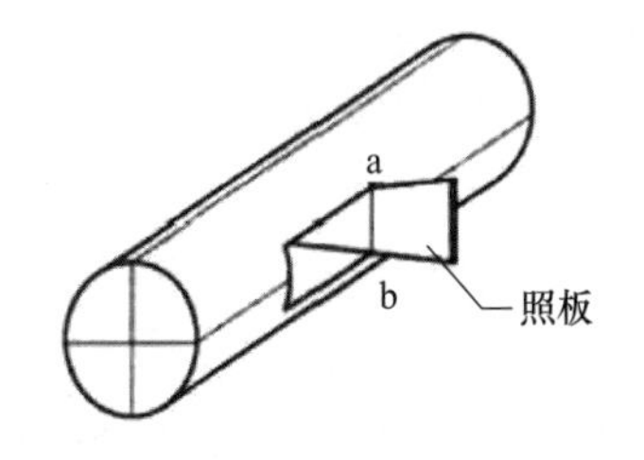

图 2-27　讨照步骤一：讨取榫头宽度

步骤二：讨取虎口斜线

将尺子对准 a 点，沿着柱子的弧线画一条斜线，将尺子换一个方向，对准 b 点，沿着柱子的弧线画另一条斜线。在斜线与照板边缘交叉点 a_1 点和 b_1 点处画上标记。将照板上的 a 点与 b 点相连，a_1 点与 b_1 点相连。两条斜线就是榫头卡抱柱子的虎口斜线。

步骤三：讨取柱子中线

将角尺一边插入卯口，直插到角尺另一边紧靠柱子为止。保持角尺水平。用直尺量取柱子中线与角尺边缘的距离 L。在照板上将与 a、b 间相距 L 长度的地方画一条直线，这条直线就是柱子中线（图 2-28）。

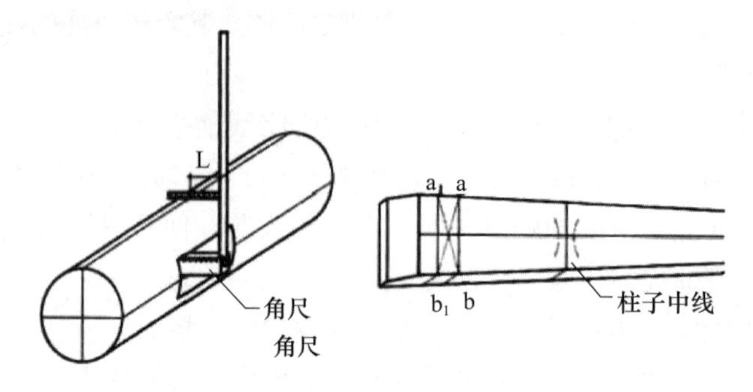

图 2-28　讨照步骤三：讨取柱子中线

步骤四：标注榫头名称

将榫头对应的柱子名称和方向写在照板上作为榫卯的命名，这样照板上的信息主要有 4 个：榫的宽度、榫与柱子相交的虎口斜线、柱中的位置、榫的命名。

（3）付照

步骤一：画柱子中线

用开间杆或进深杆量取梁枋中到中的长度。

步骤二：画榫头宽度

将照板与梁枋的柱中线对准，将照板上的 a、b、a_1、b_1 点画在梁枋上。连接梁枋上的 ab 线，并画出榫头宽度线。a 点和 b 点即榫肩的位置。

步骤三：画虎口斜线

将 a 点与 b_1 点相连，b 点与 a_1 点相连，两条斜线往外延伸，即榫肩虎口斜度。

（4）车轱照特点

① 车轱照的照板主要讨榫宽和虎口两个点。榫的长度和高度不用讨照，而是用另外的方法确定。榫的长度由匠师按照柱子卯口的深度和榫头的类型和数量进行设计，榫的高度直接由量取卯口高度得来。

② 车轱照的照板既是讨照工具又是记录工具，一般一块照板只讨一个榫头，或一个卯口对应的呈直线方向的两个榫头，讨完后马上付照到梁枋上，然后将照板刨掉继续使用（图 2-29）。

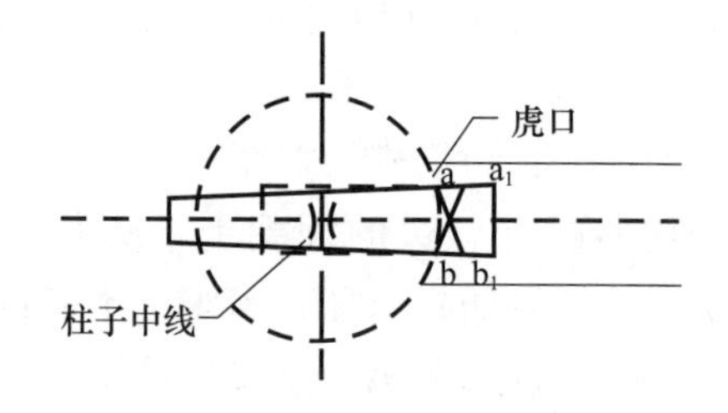

图 2-29　车轱照付照示意

4）回榫作

浙江回榫作主要流行于浙北地区，与香山帮的汇榫做法基本相似。回榫作与车轱照相近，也是只需要一块薄木板作为照板，但在照板的形式与讨照方法上有很多不同之处。

（1）工具

回榫作的主要工具是一块照板，照板是一块矩形薄木板，1～2 分厚，长度根据情况可长可短，长的可达 3 尺，上面可以画满讨照线。照板的宽度与卯口宽度相同，一般匠师们会定好几种固定的榫宽，简单的民房甚至一栋房子全部只用一个榫宽，只要一块照板即可。照板上要标记“前”“后”，表示榫卯的方向。照板上在两头各锯出一个豁口，表示照板的中心位置。回榫作在制作榫肩斜面的时候，要使用“机叉”画线。还需要角尺、直尺等辅助工具。

（2）讨照

步骤一：讨取榫肩斜线。将与卯口宽度相同的照板插入到卯口中，保持照板平直。用与车轱照讨照步骤二相同的方法画出两条榫肩斜线。

步骤二：讨取柱子中线。用与车轱照讨照步骤三相同的方法，在照板上找到柱子中线的位置。

步骤三：按照一定的顺序，在同一块照板上再讨其他榫卯的榫肩斜线和柱中线。

（3）付照

步骤一：用开间杆或进深杆量取梁枋中到中的长度，在两边的中线处用“⊥”符号标记；将榫头的宽度和榫肩斜线回画在梁枋上；根据设计，定榫头的长度应标画在梁枋上，用“工”符号表示。

步骤二：按照榫的宽度、高度、长度和虎口斜线初锯出榫头，预锯榫肩。

步骤三：将初锯好榫头的梁枋初插入柱子卯口中进行校正，用角尺等工具保证梁枋与柱子的相交平直。

步骤四：用角尺测量出初插入进柱子卯口的梁枋，柱子中线与梁枋中线之间的距离 L（图 2-30）。

步骤五：将机叉的宽度调到 L，在梁枋上画出实际的梁肩斜面线。制作出与柱子连接紧密而中线准确的榫头和榫肩斜面。

（4）回榫作特点

① 回榫作的照板宽度是一定的，即一块照板所对应的榫卯宽度是固定的。匠师们往往预先定好榫卯宽度种类，种类越少，照板越少，施工越方便。因此，匠师们说过去的一幢民房就要用一个宽度的榫卯，照板也只要一块即可。

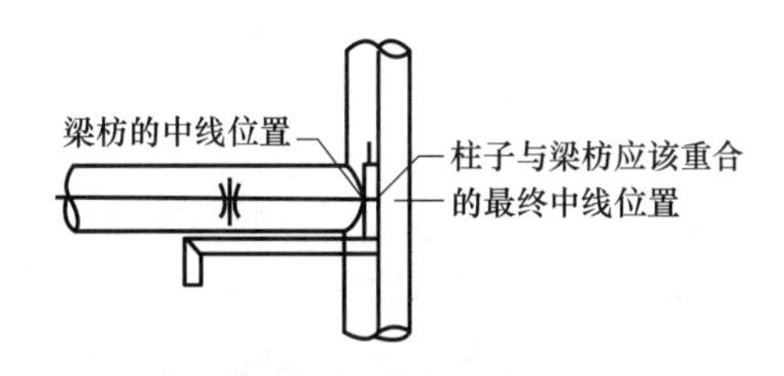

图 2-30　付照步骤四：用角尺测 L 值

② 回榫作的照板上只讨取中线和榫肩斜线，榫的高度、长度都是匠师们另定的，一块照板上可以画很多条讨照线。

③ 回榫作讨照时可一次讨很多榫卯，但付照时，每一个榫头都需要预锯出来插入卯口，以调整榫肩位置。因此，对于梁枋尺寸较小、料较轻的工程，回榫作是直观、方便的，但对于梁枋料大而重的工程，这种方法没有弦线照和牛头照方便。

5）托尺作

（1）工具

托尺作的工具主要是一把量尺，呈“丁”字形，称为托尺，又名趟（读 tāng）尺。托尺有两种，一种是用于画直柱的直托尺，另一种是用于画圆柱的弧形托尺。托尺既是在柱子上画榫卯的工具，又是量取榫卯尺寸的工具。划线主要是画卯口线，可保证卯口的上下皮线与中线垂直。在讨取卯口尺寸时，常用角尺配合托尺一起使用。

托尺作一般流行于浙南温州，上面的刻度都是鲁班尺。有些托尺横杆和竖杆两个方向都有刻度，有的托尺只在竖杆上有刻度。

（2）讨照

① 讨照步骤

图 2-31　温州瑞安师傅的托尺

图 4-32　温州永嘉师傅的托尺

步骤一：测量卯口上皮和下皮深度。方法一，用角尺与托尺配合进行测量。先测卯口上皮正面深度：将柱子放平，卯口位于侧面。将托尺竖杆插入卯口，横杆靠紧卯口上皮正面，保持托尺横杆与卯口上皮平行。用角尺测量柱子中线与托尺横杆之间的垂直距离，即卯口上皮正面深度，再测卯口下皮正面深度：将托尺横杆靠紧卯口下皮正面，用相同方法测量卯口下皮正面深度。将柱子反转 180°，用上述方法测量卯口上、下皮背面深度。有些匠师认为背面与正面榫肩尺寸相差不大，常省略这一步骤。方法二，只用托尺进行测量。如果柱子是方形的，不用角尺，单用托尺测量也可以。测量卯口上皮正面深度时，将柱子放平，卯口位于侧面。托尺的横杆紧靠卯口上皮正面，保持托尺平直，竖杆在柱子中线位置上的尺度就是卯口深度。

步骤二：用角尺量取卯口的高度和厚度

② 对于柱子有侧脚时的讨照

温州的柱子常做侧脚。侧脚线是侧在柱脚的，而不是侧在柱头，如轴线尺寸为 5m，柱子侧脚为 5cm，那么侧脚后柱头轴线距离仍为 5m，而柱脚的轴线距离为 5.1m。匠师们一定要把侧脚后的中线画出来，柱头还在中点，柱底则要向内偏出 5cm。新的中线能够保证柱头、柱脚的轴线距离仍为 5m。一定要按照新的轴线进行讨照（图 2-33）。

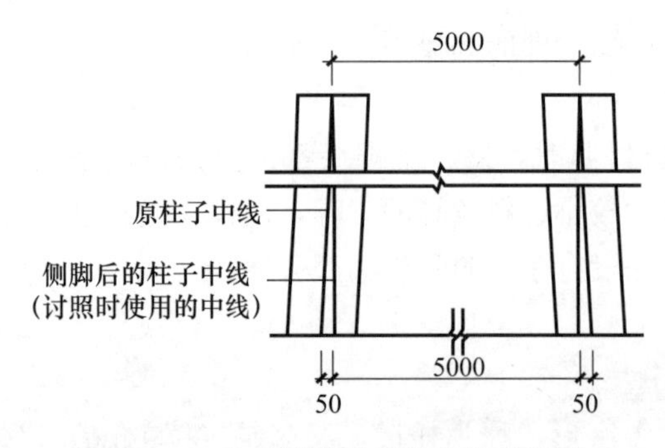

图 2-33　柱子侧脚的讨照中线示意图

（3）付照

做托尺作的师傅，有些是边讨边付的，如温州永嘉师傅，基本上是画一个榫头讨一次尺寸。因此，无论是柱子划线、讨取卯口尺寸，还是给梁枋榫头划线，都是把作师傅完成的，也有些师傅是把讨得的尺寸记录在纸上，做成纸照，再统一给榫头划线，如瑞安的王焕重师傅。

对于榫头的长度，主要依据卯口深度进行付照。付照时一定要在梁上画清楚中线位置。对于榫头的宽度，付照时要注意榫头要留墨，即榫头要比卯口做得稍小一点儿，以使榫头打入卯口后，越打越紧。一般留“三个墨”，有时甚至留“五个墨”。留“三个墨”即如果卯口的宽度是 3 寸，那么榫头的宽度要做 3.3 寸；留“五个墨”即如果卯口的宽度是 3 寸，那么榫头的宽度要做 3.5 寸。在具体做的时候，师傅们会根据材质选择留多少墨，甚至是否留墨。杉木、松木等都要留墨，但一些进口木不一定留墨，如非洲进口菠萝格的硬度太大，不能留墨，否则榫头打不进去。

（4）托尺作的特点

① 托尺作的主要工具是托尺，它既是讨照工具、测量工具，又是划线工具。托尺相当于车轱照的照板与角尺的结合体，但弧形托尺使画圆形柱子更方便。

② 托尺作不讨梁枋的弧形虎口，这是与温州榫卯的特征有关的。温州的榫一般都不做抱住柱子的弧形虎口，而做反向的弧面，这一弧面匠师们会根据情况自行确定，无须讨照。

2.3.1.4 大木构件营造

1. 柱的形制与制作

按照位置来区分，柱子可分为长立柱、短立柱和垂柱。长立柱是那些柱脚立于地面柱础上的柱子，包括檐柱（廊柱）、小步柱、大步柱、金柱、栋柱等。短立柱是柱脚立在梁上的柱子，有童柱、骑童等称呼。垂柱是一种不立脚的柱子，通常位于檐口下，如花篮柱、花桶柱等。在浙江的许多地区，正屋与厢房檐下交角处的檐柱被减去，取而代之的是垂柱，这样做可以扩大廊下空间，还有一种特殊的垂柱，位于栋桁之下，被称为“倒挂骑童”（图 2-34）。

图 2-34 临海横路村董氏宗祠的倒挂骑童

按柱子的断面形状来看，有圆柱、方柱、八边柱、瓜棱柱等。在东阳、台州等地还有梭柱的做法。在所有立柱中，中间的 4 根金柱通常是最受重视的，因为它们不仅位于建筑的核心位置，而且在受力上起着重要作用。在材料选择上，这 4 根金柱通常使用最优质的柱料。例如，在浙西地区，如果能使用柏树、梓树、桐树、椿树等具有吉祥寓意的树木作为中间的4根金柱是极为理想的。

台州、温州等地的庙宇或祠堂中，4根金柱往往构成开间、进深相同的正方形平面。这样的设计便于在上面建造四方形藻井，这4根金柱因此被称为“四正柱”，而柱上所承受的梁则被称为“四喜梁”。例如，丽水缙云有“东樟西杈”之说，指的是在栋柱材料的选择上，东边栋柱选用樟树，西边栋柱选用杈木，这体现了“以东为大”的传统文化观念。台州、丽水、温州等地还特别重视廊柱，因为廊柱位于建筑的最外侧，是视觉上的首要焦点。这些地区的廊柱常被制成优美的梭柱形式，柱上有栌斗、牛腿等装饰元素，而柱下的石柱础也比室内柱础更为精致。这些细节都体现了这些地区在外檐装饰方面的特色。

1）柱的选材

（1）上下的选择：在构建传统建筑时，柱子的选材至关重要。首要关注的是柱子的上下大小问题，即应遵循“底大上小”或“大头向下，小头向上”的原则。即使柱子经过加工后，上下直径相同，也应依据树木原有的形态来确定柱子的上下方向。这与“左大右小”“前大后小”的规则一样，都必须严格遵守。

（2）弯料的选择：当柱料弯曲严重又不得不用时，匠师们遵循“弯料不弯屋”的原则，只要找准柱子中线，柱子虽弯房子却不会弯。对于柱料弯曲方向的安排，一般有两种规定：一种是在进深方向弯，即前后弯；一种是在开间方向弯，即左右弯。浙北海宁的师傅说，海宁的房子前小步柱、前大步柱向后弯，后小步柱、后大步柱向前弯，栋柱也向前弯。衢州师傅说，衢州的柱子往中间对，金华的柱子往进深方向对。衢州房子的柱子是往中间弯的，而金华柱子弯曲的方向与海宁一样（图2-35、图2-36）。

（3）尺度的选择：浙江的匠师有一个共识，即木头的竖向受力强，柱子粗细的选择弹性极大，有大料用大料，无大料用小料。对于柱子尺度的选择，他们认为：“木料只要头上能有馒头那么大，就可以做柱子了”“寸木立千斤，柱子用料一般没有规定”“柱子的粗细根据柱料选择，工匠看东家的料，因材适用，最细10cm的柱子都有。”因此，柱子尺度的选择更多是从美观和习俗方面考虑。如浙西地区的祠堂、厅堂及大型民居的柱子都做得较为粗壮，粗的直径可达50cm以上。浙北很多地方大木构件的尺度权衡与《营造法原》相似，海宁师傅定柱子直径时，取大梁直径的0.9，与《营造法原》中的规定一致。

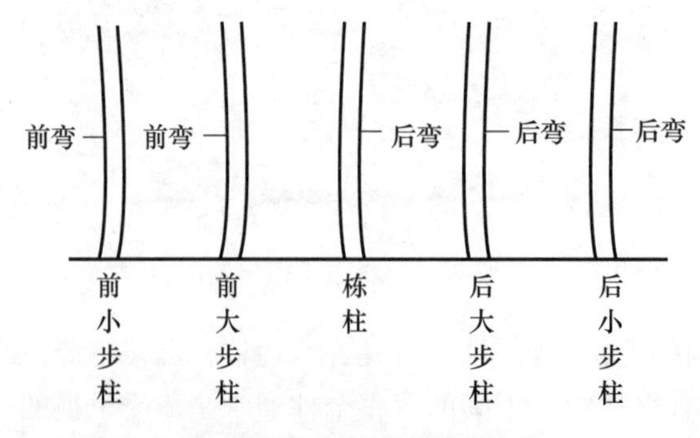

图2-35 海宁柱子进深方向弯

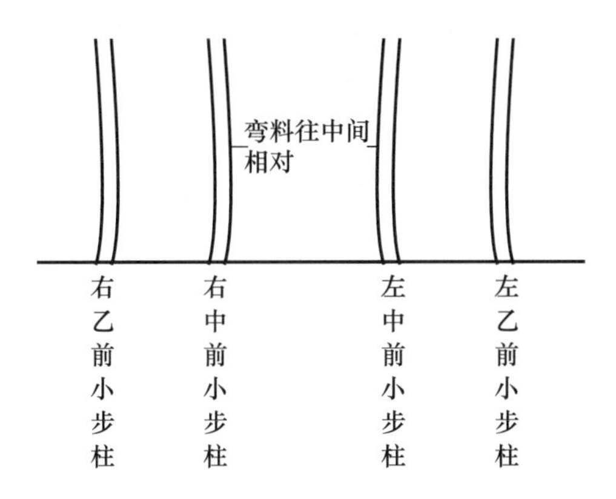

图 2-36　衢州弯柱在开间方向往中间相对

2）柱的形制

（1）梭柱：在浙江的多个区域（如金华、台州、丽水、温州等地）的祠堂、庙宇和民居建筑中，常见两头细、中间粗的梭柱。这种柱子，民间称为“鼓筒柱”或“花鼓筒”，是浙江民间建筑保留宋风古制的一种独特体现。至今，仍有一些匠师继续传承这一传统技艺，制作这种具有历史韵味的梭柱。

宋代的《营造法式》中对梭柱的形制有明确的描述：“凡杀梭柱之法，随柱之长分为三分。上一分又分为三分，如拱卷杀”“其柱身下一分杀令径围与中一分同”。而梁思成先生在《营造法式注释》中的配图显示，梭柱的上端 1/3 做了卷杀，下面的 2/3 则没有。不过，学术界的观点并不统一，有学者认为梭柱的上下两端都应做卷杀，以形成梭形。对于“其柱身下一分杀令径围与中一分同”的理解也有不同的看法，有人认为这指的是梭柱下部所收杀的尺度，等于 1/3 柱高的柱上上部再三分之后的“中一分”的收杀。与宋式梭柱相比，浙江的梭柱在形态上有所不同。浙江的梭柱确实是上下两端都做了卷杀，使整个柱身呈现梭形。不过，这些梭柱在尺度上并没有严格的规定。它们的形状通常是中间最粗，上下两端则自然地收分，形成胖式。一般来说，柱头的收分比柱底稍大，因此柱头的直径小于柱底的直径，有柱子中心向下的感觉。关于柱身最粗的位置和上下收分的大小，都没有规定，而是根据不同的传承习俗而定。

在制作梭柱时，匠师们会先确定上下直径的大小。通常柱头的直径比柱底小，具体小多少则根据柱子的实际情况而定。例如，东阳师傅在制作大步柱时，通常会将柱头的直径做得比柱底小 5～7cm，而在制作小步柱时，则会将柱头的直径比柱底小 3～4cm。建德师傅的梭柱则有所不同，其柱头直径通常比柱底大 5cm 左右。

关于梭柱最粗处，匠师们会根据柱子的长度灵活确定。一般来说，这个位置离柱底的距离在 1.2～2m，而常用的高度是 1.5m。至于中间粗出的尺寸，这完全取决于匠师在制作柱子时弹线的多少。例如，东阳师傅通常会弹出 1cm 左右，这样最粗处的直径比柱底大 2～3cm；而临海师傅会弹出 2cm 左右，使最粗处的直径比柱底大 4～6cm。由此可见，浙江梭柱的尺度规定更多地依赖于匠师的经验和传统习俗。

（2）童柱：童柱在浙江又名立童或骑童，顾名思义，其与梁的关系有两种：一种是立在梁上的，一种是骑在梁上的。当梁大柱小，童柱柱脚全插在梁上，柱脚与梁间不存在环抱的交接问题，因而称童柱为立在梁上的“立童”。当童柱的下端直径大于圆梁的直径或扁梁的宽度时，出现一段童柱环抱梁或包在梁外的部位，仿佛童柱跨骑在梁上，因而称骑童。骑童下端与梁枋相交的式样往往是匠师们精心处理的细节。浙江的骑童式样有鹰嘴、尖嘴、蛤蟆嘴、琵琶头、平头等种类。鹰嘴和尖嘴是下端做成尖形的收杀式样，鹰嘴在两侧增加凹入的曲面，更加突出尖形收杀的形态。鹰嘴主要用于浙北和浙东地区。蛤蟆嘴是下端为圆弧形的交接形式，运用区域较广，有的蛤蟆嘴下增加刻线等细节。琵琶头的下伸较长，端部为钝角三角形，一般用于浙北地区。平头为童柱下端做成平直的式样。大多数平头做成素平无雕刻的形式，也有的会在平头处雕刻如意、莲花等作为装饰（图 2-37）。

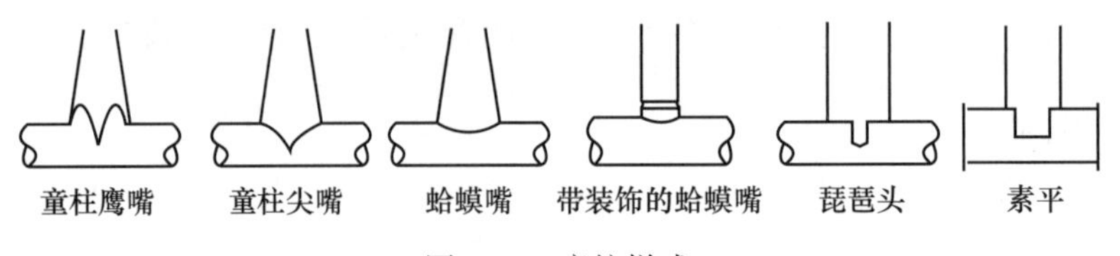

图 2-37　童柱样式

浙北杭嘉湖和浙东宁绍的童柱往往有明显的“上小下大”的收分，且柱身为弧形。其他区域的童柱的多弧面不多，且收分不明显。

3）梭柱的制作工艺

（1）断配柱料

将柱料放置在三角马上，将标注房屋高度方向尺寸的丈杆——柱头杆放置在柱料上，按照丈杆尺寸确定对应柱子的长度，在柱料两头划去荒线。在定柱子长度时要考虑以下元素加出几寸余量：一是柱子是否有侧脚，如有侧脚则要加大余量；二是柱子上有无馒头榫，如有馒头榫，要在柱头处外加 2 寸余量；三是柱础高度，柱子最终要根据柱础高度定退磉线，如柱础石平均高度在 20cm 内，则可定退磉线为离地面 20cm 处。断柱料要在退磉线下加长几公分到十几公分，以便柱子安装前留有调整尺度的余地。等到柱子刨好，要在柱子上画上退磉线。

（2）梭柱的制作步骤

步骤一：定圆心

在柱子两头找圆心，用自制的薄木板圆规在柱子的两头按照设计半径划圆，要注意柱顶直径比柱底直径小，如东阳师傅的这根梭柱的柱顶直径比柱底直径小 5cm。如果木头弯曲，中间某段弹不到墨线，则需要调整圆心位置，重新画圆，使柱料中间各段都可以完整取到需要的尺度。

步骤二：劈第一个斜面

在柱两端各划一条圆的垂直切线，连接切线两端点弹两根墨线。沿着所划墨线，用斧子劈出第一个斜面。

步骤三：弹出墨线

在柱底和柱头两个圆的切线上，于距离切点 A1、A2（分别代表柱底和柱顶圆切点）以下 3～4cm 的地方分别找点 B1、B2，连接 B1、B2 弹第一根线。然后在距离柱底

1.5m的地方，在B1、B2墨线以下1～2cm的地方找一点B′，连接B1、B′弹墨线，再连接B′、B2弹墨线。

步骤四：劈第二个斜面

沿着B1B′和B′B2墨线，按照圆的弧度趋势，向下用斧子劈出宽7～10cm的斜面。

步骤五：第二处柱子弹出墨线

同步骤三，在距离第二个斜面切点以下3～4cm的地方分别找点C1、C2，连接C1、C2，弹第一根墨线。然后在距离柱底1.5m的地方，距离第一根线1～2cm的地方找一点C′，连接C1、C′弹墨线，再连接C′、C2弹墨线。

步骤六：劈第三个斜面

同步骤四，沿着C1C′和C′C2墨线，按照圆的弧度趋势向下用斧子劈出宽6～10cm的斜面。

步骤七：重复上述步骤五、步骤六

按照以上步骤，根据圆的大小劈出多边形，每边的宽度为4～10cm，少则八边，多则十六边。

步骤八：刨光

先用电刨粗刨，然后用手工刨将柱子四面刨光，保证柱子圆整光滑。

图2-38 弹出墨线

图2-39 弹第二根墨线

图2-40 梭柱最粗处

2. 梁的形制与制作

1）梁的分类

（1）按照位置分类

《营造法式》中将梁分为5种："一曰檐栿""二曰乳栿""三曰劄牵""四曰平梁""五曰厅堂梁栿"。梁思成先生在《营造法式注释》中认为，前4种都是按照梁在建筑物的不同位置、功能和形体而区别的，但第五种却以房屋类型作为标志，因而认为"也许说

‘有四’更符合于下文内容”，即宋式梁的类型应为檐栿、乳栿、劄牵和平梁四类。各类在《营造法式》正文中并无定义，只给出大致规格和相对应的尺度模数，梁思成先生在《营造法式注释》中对每一种类别做了大致解释，但没有明确定义。结合梁先生的解释和大木制度图样可知，檐栿即主体梁架中的梁栿，跨度可从四椽栿至八椽栿，实际案例中，最小跨度为三椽栿，最大跨度为十椽栿。乳栿在《营造法式》卷五的造梁之制中，提到“三椽栿”，但梁思成先生在后面的注解认为两椽栿，梁首放在铺作上，梁尾插入内柱柱身，但也有两头都放在铺作上的。因此，正文与释文间有矛盾，结合两者，乳栿该包括三椽栿和两椽栿。当然，实际案例以两椽栿为多。劄牵是起联系作用的单步梁，主要位于乳栿之上。平梁是梁架最上一层的两椽栿。如将这 4 种梁再进行分类，则按照位置关系可分为两类：檐栿和平梁是位于建筑中心内柱间的梁，乳栿和劄牵是位于建筑边部檐柱和内柱间的梁。

《营造法原》中梁的种类，根据“厅堂木架配料计算围径比例表”有大梁、山界梁、轩梁、荷包梁、正双步、正川、边轩梁、边荷包梁、边双步、边川十种梁。其中 6 种为正屋架梁，4 种为边屋架梁，区分正和边是因尺度相异。以 6 种正屋架梁进行分析，大梁多为四界大梁，相当于宋式的四椽栿或清式的五架梁。山界梁相当于宋式的平梁或清式的三架梁。轩梁是轩下的廊梁。荷包梁为轩梁上的短月梁。双步是跨度为两个步架的梁。川是跨度为一个步架的梁。如果将这 6 种再进行分类，按照位置也可分为两类：大梁、山界梁为厅堂中心步柱间的梁，轩梁、荷包梁、正双步、正川为厅堂边部廊柱、轩步柱与步柱间的梁。

比较《营造法式》与《营造法原》中梁的分类，可见：

① 位置上分为两大类：中心梁和边部梁。这样的分类应与《营造法式》与《营造法原》中的梁架都是抬梁体系有关联。在抬梁体系中，大梁的跨度大，受力特性显著，因而以大梁为核心的中心梁架势必成为梁架中最重要的一类。

②《营造法式》和《营造法原》中梁的分类都没能涵盖所有种类。出现这种结果有两大原因：一是两书各有其强调的重点，《营造法式》强调制度，其方法是选取代表类型的梁，说明梁在尺度模数方面的营造制度；《营造法原》强调配料比例，更关注梁与步架间的比例规格。二是对古代建筑特征和营造技术进行分析时，很难面面俱到。因为房屋营造是一种创造性活动，建筑形式千变万化。

（2）浙江地区梁的分类

对浙江地区的梁按位置进行分类是非常困难的事，因其地域广，建筑构架、构件差别大，比如在建筑的进深方面，东阳流行四柱，温州常做八柱；在一榀屋架中，最少的只有 4 根梁，最多的有近 20 根梁。

在高度方面，简单的是两层：大梁加二梁（相当于五架梁加三架梁）；复杂的如温州平阳顺溪老大份二层梁架，从下至上有四层梁。通过研究发现，在这些复杂的多样性之外，浙江各个区域的梁在功能和形制上存在一些共通之处，使其对整个区域展开归纳和分类成为可能，从而既可揭示地域间的共性，又便于揭示地域间的差异。按照位置关系，浙江梁可分为六类：大梁、二梁、轩梁、轩小梁、猫梁、子梁。每一类的命名都是选择在浙江运用得最广泛的称谓，选取了不同地区对梁的命名综合而成。

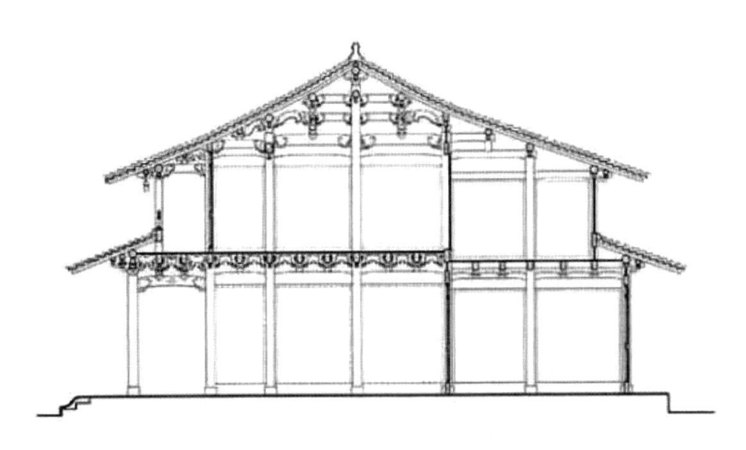

图 2-41　温州平阳顺溪老大份梁架（图片来源：浙江省古建筑设计研究院有限公司）

① 大梁

大梁相当于宋式的四椽袱、清式的五架梁、苏州的四界大梁。这一称谓通行于整个浙江省，只是有些地区因为语音会有一些变化，如台州称“大旦”，温州称“大宕”等。在宋官式、清官式和苏州厅堂中，这根梁最为重要，与其抬梁式结构关系密切。浙江虽最为通行的是穿斗式结构，但其是梁插入柱中的插梁式穿斗，梁承受上面梁架的质量，一般尺度很大，所以受到重视。

② 二梁

二梁即大梁上面的小梁，相当于宋式的平梁、清式的三架梁、苏州的山界梁。二梁的称谓主要通行于金华、衢州等地，又有廿梁、小梁、二宕、顶旦等称谓。二梁往往形制与大梁相似，尺度比大梁小。但在一些采用肥硕冬瓜梁的区域，二梁的用料有时反而要大于大梁，据匠师介绍，因为二梁位置高，用料小会显得太细，不好看。这样做的目的是为保证冬瓜梁饱满的视觉感受。

③ 猫梁

猫梁是浙江中较特殊的一种梁。猫梁的名字源于梁的形象，因梁的上背拱起，形似小猫。

一般学界称这种梁为《营造法式》中的劄牵，但实际上浙江的猫梁与劄牵是有差别的。

浙江的猫梁除位于相当于乳袱的廊梁、轩梁之上外，栋桁、上今桁、今桁、下今桁、大步桁、小步桁……几乎所有桁条间都可能出现猫梁。这些位于大梁之上的猫梁，在位置和功能上其实更接近宋代建筑中的叉手和托脚。只是叉手和托脚一端与欂相连接，另一端是插入梁中的，而浙江的猫梁往往两端都与桁条相连接。另外，《营造法式》中的劄牵是平直的，但浙江的猫梁是一头高一头低的，这一点与《营造法原》中的眉川相类似。从上述几点来看，浙江的猫梁不仅形象上与《营造法式》中的劄牵有区别，在使用位置上也比《营造法式》中的劄牵更广。

因此，在确定这种斜向单步架梁的名称时，人们选择用浙江基本通行的猫梁来命名。

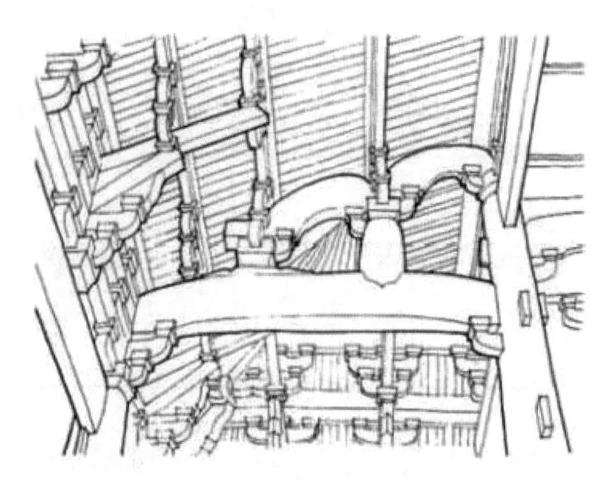

图 2-42　浙江武义延福寺大殿劄牵（图片来源：《梁思成文集》第七卷）

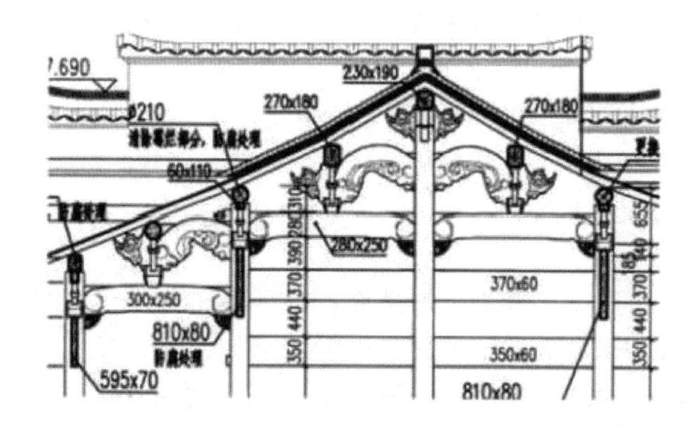

图 2-43　猫梁——江山大陈汪氏宗祠（图片来源：浙江省古建筑设计院有限公司）

图 2-44　猫梁——东阳卢宅

浙江的猫梁在不同地区的形象也不同，相对应的名称也有变化，有卷梁、倒挂龙、象鼻龙、老鼠皮叶、大背梁、虾背梁、水梁、大头梁等名称。

④ 轩梁

浙江很多祠堂、厅堂、寺庙殿堂等前廊处常做轩，区域涵盖浙北、浙南、浙西、浙东大部分地区。浙江轩的形制接近于苏州《营造法原》中所列举的船蓬轩、鹤颈轩、一支香轩，只是构件和称谓均不同，另外还有呈三角折线的轩。浙江的船蓬轩最为普遍，如在浙南成为弧形棚板天花。轩是装饰重点，轩梁也往往比室内梁架等级高，如室内的梁采用简单的直梁，而轩梁用月梁；室内梁无雕刻，而轩梁有雕刻等（图 2-45）。

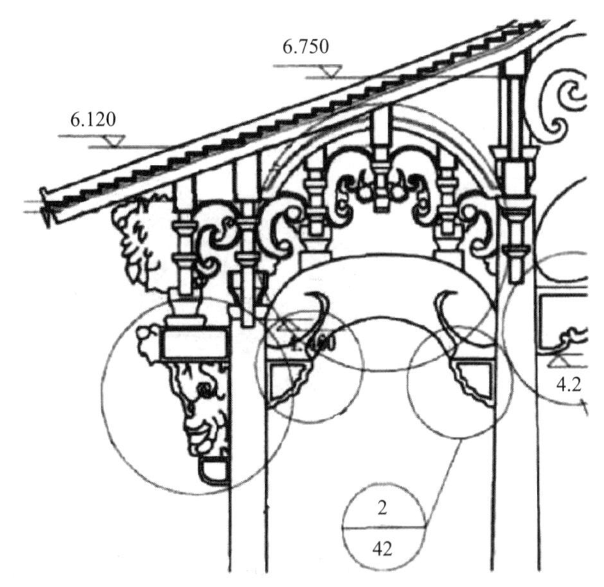

图 2-45　浙中轩梁——黄山八面厅

（图片来源：浙江省古建筑设计研究院有限公司）

⑤ 轩小梁

轩小梁是轩梁上面的短梁。在《营造法原》中，这种梁主要为荷包梁，即做成荷包状的短月梁。浙江有与《营造法原》荷包梁相似的轩上梁，如浙北的荷包梁和浙南的棚板梁。但浙江更多的是与猫梁形状相似的轩小梁，匠师常称其为“猫梁”。这种轩小梁连接轩廊两端和中间的所有桁条，贯穿整条轩廊，这是《营造法原》中所没有的形式。在船蓬轩、鹤颈轩、三折轩等有两根轩桁的轩廊中，这根梁被分成三节；在一支香轩等只有一根轩桁的轩廊中，这根梁会分成两节，所以被称为“三节猫梁”“两节猫梁”。

⑥ 子梁

子梁是借用宁波奉化的称谓，在这里代指除上述 5 种梁外的其他梁，包括三步梁、双步梁、单步梁等。

上述 6 种梁可归为三大类：大梁和二梁是今柱之内中心构架中的梁，为一类；轩梁和轩小梁是边部构架中的梁，为一类；而猫梁和子梁则是既可能处于中心构架内，又可能处于中心构架外的梁，为一类。

这种对构件进行分类的方法有利于研究者，但对于匠师来说，他们看待构件的眼光与研究者有所不同。从营造角度出发，他们对待构件有粗的和细的两个方面。从粗的来讲，不管位置如何，只要式样接近，都可划为一类，如只要形状像小猫的构件都称为“猫梁”；再如即使位于开间方向，只要做成月梁的样子，也叫梁。但在细的方面，每一根梁都要有自己的名称，名称中最重要的是显示其所处的位置。有的地方，一根梁的两端都要写上名称，如“左二前大步大梁”和“左二后大步大梁”，表示左二榀屋架中的这根大梁。

这样一来，每一根梁都有独一无二的特定命名，完全不会混淆，前后左右方向也不会弄错。

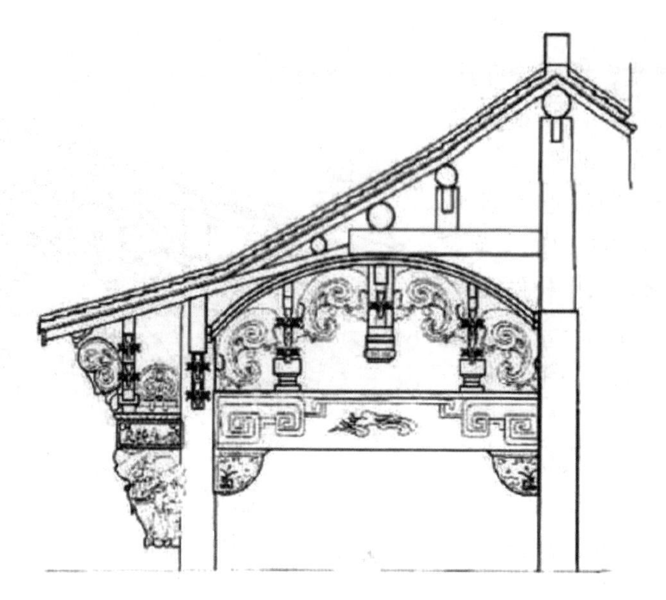

图 2-46　金华太平天国侍王府船篷轩（图片来源：浙江省临海市古建筑工程有限公司）

（3）按照梁的断面分类

如果按照梁的断面分类，有圆形断面和矩形断面两种，相当于《营造法原》中圆作与扁作两类。《营造法原》中的圆作基本上是正圆，扁作是矩形，基本无琴面。而浙江圆梁截面中除正圆外，还有各种比例的椭圆形或不规则圆。扁作梁除标准矩形外，还有两面鼓出大弧度的高琴面、折角抹成弧度的等变化。有的断面甚至圆、方难辨。因此，扁作和圆作借用《营造法原》的称谓，在实际情形中并不完全一致。

（4）按照加工形态分类

如果按照加工形态分类，浙江的梁可分为月梁、直梁两种。

① 月梁

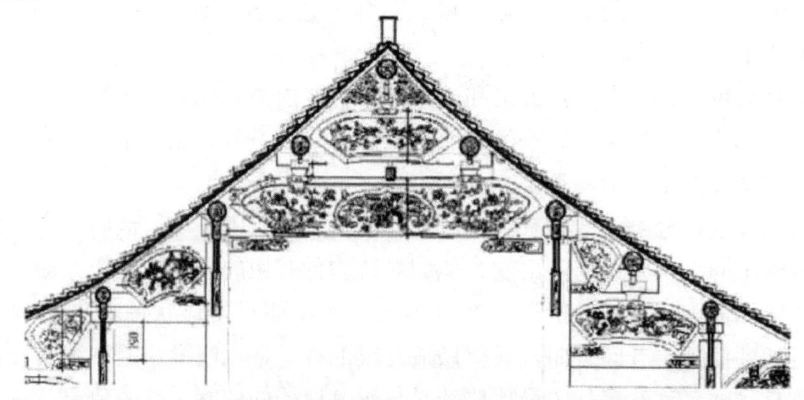

图 2-47　浙北高扁作月梁——湖州南浔张氏旧宅懿德堂
（图片来源：浙江省古建筑设计研究院有限公司）

浙江几乎所有地区都通行月梁，但不同区域、不同时代的月梁形制不同。浙江月梁的类别按地域分布大致可横向分为三大区域：浙北、浙中和浙南。其中浙北月梁为接近《营造法原》的高扁作月梁，浙中月梁为接近徽州地区的圆作冬瓜梁，浙南月梁为与宋《营造法式》更相似的法式形月梁。三种月梁的特征并非泾渭分明，其形制在地域性和时代性上都有互为混杂、变化的状况（图 2-48）。

图 2-48　圆作冬瓜梁——东阳蔡宅

三种月梁在形制上各有其典型特征。浙北高扁作月梁和浙南法式形月梁都为扁作梁，相似度较高，两者的区别：首先是梁截面的比例，浙北高扁作月梁的梁截面比例在 1：2 到 1：3，且比例大多在 1：2.5 以上，梁的形象较为高扁；而浙南法式形月梁的比例多为 2：3 左右，小月梁为 1：2 左右，与《营造法式》中所规定的 2：3 的比例相似，因此整个比例关系更接近法式。典型的浙北高扁作月梁没有弧出的琴面，只在梁底做一点圆势，而浙南月梁的梁面都有柔和的琴面，与《营造法式》中的月梁更为相近。第三，浙北高扁作月梁做斜项，苏州“拔亥”，浙北称之为“搁腮”，但浙南月梁很少做斜项。从这一点来说，浙北高扁作梁倒是与《营造法式》中的月梁形象更像。从上述三点来看，两个区域的月梁各有与《营造法式》相像和不同的地方，为浙南月梁取名“法式形月梁”，只是从整体比例和感觉来说，其与《营造法式》中的月梁更为接近。

浙中的圆作冬瓜梁与浙南和浙北流行的扁作月梁差异较大。将浙中月梁称为“圆作”，但其截面并非标准圆形，而是不规则的椭圆形。其椭圆形截面的高厚比差异很大，有瘦高形冬瓜梁，高厚比可达 3：2～2：1；有接近圆形的冬瓜梁，高厚比甚至小于 6：5。

在地域分布上，虽然主体上可分为浙北、浙中、浙南三区，但三种类型在各个区域多有混杂，如湖州、嘉兴、宁波等通行高扁作月梁的区域，常出现一座建筑中的。有的浙南月梁，在梁两头雕刻新月形、抛物线形甚至卷草形梁眉，且梁身琴面很高，与浙中较为瘦高的冬瓜梁差异极小。

② 直梁

浙江传统建筑的直梁分为断面为圆形的圆作直梁和断面为矩形的扁作直梁两类。浙江各个区域都有这两类梁，只是各个区域在直梁的尺度和使用上存在差异。

一般说来，直梁的等级低于月梁。直梁相比月梁加工简单、用功量少，所以多用在简单的民宅、附属性建筑或重要性相对较低的二层梁架中。但在浙江也有将直梁用在等级较高建筑中的情形。

在绍兴地区，圆作直梁通行于所有等级的建筑中，等级很高的建筑也采用圆作直梁，如绍兴吕府等。绍兴的这种圆作直梁的构架特征在浙江是比较特殊的，与其独特的地域文化和营造传统有密切关系。

在浙中流行冬瓜形月梁穿斗构架的区域，也有一种抬梁式结构的厅堂构架，称之为“压金式抬梁”或“扣金式抬梁”，民间匠师称之为“压柱式”。在这种抬梁结构中，梁是尺度很大的圆梁，稍作挖底处理。这种做法通行的时代很长，明代、清代、民国都有案例，只是数量较少。在冬瓜梁为绝对主流的区域，根据工匠说法，采用这种梁，多半与东家财力有关。冬瓜梁是插柱结构，上部留有很高的空间，需要用猫梁进行填补，方显气势不凡。而压柱式做法是将梁抬高到柱头上，梁上部的空间小，可以不用再做猫梁，这样用材和用功量都可大大减少，只要梁的尺度够大，气势也不弱。匠师们提供的只是一种可能性，应该还需要从与通行圆作直梁的浙东地区的源流关系、营造匠师的匠艺传承等方面做进一步研究（图 2-49）。

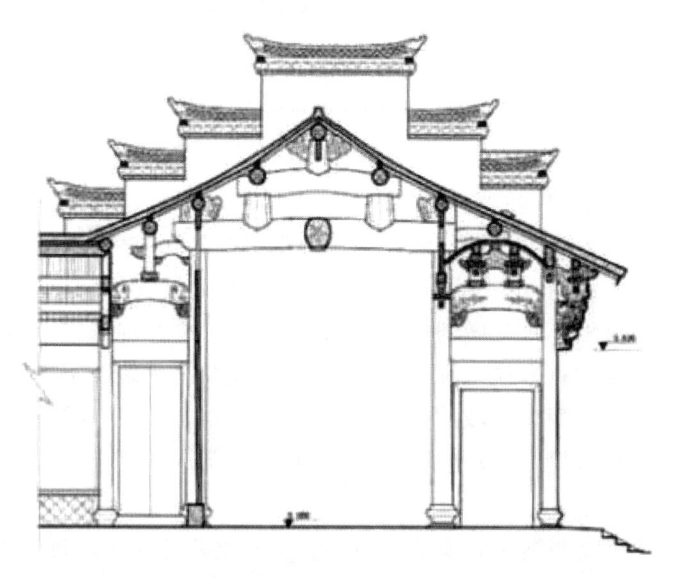

图 2-49 压金式抬梁——诸暨市斯宅乡斯盛居穿厅

（图片来源：浙江省古建筑设计研究院有限公司）

在浙西的兰溪、建德、富阳等地，清代末期在祠堂、庙堂等重要建筑中流行使用扁作直梁，称之为“平梁”或“板梁”。这种梁下面稍作挖底，梁身平直没有琴面，整根梁非常方正，上面雕刻拐子龙图案。由于梁上雕刻很多，梁的用功量也很大。

在台州、丽水等地，有一种两头梁肩做成折线的扁作梁，当地叫锁扣梁。这是以直线取代曲线、以直梁模拟月梁的方式，同时配合折线雕刻拐子龙等线性图案，其审美趣味与浙西的板梁相似。

2）梁的选材

（1）上下的选择

天然木料或大或小都会有一些弯曲，匠师讲究“弯料弯用、大料大用、小料小用”的原则，木料的天然弯度还可以被巧妙利用，有利于房屋的受力。做梁时，选择木料外拱的面为上，内凹的面为下，使梁自然形成一定的拱势。这样做既符合梁的受力特性，也能使木料发挥更好的力学性能，同时上拱的形态可以避免在视觉效果上梁有下沉的感觉，增加稳定感。

（2）大小的选择

梁的大小头要遵守“以后为大，以中为大”的原则。在没有中柱落地的榀架中，位于今柱间中心梁架的大梁、二梁、顶梁等大头应朝房屋的后面，这样进门抬头看到的大梁，大头在视线的下方，同柱子的“上小下大”一样，具有视觉的稳定感，而轩梁、轩小梁、猫梁、子梁等要将料的大头定在朝中的位置。在建筑内部，梁料前后向中对称。这既包含视觉调节的功效，也是匠师们遵循的营造传统，浙江大部分地区称之为“大小”，浙南匠师习惯称其为“首尾”，匠师认为：“做反就不吉利了”。

（3）尺度的选择

由于木材的横向受力较弱，所以梁的尺寸一定要足够，否则会影响建筑安全。

① 圆作直梁尺度的选择

除绍兴等少数地区的圆作直梁等级高、选材大外，大多数圆作直梁都用于不太重要的建筑中，因此，尺度选择以能保证安全为目的。梁的大小与其跨度相关，匠师对于圆作直梁尺度的确定也以其与跨度的比例来定。临海师傅一般定圆梁直径为跨度的7%。浙北海宁的师傅所做最多是进深为“4、8、8、4”比例的构架，匠师们称为两根“四尺从”和两根“八尺从”。五架梁的长度为两个八尺，即十六尺。

② 月梁尺度的选择

浙江的三种月梁为浙北高扁作月梁、浙中圆作冬瓜梁、浙南法式形月梁。这三种月梁尺度权衡的研究采取文献资料研究、匠师访谈和建筑实例查证三者相互对比验证的方法。

浙北高扁作月梁的尺度（表2-1）。

浙北高扁作月梁与苏州《营造法原》相似，对于扁作月梁的高厚比，《营造法原》的规定是2∶1。苏州工匠在做的时候，一般在1∶2～1∶2.5。浙北四界大梁的高厚比基本为1∶2.5以上，平均值为1∶2.6。短的月梁高跨比要小一些，为1∶2.1。可见，浙北月梁的高跨比与苏州匠师所定比例相差不多。海宁师傅做梁的经验为1∶2～2∶3，比如50公分高的梁，厚度要配28～30公分。

表2-1 浙北高扁作月梁尺度调研表

序号	名称	梁尺寸（mm）	高厚比	梁跨度（mm）	高跨比
大梁					
01	平湖莫氏庄园正厅正间大梁	245×670	2.7∶1	5000	13∶100

续表

序号	名称	梁尺寸（mm）	高厚比	梁跨度（mm）	高跨比
大梁					
02	嘉兴沈均儒故居前厅大梁	H=640	—	5680	11：100
03	嘉兴沈均儒故居厢房大梁	H=390	—	3400	12：100
04	嘉兴海宁衍芬草堂大梁	180×420	2.3：1	4000	11：100
05	嘉兴海宁陈阁老宅爱日堂大梁	220×620	2.8：1	5900	11：10
06	湖州江南报业大梁	140×370	2.6：1	4300	9：100
07	湖州张氏旧宅春晖楼大梁	200×520	2.6：1	4240	12：10
08	湖州张氏旧宅懿德堂大梁	H=740	—	4460	17：100
山界梁					
09	平湖莫氏庄园正厅正间山界梁	230×640	2.8：1	2500	26：100
10	嘉兴沈均儒故居前厅山界梁	H=630	—	3400	19：100
11	嘉兴沈均儒故居厢房山界梁	H=320		2800	11：100
12	嘉兴海宁衍芬草堂山界梁	160×350	2.2：1	2000	18：100
13	嘉兴海宁陈阁老宅爱日堂山界梁	180×500	2.8：1	2950	17：100
14	湖州江南报业山界梁	130×350	2.7：1	2100	17：100
15	湖州张氏旧宅春晖楼山界梁	160×420	2.6：1	2040	21：100
16	湖州张氏旧宅懿德堂山界梁	H=740	—	2230	33：100
双步梁、单步梁					
17	嘉兴海宁衍芬草堂双步梁	160×420	2.6：1	2060	20：100
18	湖州江南报业双步梁	120×330	2.5：1	2050	16：100
19	湖州张氏旧宅懿德堂山界梁	H=530	—	2500	21：100
20	嘉兴海宁陈阁老宅爱日堂单步梁	120×340	2.8：1	1650	21：10
21	嘉兴海宁陈阁老宅爱日堂轩梁	120×340	2.8：1	2290	15：100

浙南法式形月梁的尺度（表 2-2）。

根据对浙南一些建筑实例的尺度统计，跨度超过 3 米以上的大月梁的平均高厚比为 1.6：1，接近于《营造法式》的 3：2 的比例。跨度在 3 米以下的小月梁的平均高厚比为 2.1：1，接近于《营造法原》的 2：1 的比例。根据高跨比的统计，浙南大月梁的平均高跨比为 9/100，小月梁的平均高跨比为 20/100。因小月梁跨度小，如果按照大月梁的高跨度比例做，势必尺度很小，不符合审美需要。因此以大月梁的平均高跨比 9/100 作为浙南月梁的理想高跨比。这一高跨比尺度与《营造法原》中规定的 1/10 略小，而比浙北实测建筑的平均高跨比 12/100 要小将近 1/4，可见浙北月梁比浙南月梁高出的比例。

在对浙南大木匠师的调研中，也基本证实了 9/100 这一高跨比的通行性。临海师傅对于方梁的梁高按跨度的 9/100 来定。瑞安师傅在修平阳的一处古建筑时，有一根 6 米多的大梁，尺寸只有 20cm×40cm。六米跨度的梁最少要做 25cm×50cm，如果要好看，高度要做到 65cm，这叫“温州风度”。由此，可得以下信息：一是跨度 6 米多，梁最少要 50 公分，也就是说从安全角度出发，最小高跨比约为 8/100。如果要符合“温州风度”，梁的高度要做到 65 公分，也就是高跨比接近 10/100 才好看。二是梁的高厚比一般为 2∶1，但也可以超过这一比例。从某种程度上，反映了现在浙南对于梁的审美有比传统高一些的趋势。

表 2-2　浙南法式形月梁尺度调研表

序号	名称	梁尺寸（mm）	高厚比	梁跨度（mm）	高跨比
大梁					
01	林氏宗祠大厅中间大梁	210×300	1.4∶1	4800	6∶100
02	永昌堡王氏大派中间大梁	230×360	1.6∶1	4460	8∶100
03	永昌堡王氏大派中间后方大梁	130×220	1.7∶1	3020	7∶100
04	楠溪江孝思祠正厅中间大梁	260×400	1.5∶1	5300	8∶100
05	楠溪江孝思祠正厅中间前今柱大梁	360×450	1.3∶1	3500	13∶100
06	永嘉篷溪谢氏小宗祠中间前大梁	230×370	1.6∶1	3760	10∶100
07	永嘉篷溪谢氏小宗祠中间后大梁	230×370	1.6∶1	3760	10∶100
08	林氏宗祠大厅中间前大步梁	180×320	1.8∶1	3550	9∶100
廊梁、轩梁					
09	林氏宗祠大厅中间前方梁	170×240	1.4∶1	1900	13∶10
10	永昌堡王福郎故居中间前方梁	170×350	2∶1	1550	23∶100
11	永昌堡王氏大派中间前方梁	200×370	1.9∶1	2260	16∶100
12	永昌堡状元里 18 号前厅中间前方梁	140×310	2.2∶1	1440	22∶100
13	永昌堡状元里 18 号正厅中间前方梁	180×430	2.4∶1	1730	25∶100
14	楠溪江孝思祠正厅中间大梁前方梁	230×300	1.3∶1	2550	12∶100
15	永昌堡王福郎故居中间后方梁	150×310	2∶1	1550	20∶100
16	永昌堡状元里 18 号前厅中间后方梁	140×310	2.2∶1	1330	23∶100
17	永昌堡状元里 18 号正厅中间后方梁	120×330	2.8∶1	2050	16∶100
18	楠溪江孝思祠正厅中间大梁后方梁	120×270	2.3∶1	1100	25∶10
三步梁、双步梁、单步梁					
19	林氏宗祠大厅右五间前大梁	160×320	2∶1	2400	13∶100
20	永昌堡王福郎故居中间前大梁	120×300	2.5∶1	2250	13∶100
21	永昌堡王氏大派右三间前大梁	230×420	1.8∶1	2230	19∶100
22	永昌堡状元里 18 号前厅中间前（后）大梁	120×340	2.8∶1	1900	18∶100
23	永昌堡状元里 18 号正厅中间前（后）大梁	140×450	3.2∶1	2300	20∶100
24	楠溪江孝思祠山门中间前（后）大梁	200×330	1.7∶1	2400	14∶100
25	楠溪江孝思祠正厅中间二梁	220×300	1.4∶1	2600	12∶100
26	永昌堡王福郎故居骑门梁	150×320	2∶1	2460	13∶100
27	永昌堡状元里 18 号前厅中间后大步梁	120×320	2.7∶1	2060	16∶100
28	永昌堡状元里 18 号正厅中间前大步梁	140×430	3∶1	1500	29∶100
29	永昌堡状元里 18 号正厅中间后大步梁	120×330	2.8∶1	2050	16∶100

续表

序号	名称	梁尺寸（mm）	高厚比	梁跨度（mm）	高跨比
三步梁、双步梁、单步梁					
30	楠溪江孝思祠正厅中间大梁后今柱梁	120×280	2.3：1	2700	10：100
31	林氏宗祠大厅中间三梁	170×300	1.8：1	2200	14：100
32	林氏宗祠大厅中间前大步小梁	160×280	1.8：1	1800	16：100
33	林氏宗祠大厅右五间前二梁	150×360	2.4：1	2400	15：10
34	永昌堡王福郎故居中间前三梁	120×310	2.6：1	1125	28：100
35	永昌堡王氏大派中间三梁	200×360	1.8：1	2230	16：100
36	永昌堡王氏大派右三间前三梁	200×360	1.8：1	1115	32：100
37	永昌堡状元里18号前厅中间前（后）三梁	120×385	3.2；1	950	40：100
38	永昌堡状元里18号正厅中间前（后）三梁	140×380	2.7：1	1150	34：100
39	永昌堡状元里18号正厅中间后大步二梁	120×29	2.4：1	1025	28：100
40	永嘉篷溪谢氏小宗祠中间前三梁	230×370	1.6：1	1980	19：100
41	永嘉篷溪谢氏小宗祠中间后二梁	230×370	1.6：1	1980	19：100
42	楠溪江孝思祠山门中间前（后）二梁	180×290	1.6：1	1000	29：100
43	楠溪江孝思祠正厅中间前今柱二梁	220×300	1.4：1	1950	15：100

浙中圆作冬瓜梁的尺度

浙中月梁从明代到清代经历了由扁到圆的过程，学者们一般认为高厚比5：4～6：5的冬瓜梁一般出现在明代末期。对于早期的月梁比例，王仲奋先生甚至提到了3：1这个高厚比，3：1是高扁作月梁，比浙北和浙南的月梁高厚比还要大。东阳师傅修的乐山公祠，原来拆下来的大梁尺度为30cm×70cm，高厚比为2.3：1，小梁尺度为50cm×28cm，高厚比为1.8：1。

东阳师傅认为最好的高厚比是5：4，这一比例代表大多数师傅们认可的比例。东阳最好看的梁叫泥鳅梁，就是比较浑圆的。师傅做过最粗的冬瓜梁的尺寸为65cm×85cm，高厚比接近6：5。梁的胖瘦要与柱子配合起来，柱子粗，梁也要大。

至于梁的高跨比，通过调研，浙中圆作冬瓜大梁的平均高跨比为17/100，远大于浙南大梁的9/100和浙北大梁的12/100（表2-3）。

表2-3 浙中圆作冬瓜梁尺度调研表

序号	名称	梁高度（mm）	梁跨度（mm）	挖底高度（mm）	高跨比
大梁（五架梁）					
01	建德李村崇本堂大梁	840	4600	220	18：100
02	浦江潘周家麟振堂二进大梁	690	4000	210	17：100
03	浦江潘周家麟振堂三进大梁	690	4100	210	17：100
04	金华武义六峰堂大梁	690	4660	160	15：100
05	兰溪诸葛村丞相祠堂大梁	570	3100	90	18：100
06	兰溪诸葛村大公堂大梁	850	4880	100	17：100

续表

序号	名称	梁高度（mm）	梁跨度（mm）	挖底高度（mm）	高跨比
大梁（五架梁）					
07	兰溪诸葛村崇信堂大梁	725	4485	100	16：100
二梁（三架梁）					
08	建德李村崇本堂二梁	745	2300	210	32：100
09	浦江潘周家麟振堂二进二梁	540	2000	100	27：100
10	浦江潘周家麟振堂三进二梁	560	2050	120	27：100
11	金华武义六峰堂二梁	690	2330	190	30：100
12	兰溪诸葛村丞相祠堂二梁	380	1550	80	25：100
13	兰溪诸葛村大公堂二梁	570	2440	65	23：100
14	兰溪诸葛村崇信堂二梁	570	2220	70	26：100
15	兰溪世德堂正厅顶梁	530	2100	75	25：100
前后小步梁（双步梁或单步梁）					
16	建德李村崇本堂前轩步梁	745	3000	210	25：100
17	建德李村崇本堂后小步梁	610	2200	190	27：100
18	浦江潘周家麟振堂二进前小步梁	460	1900	90	24：100
19	浦江潘周家麟振堂三进前小步梁	450	2000	90	23：100
20	金华武义六峰堂前小步梁	550	2000	160	28：100
21	兰溪诸葛村丞相祠堂前小步梁	510	3050	100	17：100
22	兰溪诸葛村丞相祠堂后小步梁	470	1700	70	28：100
23	兰溪诸葛村大公堂前小步梁	520	2100	120	25：100
24	兰溪诸葛村大公堂后小步梁	520	1900	120	27：100
25	兰溪诸葛村崇信堂前小步梁	650	2320	100	28：100
26	兰溪诸葛村崇信堂后小步梁	480	1535	100	31：100

因此三种月梁中，尺度最大、最富有装饰性的是浙中圆作冬瓜梁，最能体现力学本质的是浙南法式冬瓜梁，浙北高扁作月梁介于两者之间。

3）梁的形制与制作工艺

（1）浙南法式形月梁的形制与制作工艺

浙南法式形月梁，当地匠师们按照其形状形象地称之为“肾梁”或“猪肚梁”。

浙南法式形月梁形制的关键为梁的上、下两面起拱曲线的确定。对于梁的下皮上拱曲线，匠师们运用“弹剪刀线”的方法获得。具体做法是从梁一端的梁肩底点向另一端的梁肩顶点弹直线，两条斜向直线被称为“剪刀线”，剪刀线的交叉点为梁下皮起拱的最高点。举例来说：长度为4m的月梁，高度按跨度的9%计算，为36cm高，宽度与高度比为2：3，即24cm宽。梁肩高度匠师们一般定为高度的1/3～2/3，假如取20cm高的梁肩，那么弹出剪刀线后，梁下端起拱高度为10cm。梁两端要安装替木，如鞋跟替等。替木长度一般按16%～18%的梁跨度，假如取70cm长，那么梁的下端弧线的长度为2.6m，弧线高度为10cm，按照3个点自然画出弧线即可。对于梁上皮两端弧线的长度和高度，一般没有规定，匠师可根据自己的喜好来做，但弧线不宜做得太低、太短，否则会“驼背”，一般弧线高度最少需要 10cm 以上。梁的两侧要做出一定的拱度，即琴面。琴面大小一般是匠师根据自己的喜好和料的大小酌情处理，一般向外鼓出 2～4 分。浙南法式形月梁采用拼合梁的方法，一般由两部分或三部分拼合而成。最下一层称之为“梁本”或“料本”，上面一层或两层称之为“领瓣”。一层领瓣称为“一月”，两层领瓣称为“两月”。梁本由一块完整的实木制作。领瓣是由一根小料劈成两半做成的，以平面向外、弧面向内相对放置，领瓣间有几公分的空档。梁本的高度为梁高的 2/3，上端要做出尖角，以深入领瓣间隙，加强梁本与领瓣间的联系，尖角最少为 2 寸左右。如一根 30cm 高的梁，梁本要有 20cm，分为下端 15cm，尖角 5cm。上面有两个月领瓣，第一个月为 10cm，第二个月为 5cm，总体越往下料越大。

第一个月领瓣要用竹钉与梁本连接，第二个月领瓣须用燕尾扎榫连接，且扎榫一直要插入到梁本下最少 2 寸。当地匠师称这种燕尾扎榫为“顶销”“聚”“元宝扎”等。销子离中线距离大概为整个跨度的 20%。顶销宽度为 2～3 寸。温州拼梁做法如图 2-50 所示。

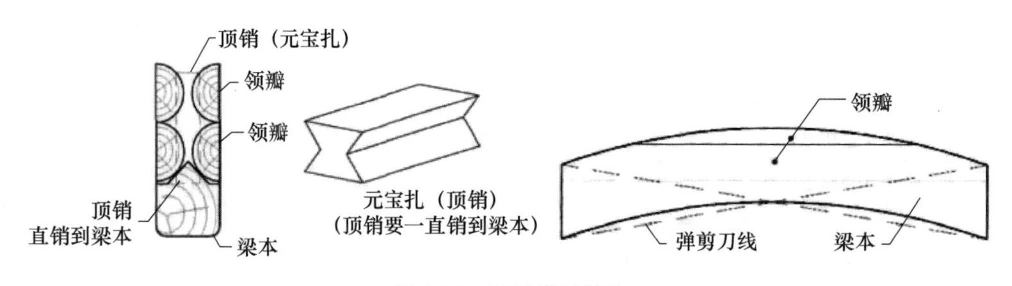

图 2-50　温州拼梁做法

（2）浙中圆作冬瓜梁的形制与制作工艺

浙中圆作冬瓜梁的形制较之浙北月梁和浙南月梁，匠师们的自我发挥程度更大，在形制和尺度方面很少有规范的确定，一般都是匠师依据自己的经验、习惯和喜好来做。冬瓜梁包括梁背、梁肩、梁腮、梁下巴和梁底 5 个部分。冬瓜梁的制作关键是几个弧面的处理，包括梁底的挖底起拱、两端梁肩的卷杀起拱、梁身的胖势和两头的梁腮弧线。梁底的挖底高度要根据梁料的大小来定，一般匠师的习惯挖底尺度为 8～15cm，特别大的梁最多挖底 25cm。挖底起拱的曲线要先画好样板，曲线为 1/4 椭圆弧度，最好能与下面的梁垫弧度形成连续相切的弧度。梁肩的卷杀起拱取决于两个因素：一是梁肩断线起点的高度，这个由梁的榫头高度决定。榫头宽度一般不超过柱子直径的 1/3，榫头高度完全是匠师的经验，只能作为一种参考。东阳一根高 50cm 的梁，榫头高度为 25～27cm，一根高 80cm 的梁，榫头高度为 25～35cm，但还要看柱子上的卯口数量。梁肩起拱的第二个因素是拱的长度。这个长度也没有定值，根据梁的长度酌情处理，如乐山公祠大梁的长度为 4.7m，梁肩弧线的长度为 45cm。梁肩弧度可以利用料本身的弯度，且曲线要柔和如新月状。梁身的胖势变化很多，既有曲度较小只做琴面的，也有曲度很大做成肥梁的。匠师们一般喜欢高厚比为 5∶4 的肥梁。梁下皮的平面宽度根据梁垫的宽度而定，大概为 3～4 寸。梁上皮的平面宽度根据梁上坐斗或斗垫尺度而定。对于梁身最胖的地方，不同匠师所定位置也不同，有的匠师习惯定在梁的中间位置，有的匠师习惯定在梁自下往上 2/3 梁高的地方，还有的匠师习惯定在梁自下往上 3/5 的地方。匠师做梁身胖势时，弹线的方法与做梭柱的弹线方法一样，从而做出中间粗、两端稍细的弧面。梁下巴的长度，一般小梁为 25～30cm，大梁为 30～35cm。两端的梁腮弧线一般做成木鱼状，较圆润，也有的做成椭圆状，较舒展，配合龙须纹等。有些匠师喜欢将梁腮砍刨得平一些，有些砍刨得少一些，这些都是习惯和个人偏好。以下是冬瓜梁的制作步骤。

步骤一：弹梁中线。按照木料的天然拱势和大小头，选择梁的上下面和正背方向，划出梁的中线和梁底边线。根据丈杆划出柱中线和讨照线。劈出梁底面与榫头毛坯。

步骤二：弹梁身线。梁的中间比两边胖，所以弹线时与制作梭柱一样，先弹顺身直线，再在梁中往上提 2～2.5cm 的地方弹折线。

步骤三：劈砍粗坯。按弹线劈砍出冬瓜梁的大致形状。

步骤四：付照做榫。将照篾上的榫头宽度和照口位置返样到梁两端，断出榫肩，做出有榫宽的榫头毛坯。再将照篾上的销子位置、照口位置和斜度等返样到榫头毛坯上，截料加工出准确的榫头。

步骤五：劈刨挖底。根据样板画出挖底的曲线，并用锯子、斧头、刨子劈刨出梁的挖底。

步骤六：砍劈梁腮。用斧头自梁两头的榫头断肩线处向内砍劈出梁腮斜面。

步骤七：梁肩起拱。自梁两端断肩线的上照口向梁背劈砍出起拱弧线。

步骤八：细修胖势。将梁背向梁底的胖势进行细修。

步骤九：细刨梁身。将梁底挖底、梁肩起拱、梁身胖势、梁腮等修整刨光。

2.3.2 传统小木作（以山东为例）

“小木作”一词的历史渊源可追溯到宋代，当时官方颁布的《营造法式》对其进行了定义，即指建筑室内外的围护构件。这一术语在宋代被确立，为后来的建筑术语体系奠定了基础。到了清代，随着建筑技术和艺术的发展，对“小木作”的分类更加详细。清代工部颁定的《工程做法则例》在宋代的基础上对其进行了扩展和深化，将门窗、隔断、家具、陈设、内墙格栅等构架统称为“装修”。这一分类不仅反映了当时建筑技术的进步，也体现了当时人们对建筑装饰和内部空间布局的重视。装修作为建筑的一个重要组成部分，按空间部位划分可分为外檐装修和内檐装修两部分。外檐装修主要指的是室外的门、窗、檐下挂落、走马板、楼梯、栏杆等构件，这些构件不仅具有实用性，如通风、采光、通行等，还具有装饰性，能够增加建筑的美观度。内檐装修主要指的是室内的内门、格栅等构件，这些构件在划分室内空间、提供私密性等方面发挥着重要作用。

2.3.2.1 窗的木作工艺

山东传统建筑中的窗户样式丰富多样，主要包括直棂窗、方格窗、板窗、隔扇和槛窗 5 种。在山东的祠庙建筑中，槛窗和隔扇的应用尤为普遍，它们常被用于祠庙的外檐墙，并经常与隔扇配套使用。

从制作材料的角度而言，山东地区的窗户主要分为木窗、石窗和砖木混合窗 3 类。木窗的常见样式包括直棂窗、方格窗和板窗，石窗主要以直棂窗为主，而砖木混合窗通常在窗内侧安装木制棂条窗，同时为了增强防火防盗性能，在外墙窗洞上按照木棂的样式砌筑一层砖砌棂条。

石窗和砖木混合窗的构造相对简单，接下来，我们将聚焦于普遍使用的木窗制作工艺，深入剖析其独特之处，以展现山东传统建筑窗户的精湛技艺和丰富内涵（图 2-51）。

图 2-51　砖木混合窗

1. 直棂窗

直棂窗是嵌入墙体内的固定窗户，无法开启，常用于对私密性或安全性要求较高的建筑外墙。在传统的房屋建造中，门窗的装修是展现主人经济实力的关键，因此直棂窗的棂子排列组合备受重视。简单的直棂窗由窗框和横向等距排列的细长方木（称为“竖棂”）组成，其数量通常为单数，如 9、11、13 根。竖棂之间的空隙大小没有明确规定，能勉强伸入一只手即可，实际测量得到的空隙宽度为 7～9 寸。有些精细的直棂窗在窗扇中间会加一根横木条（当地称之为“穿子”），用以贯穿所有竖棂，并通过卯榫结构使其紧密结合。穿子的数量常取 1、2、3、7，其分布方式有两种：均匀分布或集中在上下两端。安装时，木匠会先确定中间的棂条，然后将其余棂条对称分布。在山东地区，常见的直棂窗样式为“九棂七穿”“十一棂五穿”，有些地方也会采用 13 根竖棂，称为“十三棂”（图 2-52）。

2. 板窗

板窗是所有传统窗户中唯一可开启的类型，其窗扇数量可以是单数或双数。板窗窗扇厚重，通过窗轴将其固定在窗洞上，背面常有木栓用于锁合。由于其良好的密闭性和防御性，板窗常在民居的二层使用。开启板窗可以通风采光，关闭时则保温隔热，使用方便。在当地，板窗通常与半圆形的拱券窗套相结合，形成独特的地域风格（图 2-53）。

图 2-52　直棂窗

图 2-53　板窗

3. 方格窗

方格窗是多用于建筑南向的主要窗扇。其外侧由纵向和横向木条构成格状内心，内侧则裱糊一层透光性较好的窗纸。这种窗户设计既能保证采光，又能提供一定的隐私保护。

隔扇窗如图 2-54 所示，直棂木窗、板窗的测绘如图 2-55～图 2-57 所示。

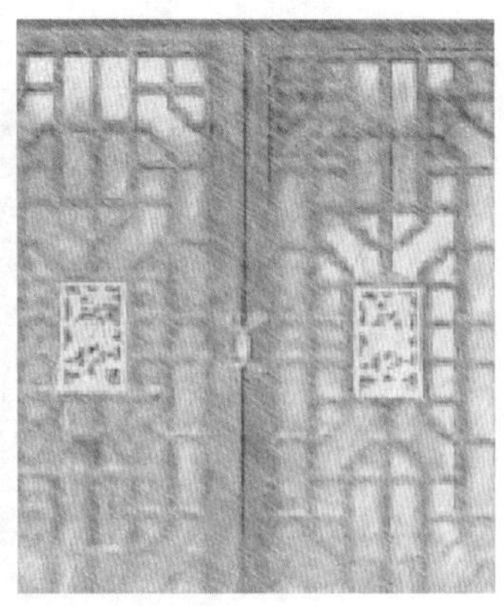

图 2-54　隔扇窗

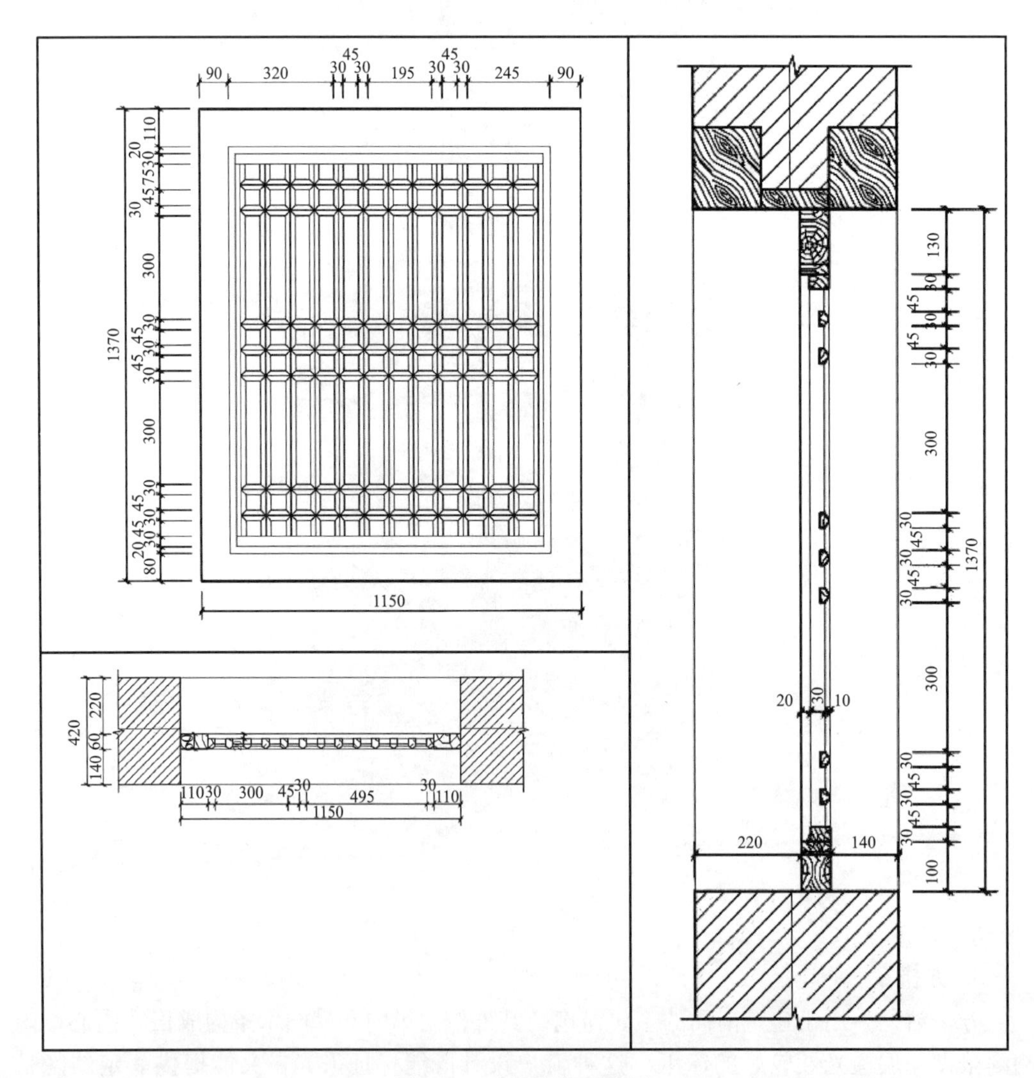

图 2-55　直棂木窗测绘图

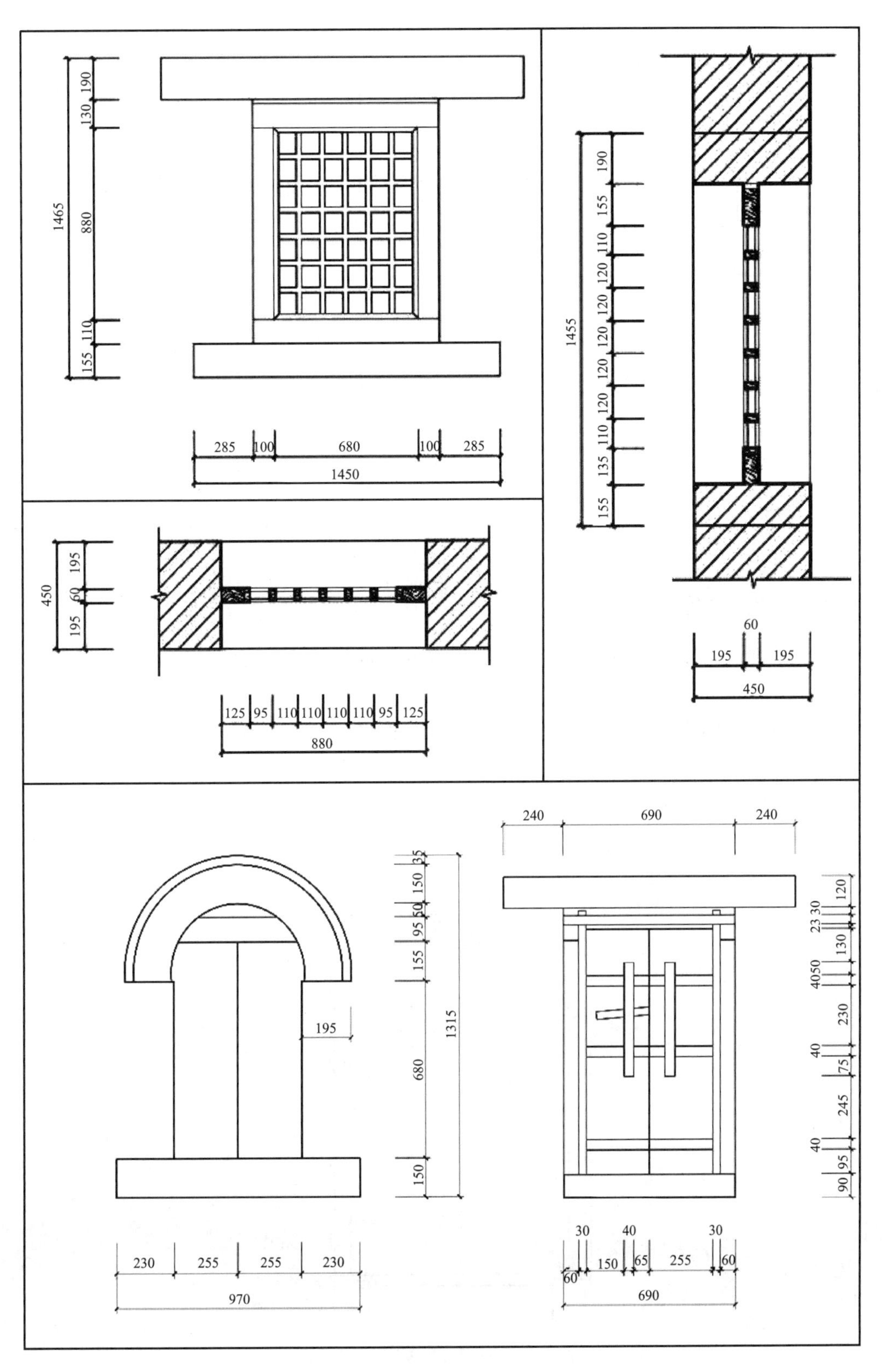
1465
190
130
880
110
155
285
100
680
100
285
1450
1455
190
155
110
120
120
120
120
120
110
135
155
450
195
60
195
125 95 110 110 110 110 95 125
880
60
195
195
450
35
150
50
95
155
1315
680
150
195
230 255 255 230
970
240 690 240
120
23 30
130
4050
230
40
75
245
40
95
90
30 40 30
60 150 65 255 60
690

图 2-56　板窗测绘图（一）

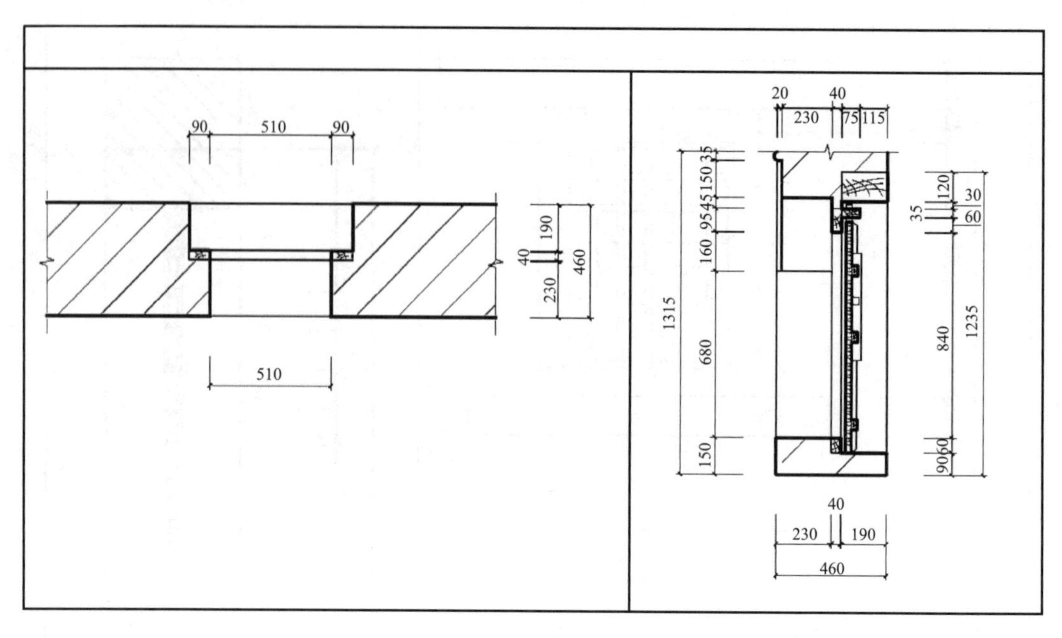

图 2-57　板窗测绘图（二）

2.3.2.2　门的木作工艺

在山东地区，传统建筑的门均为木质，可分为板门和隔扇门两种。

1. 板门

板门由实木门扇、门槛、门框、过梁等构造组成，以双扇门居多，一般在门楼和建筑的外门中使用，大门门洞宽度为 1.0～1.4m，是山东民居中应用最广泛的类型。在山东门楼的板门门扇上常用门簪装饰，门簪要取偶数，数目多为 2 个或 4 个（图 2-58）。

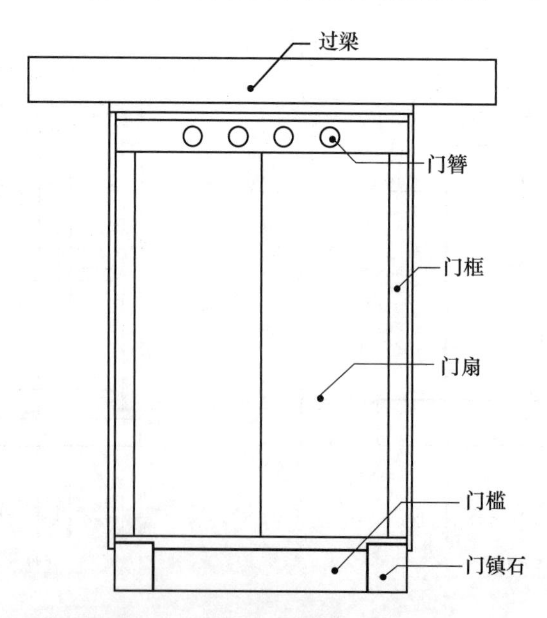

图 2-58　山东门楼的板门构造示意

2. 隔扇门

隔扇门常出现在民间宗祠建筑中，一般只在檐廊的建筑中安装，门扇通透，可灵活拆卸，常搭配栅窗或槛窗使用。隔扇的数量一般为偶数，多数祠堂建筑为4～6扇，只有中间的两扇可开启。隔扇基本构造是由外框、隔扇心、裙板及绦环板组成。隔扇心图案多变，常见的有步步锦、龟背锦、套方等，裙板和绦环板上常饰以吉祥图案雕刻，常使用的图案有梅、兰、竹、菊等（图2-59～图2-61）。

图2-59　常见隔扇门（一）

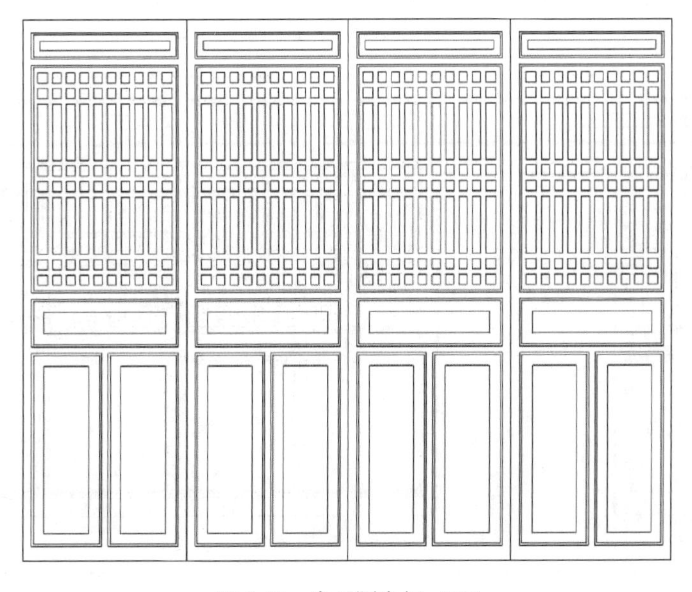

图2-60　常见隔扇门（二）

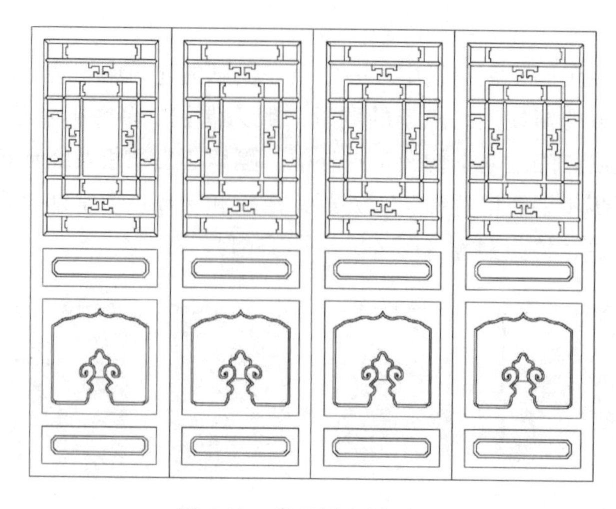

图 2-61　常见隔扇门（三）

2.3.2.3　内檐装修工艺

山东地区的内檐装修独具特色，其中室内隔扇是不可或缺的一部分。这种隔扇主要用于划分建筑中的明间与次间，其设计巧妙地沿着建筑的进深方向展开。室内隔扇的构造相当讲究，由上槛、下槛、槛框及多扇可拆卸的隔扇组合而成。值得一提的是，作为门扇的两扇格扇可以自由开启，这在传统建筑设计中是相当独特的。为了确保门扇的顺畅开启与关闭，匠师们在门扇的上下部位设置了门轴，使其能够轻松安装在上下槛的槽窝中。而其他结构部分则通过榫卯与横槛紧密相连，展现出传统木工艺的高超技艺。槛框的安装方式也相当独特，它或是直接砌在两侧的墙体中，或是巧妙地嵌入前檐的木柱内，这样既确保了结构的稳固性，又提高了室内的美观度（图 2-62）。

图 2-62　前王庄民居室内格栅

2.3.2.4 外檐装修工艺

山东地区常见的小木作还有雀替、走马板、挂落、木楼梯、匾额和楹联等。

1. 雀替

相较于官式建筑的雀替，民间传统建筑中的雀替在形式上显得更简洁、大方。在造型和形制上，民间雀替更注重美观与实用性，体现了民间艺术的质朴与纯粹。在制作工艺方面，民间匠师常运用木浮雕工艺和木作彩绘工艺来装饰雀替，其中以浮雕做法最为常见，尤以山东地区的透雕工艺更为精湛。这种工艺在雀替的装饰上展现出极高的艺术水准，装饰内容丰富多彩，包括云纹、卷草纹、“寿”字纹、“万”字纹等吉祥图案，以及蝙蝠、梅花鹿等动物纹样。这些图案不仅寓意着吉祥与美好，还体现了民间匠师们对自然的热爱与敬畏（图 2-63）。

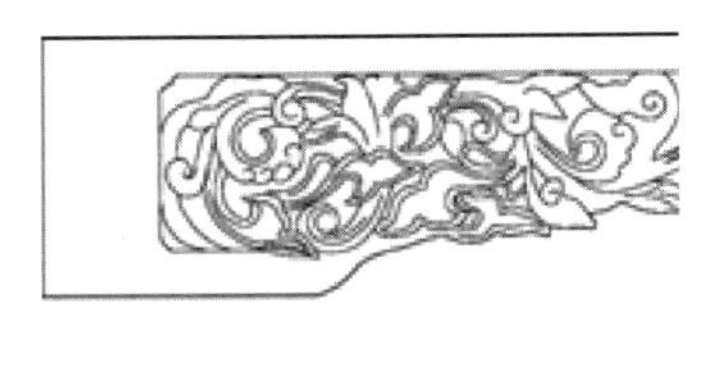

图 2-63 山东常见雀替测绘大样

2. 挂落

挂落是外檐用于分隔室内外空间的构件，主要起拉结檐柱、装饰立面的作用。挂落与雀替相比，虽然两者在工艺做法上相似，但挂落的体量更大。山东的挂落多采用双面透雕的工艺，装饰内容有花草图案、几何纹样等，尤其在菏泽地区，当地喜用菊花、牡丹、莲花等图案作为雕刻主题（图 2-64）。

图 2-64 挂落常见木雕样式

3. 走马板

走马板，又称“门头板”，属于外檐装饰的构件之一。山东地区有浮雕和透雕两种做法，题材以花鸟、植物为主，如付庙村的张居正故居的走马板以镂空的雕花板做成，刻有菊花纹样，庄重大气，暗喻了主人的高风亮节（图 2-65）。

图 2-65　张居正故居院门走马板

4. 木楼梯和木楼板

山东地区的多层或有隔层的传统民居建筑往往使用木楼板，且在室内有直接通向屋顶的木楼梯。木楼板的构造形式有三种：主次梁结构；只有主梁的结构；主梁上立砖垛，其上架次梁。

表 2-4　木楼板构造做法

类型		剖面图	现状绘制
主次梁楼板	刘韵珂故居	木楼板 次梁 主梁	
主梁楼板	前王庄民居	木楼板 主梁	
主次梁+砖垛	金乡县满氏民居	3.290二层室内地坪 ϕ100 2.560横梁下皮	

5. 匾额和楹联

在山东地区，匾额一般在身份独特之人的宅邸大门、正房和民间宗祠的中堂、后堂建筑中使用，主要彰显房主人的特殊身份或用于发扬宗族的文化。匾额上刻有特殊意义的文字，如家祠中常使用宗族的家规或有警示意义的词语，以教化后人，营造祠堂建筑的空间氛围。此外，泗水的王家庄村家家在大门外悬挂楹联，形成了独特的楹联文化。楹联内容以对仗诗句为主，表达了人们对美好生活的期盼。

6. 木构件的彩画油作

山东地区宗祠的梁枋、雀替、椽头常做彩画装饰，民居中的彩画颜色淡雅，以青绿为底色，题材以简单的花草、几何图案为主，而宗祠建筑的彩画主题反映了当地的人文特色，如梁氏宗祠的中堂梁坊上以二十四孝为题材的彩画体现了中国传统孝道文化。

2.4 传统营造技艺的绿色技术追溯

2.4.1 传统建筑的绿色策略

中国传统建筑是建立在独特生态观基础上的，以居住建筑为主体可归纳出三个基本性质：一是中国传统的人居环境，形成一个内向（即不借助外界供给自行良性周转）自活系统，并依此而持续发展；二是中国传统的人居环境生态系统，是一个多层次的系统结构模式，即所谓自给自足；三是周而复始，循环往复的系统作业，即一种朴素的生态观。

中国古代传统营造中的朴素自然观，曾创造了宜人的人居环境，城镇、建筑、园林是一个有机整体。城镇的选址依托大自然，而城镇中的水网系统充分利用水系，沿主要水系形成绿色地带，都城按不同方位建成的皇家坛、庙皆有大片绿地林木，城中官衙、民居的合院以至私家园林也有绿化及水系布景。

图 2-66　江西婺源村落景观

若从整体的生态观出发，考察建筑所处的环境及其所在生态系统的产生和发展的过程，可能对我们设计的建筑及环境进行较恰当的定位，才可以较深刻地认识和理解建筑及生态环境的基本特性，并由此真正把握建筑的历史特征和时代特征。生态观在技术层面上较之传统的设计观念更提倡尊重自然、顺应自然，要求建筑师以可持续发展的眼光对待建筑设计。

表 2-5　传统设计观和整体生态设计观的比较

比较因素	传统设计观	整体生态设计观
对自然生态秩序的态度	以狭义的“人”为中心，强调人类对自然环境的征服与改造	把人视为生态系统的组成部分，强调人与生态环境的和谐共生关系
对资源的态度	对资源的有效利用和再生利用不够，忽视过度开采资源对生态环境的影响	考虑降低能耗、资源的重复利用及生态环境保护
设计依据	依据建筑的功能、性能、经济成本及传统的建筑美学观念来设计	依据环境效益和生态环境指标及建筑的功能、性能、经济成本来设计
设计目的	以人的需求为主要设计目的，达到建筑环境的舒适与愉悦	改善人类居住与生活环境创造自然、经济、社会的综合效益
施工技术或工艺	在施工和使用的过程中较少考虑材料的回收利用	考虑建材是否可拆卸、易回收，是否产生毒副作用并产生最少的废弃物

建筑学是一门综合性的应用技术科学，同时在某些特定的条件下具有强烈的审美艺术要求，它与社会、自然、文化、技术等条件有密切联系与相互制约的关系，建筑与其背景条件不可分离。中国传统民居显著反映出建筑与自然生态条件及社会生态环境之间的关系。如适合干爽气候的合院式民居与适应闷热气候的厅井式民居的实际分布地区与当前建筑气候分区区划十分一致，充分表现出建筑与地域气候的密切关系。闽粤沿海多雨多风，故当地民居出檐小，或不出檐，四周墙身矮，瓦面上压砖块或石条，转折处的瓦项须坐灰；而福建土楼的出檐比较深远，起防雨遮阳作用；天津沿海民居以草束覆盖土墙面，称“蓑衣墙”，目的是防止飘雨损坏夯土墙；青海庄窠屋面上升起的“女儿墙”是为了防风；喀什民居的敞廊、傣族民居的前廊等都是为了解决夏季乘凉与家务活动。至于受各地区地质、土壤、植被条件的影响而采用不同的地方材料及结构方式建造的民居更是不胜枚举。

2.4.2　传统营造技艺的绿色建筑技术

2.4.2.1　传统建筑的绿色特色

我国幅员辽阔，同一建筑体系中各地区的建筑无论是建筑形式或结构方法，因环境、气候、材料的不同，对建筑的影响很大，形成了各具特色的地方建筑。其中具有典型地方文化、气候、生态特征的建筑类型主要有：

1. 华北四合院

这一古老的建筑形式，以其独特的魅力在中国建筑史上占据一席之地。四合院的四周被房屋或墙垣紧紧环绕，构建出一个南北稍长、左右对称的矩形封闭院落，中庭开阔，给人一种宁静而深邃的感觉，这种建筑形式不仅美观实用，还蕴含着丰富的文化内涵。四合院的分区明确，各部分功能齐全，既便于家庭成员之间的相互联系，又保证了空间的私密性。此外，四合院还具有出色的采光、遮阳、挡风、防沙等功能，充分体现了古人对居住环境的细致考虑。在北京，四合院民居尤为典型。它们通常由三间正房和庄重的黑漆大门组成，是伦理观念、民俗礼教的实物载体。在四合院的封闭空间中，主仆分明、长幼有序、尊卑有别的观念得以体现，彰显了中国传统社会的秩序与和谐。值得一提的是，虽然古代建筑受到“礼”的制约，但自然观的影响同样深远。以老子为代表的自然观强调与自然的和谐共生，这种观念在一些建筑中得到体现。这些建筑巧妙地利用自然元素，打破了传统的规则束缚，为人们提供了回归自然、追求片刻宁静与欢愉的空间。在传统建筑装饰中，人们追求个性的无拘无束，力求展现“丰富完满之美”“空灵脱俗之美”及“天人合一”的意境美，图案设计寓意吉祥。这种独特的建筑美学是中国传统建筑文化的精髓。

2. 东北暖屋

鉴于东北地区常年的高寒气温，建筑必须达到防寒保暖的要求，通常做法为墙壁与屋面较厚，层高较低，室内设有天棚；北向开窗较少，主要开启南向大窗以利采光且安装双层窗。房屋间距较大，利于日照；室内一般设火炕、火墙或火地采暖。

3. 西南山屋

由于西南地区山峦叠嶂、江流湍急，大面积的平地较少，于是当地居民依山就势，巧妙利用地形，创建出型制多样的典型山区节地建筑，呈现出高低起伏、上下错落，生动轻快的人与自然和谐统一的整体美。主要特点表现在：巧妙利用地形，将建筑嵌于环境中，如重庆吊脚楼，山崖成为建筑空间的界面，建筑成为岩体的支撑，相偎相依，堪称完美一体；建筑与环境彼此交融，将建筑置于优美的自然环境中，又将自然美引入建筑，如川西平原的民宅常用竹林围合户外活动空间；把自然物（如山、水、石）作为建筑构图的有机组成部分，如泸州朱德纪念馆内的水池与古树的不均衡处理与点缀；有意识地保护自然环境所呈现的特殊效果，如参天大树从房中伸出，泉水从宅院流出，古井设置于院内；地方材料的合理运用使建筑犹如自然界的产物。

4. 江南水乡

长江中下游以南地区为适应雨季较长、夏日炎热的气候，建筑构造上多采用坡度较大的屋面以利排水，挑出较深的檐口便于遮阳，使南北对应的门窗形成通风；住区内建筑利用山墙形成冷巷，是夏季通风成压的天然“机械”；建筑总体规划与河道纵横的水网体系相得益彰，城市沿河流布局、村庄傍支流而建，民居临河依水，白墙黑瓦，与自然环境融为一体，形成别具一格的水乡建筑。

其居住环境的构成表现是多层次的，从城市环境、居住街坊、建筑整体到庭院内井等环境，都进行了精心的规划设计，力求创造优良的高格调的空间环境。建筑整体布局精巧秀雅，建筑造型讲究高低组合、错落有致、起伏生动，并以大空间套小空间，相互依存，形成从外到内、从大到小，多层次亲切宜人的环境脉络。

从更深层次的景观美学角度观察，江南古村落的传统民居聚落还体现了生态、形态和情态三方面的有机统一。其中生态意义在于其“顺应自然，为我所用”或“改造自然，加以补偿”，搞“一村一乡，一户一室”的局部生态平衡和环境保护，而不是一味地掠夺自然。

5. 黄土窑洞

我国西北（主要指山西、陕西、甘肃一带）地区的黄土高原气候干燥少雨，土层深厚、土质优良（黄土直立性好、施工方便），分布着大量的窑洞或窑洞楼建筑。厚厚的土层具有较好的热惰性，可以起到隔热保温的作用。根据自然条件创造的窑洞式住宅分为靠崖窑和天井窑两种形式。

6. 亚热带干栏建筑

在黔东南、桂北、云南等亚热带地区气候多雨潮湿、虫草遍生，又盛产竹木，于是适应气候特点的干栏式穿斗架木楼建筑迅速发展起来。这种独立式楼房，采用竹木构成骨架，以竹干为墙底层架空，四周空敞，人居于楼上，干爽舒适。

7. 客家围屋

因历史缘由形成的客家围楼，外部墙体为抵御外族入侵，封闭厚重，看似与当地气候环境冲突，而内部的围合式天井布局却在具有多种功能的同时，形成了良好的环境气候。从广东梅州一带到福建永定地区（如南靖县田螺坑土楼建筑群）分布的大量各种形式的客家土楼，堪称中国传统民居的生态典型。

传统建筑在节能设计上展现卓越的智慧，主要采取了多种被动式节能措施。为了保持冬季室内温暖，它们利用墙体厚度和密闭性进行保温，减少热量散失。同时绝热材料可用来减少热量通过建筑围护结构的传递，并维持室内温度的稳定性。此外，密闭性设计防止冷风渗透，增强了建筑的保温效果。在夏季，遮阳措施和阳光室的设计则用来遮挡太阳辐射，防止热量进入室内，自然通风也被巧妙地利用，通过空气对流和循环，使室内温度分布均匀，并带走有害气体和热量。夜间通风利用凉爽空气降低室内温度。屋顶覆土技术通过吸收或释放热量来调节室内温度，晒水降温和除湿分别通过加速蒸发和使用吸湿材料来降低温度和排除潮湿空气。在采光方面，传统建筑通过屋顶和侧窗合理引入自然光，同时利用导光板和散射板使光线深入室内较深的区域，确保室内光线均匀分布。这些被动式节能措施共同构成了传统建筑节能设计的核心，使其在与自然环境的和谐共生中实现能源的高效利用。

2.4.2.2 传统的太阳能应用

在太阳能利用方面，现代建筑更偏向于主动式太阳能建筑。这种建筑类型集成了太阳能采热器、风机泵、散热器和储热器等组件，形成了完善的采暖系统，或与吸收式制冷机组相结合，形成高效的空调建筑。相对而言，传统建筑在太阳能应用上主要依赖于被动式设计。这涉及建筑物的朝向、方位、内外形貌和结构，以及建筑材料的选择。通过这些设计元素，传统建筑能有效地采集、储存和分配太阳能，为室内创造温暖明亮的环境。具体来说，实现方式有以下几点：

建筑物的朝向：在我国，传统民居对朝向非常重视。北方地区的民居通常以南墙作为主要的采热面，南窗面积较大，而东、西、北向墙较少开窗，以最大化地利用太阳能。

表面颜色：传统建筑在颜色选择上也体现了对太阳能的利用。在寒冷地区，建筑外表面通常选择深色，以更好地吸收热量；而在阳光强烈的地区，倾向于选择浅色，以减少太阳辐射的影响。

采光设计：在建筑布局中，南向建筑间距得到了充分的重视，以确保良好的采光效果。此外，从采光角度看，传统院落布局中的天井，可以被视为一个采光井，进一步增强了室内的采光效果。

2.4.2.3 传统建筑的能源消耗策略

1. 运转耗能

传统建筑在能源消耗上展现出了低碳特性。它们无须依赖复杂的设备系统，而是巧妙地利用自然能源来维持其日常运转。在辽阔的北方地区，建筑主要依赖太阳辐射热进行供暖。而在更为寒冷的区域，人们采用火炕这种简单且经济高效的方式取暖。火炕与灶台相连，不仅能利用做饭时的余热，还极大地节约了柴草资源。另一种采暖方式是火墙，其双面散热的设计确保了室内湿度的均衡。

当谈及传统民居在通风降温方面的智慧时，不得不提到烟囱效应。烟囱的拔风作用使室内的烟雾能有效排出，无须依赖机械方式。建筑师们巧妙地利用这一原理，不仅改善了室内空气质量，还实现了通风降温的效果。在我国，这种智慧的应用随处可见，如四合院中的细高天井、新疆的土拱住宅及蒙古包等，都是利用烟囱效应进行通风、降温和排烟的典型范例。

在利用自然风方面，采用门窗对开、窗窗对开，形成穿堂风，并尽量利用季风、主导风和地形风，如江南地区由于夏季湿热，房屋一般高敞开明，墙身薄、出檐深、门窗通畅、房屋进深大，有的屋顶还采用双层。而华南一带的筒子屋，在适应地段条件的同时，采用狭小的天井组织空间，配以乔木以减少日照。在局部形成一些阴凉地，利用冷空气停滞原理，在炎热的气候中形成局部宜人的阴凉地带。

2. 多样的围护结构

传统建筑在围护结构方面表现出相当大的灵活性，从南方热带干栏式建筑的竹墙到江南民居可开启的落地窗、木板墙、较薄的墙直至东北地区厚实的土墙，其围护结构的变化情况，可以十分恰当地反映我国各地的气候变化情况，同时也说明我国传统建筑对环境的适应程度。

3. 绿色建材

传统建筑所用建材主要有石材、木材、土砖、竹、草等，这些基本属于天然建材，它们在制造和使用过程中，对地球环境负荷相对最小，可以称之为绿色建材，中国传统建筑对这些生物材料的使用最突出，并占有重要地位。比如干燥的草（茅草、稻草、麦秸等）是一种很好的保温隔热材料，从环境角度来讲，草和木、竹都是生物材料，主要用作铺屋面。这些材料在生态系统的物质循环中，都是绿色植物的产物，其必将被分解、还原于环境。

这些材料在建筑中的利用，对生态系统的物质循环没有任何影响，只不过是把原来在自然环境中完成的循环过程放到建筑物中进行。

2.4.2.4 传统建筑防灾的生态策略

中国古人以其卓越的智慧和创造力，构建了独特的建筑防灾文化，不仅成就斐然，而且充满了生态智慧。他们巧妙地运用多种设计手法和技术措施，融入了大量的生态策略，使古建筑在面对自然灾害时展现出强大的抵御能力。这些古建筑不仅是中国传统文化的瑰宝，更是古人对自然环境深刻理解的体现。他们深知与自然的和谐共生之道，因此在建筑设计中融入了许多顺应自然、利用自然的理念。这种基于自然资源的建筑设计方法和策略，不仅使建筑本身更坚固耐用，也体现了古人对生态环境的尊重和保护。随着全球气候变化和环境问题的日益严峻，进一步发展和传承这种传统的建筑防灾文化显得尤为重要。当代建筑师肩负着紧迫的历史使命，他们需要不断探索和创新，将传统的建筑防灾文化与现代科技相结合，发展更加环保、可持续的建筑设计方法和策略。这不仅是对古人智慧的传承，更是对未来生态环境负责。

1. 防洪防涝

古代建筑和村镇城市形成了一整套防洪避水的经验和措施：

1）居高以避水患。中国先民常居住在人工铸造的台墩上，即聚土积薪，如春秋战国之际兴起的高台建筑，防洪是主要功能之一。

2）建城选址，注重防洪。选择地势较高之处建城，可以减少洪水灾害，其他经验还有河床稳定，城址方可临河。在河流的凸岸选址可少受洪水冲刷，以天然岩石作为城址的屏障等。

3）规划建设城墙堤防系统，防止洪水侵入城内。

4）规划建设古城水系，以蓄洪排涝。

5）设计建造适洪建筑。比如，长江流域盛行的干栏式建筑，是一种下部架空的建筑形式，楼板离地，人居其上，可避水，其实就是平原低洼、湖沼地区的一种适洪建筑。又如广东德庆学宫大成殿，在重建时采取了加高台基、设置花岗石门槛等措施，历经多次洪水冲击浸泡，至今完好无损。开封铁塔（祐国寺塔）也是一个我国古代防洪涝灾害建筑的典范。

2. 防火防雷

在与火患的长期斗争中，中国古人创造了独树一帜的中国古代建筑防火文化和防火措施。在民居建筑中，厨房、火塘、灶等决定着“火源”的位置，有着不同的处理方式和位置安排：北方四合院的厨房多设于后部的西北角落，柴薪煤炭需从后门进出，忌在东、南各部位设火源，以为不吉。西南地区一些少数民族的习俗中有火塘崇拜，火被视为神圣之物，有驱鬼的作用，民居多以火塘为家庭中心，靠近火塘的位置是最尊贵的，惟长者和宾客方能居之。而粤中民居建筑，一般后部不设门，由于其受到建筑面积的限制，灶间位于起居空间前，面向天井，且不忌东西方向、对户外也不开窗。由于灶间与厅堂相距很近、甚至厅与灶相连，便于关照，加之地区的气候湿润多雨，不必过于担心失火。

1）单体建筑的防火措施

尽量用非燃材料取代易燃材料，采用封火山墙和封护檐墙，木构件涂泥以防火，重视灶台和烟囱的防火设计等。

2）建筑组群的防火措施

以紫禁城为例，前三殿、后三宫等主要建筑群都独立成院，并具有一定的防火距离，这相当于防火分区的划分。各独立建筑组群间以高墙分割，各工区都设有火道、火巷，利于防火隔断和安全疏散。宫内还设有水沟、水池、水井、水缸等，以备水防火，外有城池保护，可防火攻。

3）建筑防雷措施

以石砌室，可避雷防火；金属塔刹也有防雷的作用；铜殿式铁塔建筑可避雷电，为屏蔽式防雷。

3. 防震抗震

1）单体建筑体形简单，利于抗震

我国古代建筑单体平面多以矩形、方型、八角形或圆形为主，复杂的建筑多由这些单体建筑以四合院形式组合而成。地震时，各单体建筑间有一定距离可避免相互碰撞，利于抗震。

2）中国传统木结构体系为最佳柔性抗震结构体系

① 斗拱是仿人体骨骼结构而创造的有机抗震构件；

② 内外槽两圈柱子的套框式梁柱结构有利于抗震；

③ 柱子的侧脚有稳定结构的作用；

④ 殿阁式结构的每两层间有一平座暗层，在这一层的内外柱间加斜向支撑——斜戗柱，增加其刚度，以利于结构抗震；

⑤ 楼阁内槽金柱使用通柱到顶，有利于抗震；

⑥ 屋盖抗震中庑殿和歇山屋顶防震性能好；

⑦ 多层楼阁楼板及楼板梁起横向加劲作用，增强了抵抗水平力的能力；

⑧ 传统木构的额枋、普拍枋、雀替、地袱、抹角梁、递角梁、穿插枋、攀间等，都能加强结构的整体性，从而增强结构的抗震能力。

3）砖石砌体和结构的抗震

① 圆形平面利于抗震，如嵩岳寺塔的平面就接近圆形；

② 塔身逐层向上收分，层高则向上逐层缩小，这种体形利于抗震；

③ 有的砖塔外圈加砌了砖塔心，形成双砖筒结构；

④ 砖塔开窗较少，增强了结构的整体性；

⑤ 石拱均用纵向并列式砌筑法，其整体性好，如河北赵县安济桥；

⑥ 为防止山尖掉落，硬山和悬山顶的建筑厚墙只砌到大梁以下。

4）地基工程防震上的积极措施

① 相地选址；

② 坚硬地基利于砖塔抗震；

③ 用夯实、打桩、加筋等方法改良地基；

④ 古建筑与基础用铰接方式，把基础搁置在基石上。

4. 防风

1）规划布局的防风措施

① 藏风聚气、高下适中的选址原则

地理环境是对建筑和城市造成洪灾的主要因素，“左青龙（东有河流），右白虎（西有大道），前朱雀（南有平地或池塘），后玄武（北有高山）”的贵地为其理想模式。这种布局冬日可屏朔风，夏日可纳凉风，起到较好的屏风性和纳风性。

② 墙为防风屏障

沿海的卫城及民居中的围墙都是很好的防风措施。

③ 树林和竹林有明显的防风作用

古代在城市、村镇、大道两边和河堤上植树，形成了天然的绿色防风屏障。

④ 递层高密度的群体布局利于防风

古代建筑的院落式组合平面呈展开状，联单体为整体，建筑之间有一定的相互遮挡，利于防风。

2）民居的防风措施

① 建筑形体与平面组合

中国民居类型不一，在防风处理上各具特色：毡房和蒙古包土房是草原理想的建筑防风体形，客家圆形土楼的防风效果也很好，海南黎族“船形屋”的低矮、弧形体型可减轻台风的压力，大理白族民居用“三房一照壁”形式四面围合，防风效果良好。

② 民居结构的防风措施

通过加强木结构自身的刚度和稳定性，降低房屋高度，将木结构与砖土石结构相结合等方式增强防风性能。

③ 民居屋顶的防风措施

主要措施有采用悬山、硬山等合理的防风屋顶形式；屋顶较平缓，高跨比合理；重点保护檐口屋顶；增加屋面质量与整体性；加固门窗并设置照壁、屏门、屏风；设防风避难室等。

3

乡村建设工匠的演变

3.1 传统建筑工匠

3.1.1 传统建筑工匠的由来

我国民间传统建筑工匠是伴随着人类的居住和改善生存环境的需求而发展起来的。起初，平民百姓为了满足生存的需要，会在周围邻里的帮助下盖房，在这个过程中，天赋异禀、技术突出的手艺人脱颖而出，慢慢成为专门的建筑工匠。春秋战国时期的鲁班是民间建筑工匠的杰出代表，素有“工巧之人”“建筑工匠之祖”之称，鲁班发明、鲁班文化、鲁班精神促进了传统建筑工匠队伍的壮大，推动了传统建筑工匠技艺的发展。由于手工业与社会发展的需求，工匠技艺可以维持生计，因此，建筑工匠得以延续和发展。工匠技艺世代相传，不断地革新，也推动着建筑的进步。

唐宋时期的营造技艺已有细致的分工，如石、大木、小木、彩画、砖、瓦、窑、泥、雕、镟、锯、竹作等，至明清时期，技艺更细分为大木作、装修作（门窗隔扇、小木作）、石作、瓦作、土作（土工）、搭材作（架子工、扎彩、棚匠）、铜铁作、油作（油漆）、画作（彩画）、裱糊作等。明清宫廷的建筑设计、施工和预算已由专业的“样房”和“算房”承担。传统营造行业以木作和瓦作为主，是集多工种于一体的传统建筑行业，具有典型的集体传承形式。在营建前期，一般由木作作头（大木匠、主墨师傅）与东家（业主）商定建筑的等级、形制、样式，并控制建筑的总体尺寸。在营造过程中，一般以木作作头为主、瓦作作头为辅，作为整个施工的组织者和管理者，控制整个工程的进度和各工种间的配合工作。各工种的师傅和工匠各司其职、紧密配合，保证工程有条不紊地进行。从开始的“定侧样”“制作丈杆”到木作、瓦作、石头作等完工进行油漆彩画，整个施工工艺流程由作头指挥管理，整个传统营造工艺已发展为成熟的施工系统和比较科学的流程。在此基础上，现代工种进一步完善，扩展为钢筋工、精细木工等众多工种。各专家学者分别从工匠派系、合作模式、口诀要诀、尺系手风、传承现状、传授方式、励匠机制、工艺传播途径等方面探索了传统建筑技艺的匠人文化。

中国匠师在营造过程中积累了丰富的技术经验，在材料选用、结构方式、模数尺寸、构件加工、节点及细部处理、施工安装等方面都有独特、系统的方法，同时有相关禁忌和文化仪式的要求。从建筑技艺构成来看，营造技艺具有典型的集体传承性质，不同的工种，不同的工序共同组成了营造技艺的整体，保护技艺不仅要保护各个单项技艺的特殊价值，还应该特别注意保护整体的内部组织关系和运营方式。宫殿和庙宇是中国传统建筑的重要内容，这类官式建筑一般由专业工匠建造，图纸只有外观和尺寸，其构件、模数尺寸与装配方法等均靠工匠的传习和口诀来实现，以师徒之间“言传身教”的方式世代相传。以家族为单位的民居的建造多就地取材，由工匠、家族成员和乡邻好友按习惯作法建造。中国传统木结构建筑营造技艺始终处于承传与变化相交织的发展进程中，宋代的《木经》《营造法式》、清代的《工程做法则例》和现代的《营造法原》都是对上述相关内容阶段性、地域性的专业记录和总结。

3.1.2 传统建筑技艺的传承者

3.1.2.1 传统建筑技艺的“匠意”传承

传统建筑中的“意匠”精神是“建筑意”与“工匠精神”的结合。其中，“意”所蕴含的是一种深邃的精神内涵。这种“建筑意”并非单纯的“诗意”或“画意”，还折射出了历史记忆、审美判断等。从客观层面看，“建筑意”体现在天然材料经过匠人的巧妙构思与精湛技艺，赋予建筑以生气和意境。而从主观角度看，“建筑意”能在观者的内心激起一种特殊的精神共鸣，这种共鸣源于心灵的愉悦和对文化的认知。

“意匠”精神中的“匠”代表着匠人精神。在中国传统文化中，匠人一直扮演着举足轻重的角色。匠人精神是对技艺的追求与精进，是对完美的执着与坚持。然而，在现代建筑设计中，随着机械化、标准化和批量化生产的盛行，匠人和匠心逐渐被忽视。这种缺乏文化性和工匠精神的建筑，往往显得苍白无力、缺乏灵魂。

“匠意”传承强调传统建筑元素的精神价值，正是因为现代建筑需要传承和发扬传统文化的精髓，需要工匠精神的注入。传统建筑元素不仅是工匠智慧的结晶，更是东方智慧的体现。然而，在现代中国建筑界，工匠精神已经逐渐模糊。建筑师们往往缺乏一种执着、负责的态度，对细节的追求也大打折扣。这种“差不多主义”导致了现代建筑设计的创新能力不足，影响力有限。

政府工作报告中提到要鼓励企业培养精益求精的工匠精神，这无疑是对传统建筑元素精神价值的一种认可。在经济发展到一定阶段后，对于高品质、有文化内涵的产品需求愈发强烈。因此，传统建筑元素在现代建筑设计中的运用，需要建筑师们具备匠人精神和匠心心态，将传统智慧与现代设计相结合，创造出既有文化底蕴又具有创新精神的建筑作品。

3.1.2.2 传统营造技艺在现代建筑的体现

中国当代建筑主要依赖于钢筋混凝土浇筑的梁柱支撑框架，而中国古建筑则以榫卯结构为核心的木构框架为主。榫卯，这一在中国建筑史上占有重要地位的结构方式，或许很多人并不熟悉。简言之，榫卯结构无须钉子，仅凭木材间的巧妙咬合，便能构建出坚固耐用的建筑。其独特之处在于，它不仅能承受巨大的内部荷载，还能在一定范围内发生形变，以应对外在的地震或其他压力。这种形变能吸收并分散部分外力，有效减轻结构所受到的影响。

令人遗憾的是，尽管榫卯结构拥有如此多的优点，它在国内的现代建筑领域却往往被忽视，导致这一精湛的工艺技术逐渐失传。

对于中国和世界而言，传统建筑工艺无疑是一笔宝贵的财富。面对这一传统元素和工艺的危机，我们应该自觉行动，加强对传统工艺技术的保护和传承。国家应提供相应的支持，而建筑师们则应深入研究这些传统技术，让它们与当代建筑设计相互融合、相互促进。

如今，建筑师们领悟到传统营造技艺无可估量的价值，并在现代建筑设计中巧妙地融入了许多传统建筑的精髓。

在建筑选址上，现代建筑师深受传统风水学启发，倾向于选择向阳的地段进行建设。他们精心规划建筑的朝向和间距，以确保能够获得更多的日照。这样的设计不仅有助于避风建造，减少热损失，还努力避免“霜冻”效应，使建筑更宜居。

在建筑布局方面，现代建筑借鉴了传统建筑注重与地形环境相协调的理念。他们通过创造诸如中庭、内庭院、回廊式和室外游廊等多样化的空间形式，努力优化微气候，并建立起气候防护单元，以实现节能目标。这种布局方式不仅传承了“嘉则收之，俗则屏之”的传统手法，还巧妙地运用了传统建筑元素和设计手法，使现代建筑更具特色和魅力。

在建筑形态上，现代节能生态建筑注重与气候环境的适应性。它们追求体型系数的最小化，同时确保在冬季能接收更多的辐射热，并对避风有利。建筑师们会综合考虑冬季气温、热辐射强度、建筑朝向、围护结构、保温状况及局部风环境等因素，以优化整体设计。

此外，现代建筑还注重建筑间距的规划，以确保室内能够获得足够的日照量。合理的建筑间距不仅有助于引进阳光的热源和光源，还能够保持建筑的私密性和舒适度。

在建筑朝向的选择上，现代建筑师会综合考虑多种因素，包括冬季的阳光照射、夏季的通风情况、当地的主导风方向等。他们致力于创造既节能又舒适的居住环境，同时尽量减少对可耕、可绿化用地的侵占，并与整体规划和建筑组合的需求相协调。

同时，现代建筑还致力于改善建筑物的保温隔热性能，包括墙体、门窗和屋顶的节能设计。此外，供暖系统的节能技术、照明节能技术、节水节能技术等方面的应用也日益广泛。这些技术的应用不仅有助于提高建筑的能效和环保性能，还进一步推动了传统建筑工艺与现代技术的融合。

最后，现代建筑还积极推广应用新型环保、适用经济的节能建筑材料。这些材料借鉴了传统建筑合理利用天然资源的理念，旨在减少构件使用量、延长建筑使用寿命，并促进建筑行业的可持续发展。

现代建筑师通过融合传统建筑智慧和创新技术，成功地将传统营造技艺的宝贵价值融入现代建筑设计中。这种融合不仅使现代建筑更具特色和魅力，还推动了建筑行业的进步和发展。

3.1.3 传统建筑工匠的营造团队

3.1.3.1 大木匠师

传统建筑木作工艺主要分为大木作和小木作两大类，相应的工匠分别称为“大木匠”和“小木匠”。然而，在民间实践中，这两种工匠的界限并不总是那么明确。很多工匠都能灵活转换，既擅长大木作也精通小木作，甚至包括制作精细家具的工作。有些工匠在跟随师傅学习大木作后，因找不到相关工作而转行制作家具，但随着文物建筑修缮需求的增加，他们又重回大木作的行列。

在季节性变化中，一些在本村本乡工作的匠师会根据天气调整工种。比如，在雨水较多的春夏季节，他们主要制作家具，而在雨水较少的秋冬季节则专注于房屋建设。

尽管大木作和小木作在某些方面有共通之处，但它们在工艺特点上仍有显著差异，这意味着并非所有民间木工匠都能轻松驾驭两者。通常情况下，擅长大木作的师傅也能胜任小木作，但专注于小木作的师傅在大木作方面可能会感到吃力。这主要是因为大木作的工艺更为复杂，同时工具的使用也是一个重要因素。“大木匠的斧，小木匠的锯”，传统营造中的柱、梁、檩、枋等大木构件都离不开斧子的精细加工。然而，“三年斧子两年锛”，斧子是一种难以掌握的工具，许多小木师傅无法灵活而准确地运用它。现代的年轻人更是很少使用斧子，他们更倾向于使用电锯和电刨等现代工具。

在浙江东阳地区，大木作被称为“二木作”或“中木作”，这种称呼强调了“中”的重要性。所谓“大木不离中，小木不离边”，这意味着在大木作中，中线是关键，只要控制好中线，师傅们就能准确拼合各种弯料。

3.1.3.2 把作师傅

在大木匠师中，最关键的角色是领班师傅，他们在不同地方被尊称为“把作师傅”“把头师傅”“做头师傅”“当首师傅”或“头首师傅”。在浙西和浙南地区，营造房屋的工匠通常被称为“老司”，其中专注于大木作的是“大木老司”。领头的“大木老司”被尊称为“把作老司”“掌墨老司”或“画墨老司”。由于大木作在整个建房营造中占据核心地位，不仅耗时最长，还涉及最多的人力，有些地方直接称大木老司为“老司头”或“班头”。

能够胜任把作师傅这一职位绝非易事，这一角色需要工匠具备全面的能力和卓越的素质。被采访的当首师傅们经常提到脑子的重要性，这意味着他们需要拥有灵活的头脑和出色的记忆力，以便准确记住所有尺寸和样式，不容有失。正如楠溪江的歌谣所唱：“大木老司手艺精，手控丈杆量得清。曲尺木斗线弹准，墨画梁柱分寸明。”

把作师傅的主要工作并非直接进行构件的加工制作，而是涵盖设计、配料、选料、画丈杆、画墨等重要环节，并负责分工安排、施工指导及解答疑惑。他们手持的测量和画墨工具，如寻、引、规、矩、绳、墨，都是他们精湛技艺的见证。这些技能往往让其他大木师傅望尘莫及，展现出把作师傅“舍我，众莫能就一宇”的气魄。

此外，把作师傅还需具备出色的领导才能。他们手下往往有数人至数十人的团队，为了维持团队的和谐与高效，他们必须掌握一定的管理技巧。有些把作师傅身先士卒，除进行脑力劳动外，还主动承担各种体力劳动，而有些更像军师，主要负责选料画墨和指挥。无论哪种类型，成功的把作师傅都具备过硬的技术、敏锐的洞察力和令人信服的人格魅力。他们不仅要解决技术问题，还要处理人际关系。在技术层面，他们需要了解每个工匠的特长和短板，合理安排工种，确保工作顺利进行。同时，他们还需要赢得团队的尊重和信任，以达到高质量和高效率的工作目标。因此，有胸怀、有器量、懂得宽容的把作师傅是建筑营造成功的关键之一。

3.1.3.3 营造队伍的组织

传统的营造业，往往由一名资深把作师傅引领数名至十数名工匠，组成小型的营造团队承接工作。这些团队层次分明，包括把作师傅、熟练的大木师傅、半作师傅（学徒期满但仍跟随师傅的工匠）、徒弟（正在学徒期的年轻工匠）蛮工（从事杂务的小工）。过去，学徒需要跟随师傅学习三年而无薪酬，之后三年虽有工资但相对较低。学徒完成这六年的学习后，无论选择独立工作还是继续跟随师傅，都能获得正常的工资。

与过去的严格规矩相比，现今的学徒制度已大为宽松。大多数匠师并未完成完整的三年学徒期，而且在学徒期满后仍以低薪跟随师傅工作的也寥寥无几。现代的营造团队通常仅包括把作师傅、一般的大木匠师和蛮工，半作师傅和徒弟的角色几乎消失。

在浙江地区，这种由把作师傅带领的小型营造团队仍然存在，但数量正在减少。他们通常在把作师傅的家乡附近工作，因其卓越的技术和良好的口碑而得到工作机会。这些团队所承接的任务大多是民间集资的庙宇、祠堂的新建或修缮工程。团队成员多为本乡本土的匠师，他们长期合作、默契十足。

目前，浙江的多数营造队伍已由正规公司管理，主要分为两种类型。一种是小型公司化团队，主要由当地匠师组成，工作范围也主要在当地，团队的管理者负责找项目、采购材料及发放工资，与把作师傅的联系尤为紧密。另一种是大型古建筑公司，如浙江省临海市古建筑工程有限公司、杭州市园林工程有限公司、浙江省东阳市方中古典园林公司等。这些公司与大木匠师的关系较为松散，并非固定员工。公司非常重视与把作师傅的合作，尤其是在工匠数量减少、经验丰富的把作师傅更为稀缺的情况下。

此外，浙江还出现了行业协会这种组织形式。过去的同乡匠师会成立营造行会，如“浙宁水木公所”。永嘉县古建筑协会是目前浙江省发展较好的协会之一，它是一个民间组织，工匠师傅每年缴纳会费，协会提供工程介绍、培训及质量管理等服务。尽管存在不同的组织形式，但大木营造的核心依然是把作师傅和他的工匠团队。

关于营造团队的规模，通常根据项目大小和工期长短来确定。对于把作师傅来说，并不是团队规模越大越好。中小工程一般为 5～6 人，人数过多可能导致成员之间沟通不畅，增加工作难度。因此，把作师傅需要根据工程实际情况来合理安排团队成员数量。

3.1.4 传统建筑工匠的传承

3.1.4.1 传统营造技艺的传承方式

中国传统木结构建筑营造技艺的传承主体为工匠，他们在漫长的历史长河中世代相传，积累了丰富的技术和经验。在古代社会，建筑行业并未受到足够的重视，工匠们大多隶属于官办或民办的作坊。然而，正是这些工匠的辛勤劳动和智慧，铸就了中国古代建筑的辉煌成就。

古代的工匠制度反映了建筑工程中的生产关系。在封建社会前期和中期，官营手工业在建筑生产中占据主导地位，而城乡和私人手工业的发展则相对分散。官营手工业通过大规模征调劳动力，集中了民间的优秀工匠。这些专业匠师被编入匠户，子孙世袭其业，确保了技艺的传承和延续。清代早期，北京陆续成立了规模不等的木厂，它们相当于现在的私营古建公司。这些木厂承担了皇家建筑的施工任务。在这些木厂中，兴隆木厂规模最大，技艺最为精湛。所有木厂都涵盖了八大作的工种，包括瓦作、木作、搭材作、石作、土作、油漆作、彩画作和裱糊作。在中国古代，工匠的社会地位并不高，这与中国传统文化中“重仕轻工”的观念有关。然而，这并没有阻挡工匠们对技艺的追求和传承。他们通过师徒授受和口诀传承的方式，将技艺世代相传。

传统建筑营造技术被称为“手艺行”，想学到传统技术必须拜师学艺。拜师收徒是一项严肃而庄重的事情，需要通过介绍人的介绍，并经过师徒双方的相互了解和认可。拜师仪式通常在师傅的作坊举行，徒弟要宣读拜师帖，向师傅和祖师表达决心和敬意。师傅会向徒弟赠送寄语和艺名，并介绍给在座的师兄弟和同行们。从此，师徒之间的关系就像父子一样亲近了。学徒期间，徒弟需要跟随师傅学习技艺，并帮助师傅处理家事。学徒时间一般为3～5年，其间徒弟需要勤奋学习、刻苦训练，才能掌握真正的技艺。学徒期满后，徒弟要举办“谢师宴”以表达对师傅的感激，并获得师傅的认可和祝福。在谢师宴上，师傅通常会送给徒弟一套简单的工具作为纪念，寓意徒弟已经掌握了基本的技艺，可以独立承担工作了。匠人的技艺传承主要依靠匠谚口诀，这些口诀是他们在长期实践工作中的经验总结，蕴含着丰富的营造技艺精华。然而，随着现代教育体系的影响和带徒方式的变化，匠谚口诀的传承和传播面临着危机，已经濒临失传。为了保护和传承这些宝贵的非物质文化遗产，我们需要加强对传统建筑工匠群体的关注和支持，促进传统建筑营造技艺的传承和发展。

20世纪以来，中国传统木结构建筑营造技艺遭受了现代建筑方式、材料、结构的冲击，这主要是由于生活方式的演变和西方现代建筑理念的传入。这一变革导致从事这一行业的工匠人数锐减，进而使许多传统技艺面临失传。尽管如此，传统木结构建筑作为一种文化和景观建筑类型，仍然具有特定的社会需求和生存空间，因此在古建筑维修，庙宇、宫殿等仿古建筑的营造中仍有应用。然而，随着全球化和城市化的快速推进，我国的文化生态正在发生深刻变化，文化遗产的存续面临严峻挑战。特别是那些依赖言传身教进行传承的非物质文化遗产，如营造技艺正在迅速消失。许多传统技艺面临消亡的危险，传统建筑营造技艺受到现代建筑思想和建造方式的巨大冲击，日益萎缩。

当前社会，传统建筑营造技艺面临着日渐式微的困境，传承后继无人的现实情况极为严酷和尴尬。曾在我国各个地区、各个民族、各种类型中广泛应用的木结构建筑营造技艺，如今已濒临失传。因此，加强非物质文化遗产保护刻不容缓。

3.1.4.2 传统建筑技艺的传承方式变化

中国传统建筑特色和风格得以延续的核心在于地方传统样式、材料和工艺等匠作体系所构成的营造技艺的延续。在建造前期，中国传统建筑通常只确定功能、外观和尺寸等基本要素，而后续的营造过程主要依赖于工匠世代相传的精湛技艺和营造法则，这些法则往往通过家族或师徒间的"口传身授"得以传承。因此，掌握这些营造技艺的传承人和专业工匠对于保护中国传统建筑至关重要。

学习传统建筑营造技法的学艺方式与传承营造技艺的师承关系模式是相辅相成的。不同匠人间的学艺方式往往会对传统营造技法的传承模式产生深远的影响，而工匠群体学艺方式的转变会直接导致师徒间传统营造技艺传承模式的改变。这种联系在某种程度上关乎着与传统建筑工匠相关的营造技艺的传承与发展。家族传艺、异姓求艺、参与学艺和办学授艺这四种主要类型的学艺方式，是传统建筑技艺传承方式变化的生动体现。

1. 家族传艺

家族传艺是家族成员之间自祖辈传授晚辈的传统建筑技艺传承方式。工匠群体最原始的学艺方式就是以"子承父业"为主要形式的家族传艺。这种较为原始的学艺方式是以家族血缘关系为传承的线索。

此外，早期的匠籍工匠为了避免同行间的竞争，同时受"艺不外传"的封闭思想影响，在匠籍制度完全被废除前的很长一段时间里，工匠间的传统营建技艺传承几乎仅以家族血缘关系为脉络传承。在这种传承方式中，师承关系长期稳定在家族内部男性长幼成员之间，一般来说，主要是通过"父传子""叔传侄""舅传甥"等固定关系自长及幼有序传授。

家族传艺的学习方式在很长的一段时间内确保了早期工匠营造技艺能够代代相传、后继有人，但这种家族传艺的学习方式同样具有因忌惮同行竞争、家族后继无人等而在一定程度上限制与阻碍了传统营建技艺的传承和发展的情况，闭塞了传统营造技艺的传播与交流。

2. 异姓求艺

异姓求艺的主体往往是工匠亲友的子孙或是乡邻间经由熟人介绍的学徒，学徒多是十几岁的年轻人。这种学艺方式的出现主要是由于当时社会生产力发展较为低下，能够用来谋生的手段极少，那个时期工匠的收入远高于农民的收入。因此异姓求艺的学徒往往仰慕师傅的声名，希望通过拜师求艺来讨一门谋生的手艺。

早期的工匠对于营造技艺往往视如身家般重要，工匠对于学徒的招收往往有着严格的规格与流程。异姓求艺学习方式下的师徒关系正式建立前，需要由老师傅主持举行郑重的拜师仪式。学徒在经过拜师仪式拜入工匠师傅门下后，必须严格遵守师门规矩。在异姓求艺主导下的学习过程中，异姓学徒遇见营造的难点与困惑时，请教的对象只能是自己的师傅。

异姓求艺的学艺周期同家族传艺一样为三年，不同的是异姓学徒在求艺之初面临着极为苛刻的学艺环境，在社会生产力并不发达的时期，人们对于谋生手段极为看重，工匠师傅肯收徒传授谋生技艺，犹如学徒的再生父母。因而异姓学徒在拜入师门学艺的初期，往往要从伺候师傅、师娘的生活起居等琐事做起。

工匠师傅与异姓学徒间的技艺传承方法是以言传身教、口传身授为主。一种是师傅将自身的营造经验加以总结并编成简短精练的民间艺诀，在建造实践中授予徒弟；另一种是师傅将自身的营造经验与关窍绘成图谱传授给徒弟。

异姓求艺的学习方式打破了家族血缘关系的局限，在传承的范围与脉络上扩大了范围。这种传艺方式促进了地缘临近但具有不同营造方法的匠人群体间营造技艺的交流与发展。但异姓求艺的师承关系仍然存在较多的随机性和随意性，并不能保证师承的规模与长期稳定发展，这种师承关系与线索的不稳定性也在很大程度上削弱了那个时期匠帮传统建筑营建技艺的可持续发展。

3. 参与学艺

在以参与学艺为主要形式的学艺方式中，师傅与徒弟之间往往会同时存在雇佣与合作关系，工匠之间能够通过共同参与修建某一个项目时互相学习、取长补短。工匠之间的相互交流、指导、切磋等并没有严格的师承限制，在这种以互相请教为主要形式的授艺过程中，学艺与授艺的双方在地位上趋于平等、自由，且大多数时候处于相互学习的状态中，因此这样的学艺方式更具包容性。

参与学艺的学艺周期往往是以某一个项目的实际工期为限，但并不仅局限在某一个具体的项目中。工匠在阶段性学艺周期中的学习内容囊括了与某个营造项目相关的大部分营造做法和老师傅既往的营造经验，每个工匠学习到一定程度后，可以通过考取由当地政府或是本公司颁发的等级资格证书的方式来证明自己的技术与能力。这种多元化的学习方式为年轻的、经验不足的工匠提供了丰富的提高自身水平的渠道，勤奋努力、敏而好学的工匠往往能够通过这种方式的学习来快速积攒实际的营造技术与经验。

以参与学艺为主要形式的传承模式在很大程度上促进了本地工匠之间的交流与学习，有效地推动了传统营造技艺的传承与发展。与此同时，由于工匠群体自身条件因素的影响，广泛存在着文化水平不足的局限。虽然工匠之间可以通过口传身授的方式学习传统营建的技艺和经验，但同样也面临着工匠群体普遍缺乏相对系统的理论框架体系等问题。此外，随着社会生产力的发展与社会经济的高速增长，年轻人有了更多发展的可能，很多年轻人不愿再从事这类工作。工匠群体逐渐出现传承断层、老龄化等问题。

4. 办学授艺

办学授艺是指以开办教育机构、学校等为主要形式的传承模式。为了吸引年轻一辈的人才，希望以此壮大工匠队伍规模，进而将营建技艺传承下去，以兴趣教育与专业培训相结合的方式，通过开办“古建技艺学堂”，与职业院校合作办学开始探索办学授艺的可能。

通过“政企合作”的方式，与当地中小学校合作，在校园兴趣课中增设古建兴趣学习组，并在中小学生的假期时间开设公益性质的兴趣学堂，以此激发和培养本地青少年对中国传统古建筑的兴趣（图 3-1）。

图 3-1 临海市汇溪镇古建技艺学堂

此外，有针对性地通过古建筑工程公司和相关的职业技术学校合作的方式，建立起了双向的培养机制，开展以“政—校—企”为主要形式的三方合作。通过邀请中国传统古建筑“工匠库”资深工匠、专家开班授课，设立古建筑设计与施工等具有针对性学习的院校课程，同时结合基地现场教学等技能实践教学，选拔出专业能力较强的学生，将他们推荐到古建筑工程公司就业。

3.2 农村建筑工匠

3.2.1 农村建筑工匠是农村建房的主力军

党的十九大提出了实施乡村振兴战略的重大决策。为了进一步推动乡村的全面发展，中共中央办公厅、国务院办公厅于 2021 年联合印发了《关于加快推进乡村人才振兴的意见》。该意见对乡村人才振兴工作进行了全面部署，并特别强调了加强乡村规划建设、人才队伍建设的重要性。为了实现这一目标，意见提出了实施乡村本土建设人才培育工程的计划。人才振兴是乡村振兴战略的基石，只有拥有一支高素质、专业化的乡村建设人才队伍，才能够推动乡村经济、文化、生态等各个领域的全面发展，实现乡村的全面振兴。因此，加强乡村规划建设人才队伍建设是实施乡村振兴战略不可或缺的一环。

国家正在积极推进乡村建设，目前，农村住房条件和居住环境已经得到了显著的改善。然而，农房的设计建造水平仍需进一步提升，乡村建设依然面临诸多挑战。为此，我们需要加强乡村建设工匠的培训，打造一支懂技术、愿意扎根农村、为乡村建设服务的本土人才队伍，这将为农房和村庄建设的现代化提供坚实的人才基础，有助于全面提升乡村建设水平，打造美丽宜居的乡村环境，提高农民的居住品质，改善他们的生产生活条件，从而不断增强农民群众的获得感、幸福感和安全感。

近年来，全国多地农房建设安全事故频发，这为我们敲响了农房质量安全的警钟。乡村建设工匠作为农房建设施工的主力军和质检员，他们的技能水平直接关系到农房的质量和农民的生命财产安全。因此，开展乡村建设工匠培训并建立长效机制，持续提升他们的施工技能和管理水平，是确保农房质量安全的关键措施。这不仅能延长农房的使用寿命，更能为农民的生命财产安全提供坚实的保障。

3.2.2 农村建筑工匠的特点和变化

3.2.2.1 工种的变化

在20世纪80年代初期，农房建设的主力军包括泥水匠、木匠、油漆匠、电工和瓦匠。那时的农房大多采用砖混结构，门窗由木匠现场制作，屋顶覆盖着小青瓦。各工种各司其职，共同完成房屋的建造。

随着时代的进步，农房建设领域发生了显著变化。铝合金窗的普及和成品套门的广泛应用，使木匠现场制作门窗的需求大幅减少。因此，细木工和油漆匠逐渐不被需要。与此同时，随着混凝土工程的增多，制作模板的木匠得到更多工作机会。此外，机制陶瓦因其优越的性能和外观，逐渐取代了小青瓦，成为农村地区的主流屋面材料。由于机制陶瓦铺设简单，无须专门的瓦匠技能，泥水匠便能胜任这一工作，瓦匠被取代。

随着农房水电管线安装工作的专业化，原本由泥水匠负责的水管安装任务，现在多由专业的水电工来完成。

3.2.2.2 参与方式的演变

在农房更新的五个阶段里，除第一阶段外，工匠都以职业身份积极参与其中，但在不同阶段，他们的参与方式、参与程度及导控能力是不一样的（表3-1）。

表3-1 农村建筑工匠在农房建设历程中的参与情况

阶段	参与方式	参与程度	导控能力
1949—1980年	家族自建、集体建房	无	无
1981—1990年	换工为主，点工次之	参与程度不高；房主请人施工，房主购买建材，准备相关工具设备及其他一切消耗性物品	较小
1991—2000年	点工为主，换工次之，	参与程度不高；房主请人施工，房主购买建材，准备相关工具设备及其他一切消耗性物品	较小
2001—2010年	点工为主，包干次之，换工较少	参与程度中等；点工仍是主要的参与方式	中等
2011年至今	包干为主，点工次之，换工几乎没有	参与程度高；包干成了主要的方式，工匠主导营建	较大

换工指相互帮忙做工，工数对等相除，不计算工钱；点工指按日出工，按日计算工钱，无须负其他责任；包干，有的地区农房为总价包干，不限定完成时间，有包工包料

和包工不包料之分，包干的承包方需要负责工程管理工作。三种方式中，工匠的参与程度与导控能力依次排序为包干最强，点工次之，换工最次。

从表中可以清晰地观察到，换工的方式逐渐减少，而包干和点工的方式逐渐增多，这样的局面使得工匠在农房建设中的参与程度越来越高，他们对农房的导控能力增强。造成这种现象的主要原因有两点：其一，村民普遍外出务工，留在农村的劳动力少之又少，瓦解了换工的人员基础。2011 年后，农房的修建过程中几乎没有换工的情况，这是由于这一时期的很多农民第二次盖新房，而工数已经在第一次盖房时互除，农村所剩无几的劳动力又不愿意再建立第二次换工关系，于是工匠包干成了主要的农房建设方式。其二，工匠越来越专业化、职业化，一部分工匠在长期实践中掌握了丰富的建造技术，并与各种技术工匠和材料商形成了很好的合作关系，技术、信息、资源等方面能力的增强，使工匠对农房的导控能力增强。

3.2.2.3 工作模式的变化

1. 传统建筑营造团队工作模式的变化

在传统的营造团队中，通常是由一名资深的把作师傅带领数位至十数位的工匠，根据项目的大小来确定团队规模。

然而，现在的营造团队中，大多数只有把作师傅、大木匠师和一些杂工，而且他们的年龄都偏大。这些传统建筑工匠不仅是技术工人，他们还扮演着建筑师和规划师的角色，根据村民的需求和审美，通过他们的智慧和努力，塑造乡村独特的建筑风格和景观风貌。

现代的团队组织模式主要有两种：一种是集约式的营造团队，这种团队通常由个体经营，由包工头雇用把作师傅带领工匠承接工作。这种团队规模相对较小，以把作师傅为核心，包工头负责接洽工作、发放工资和组织日常工作。团队中的大木师傅都是本地的熟练工匠，由于长期合作，他们之间的配合非常默契。这种团队主要承接的工作大多是修缮或新建村里的祠堂、寺庙或戏台等。另一种是由正规的古建筑工程公司管理。在这种模式下，工匠主要以当地的熟练匠师为主，所承接的项目也主要集中在本地。大木匠师与公司之间通常是一种较为松散的雇佣关系，他们并不是公司的固定员工。除与一些优秀的把作师傅长期合作外，其他匠师都根据项目需求流动做工。这种模式下，公司会派项目经理负责项目的选料、流程、组织安装、安全管理、把控进度和反馈等工作。值得注意的是，尽管项目经理在项目中发挥着重要作用，可他们对于如何营造并没有直接的发言权。

无论是集约式的营造团队还是由古建筑工程公司管理的团队，营造的主体都是把作师傅和匠师。他们是整个团队的核心。同时，很多古建筑工程公司的项目经理都是由技术成熟、经验丰富的匠师转型而来。他们通常有较高的文化水平，一般为高中或大专学历，是公司的正式员工。他们不仅熟悉传统建筑工艺和流程，还深谙施工图纸，善于与匠师沟通协作，具有出色的组织协调能力。

2. 普通农村建房工匠团队工作模式的变化

随着农村建房需求越来越复杂，农村建筑工匠细分出施工管理岗位和具体的不同技术施工岗位，在身份上存在管理岗兼具体技术施工岗，以及一个工匠兼任多个技术施工岗位的情况。我们把农村建筑工匠分为工长（俗称“班组长”，代表管理岗位）和技术工匠（代表技术施工岗位），工长负责农房建设的组织与计划（包括前期沟通和签约）、现场各种资源支持、监督控制建房进度和质量、建房后的后续运维服务，技术工匠主要根据工长的安排和要求完成相应施工任务。对于农村建房的质量保障、施工现场管理等重要责任都落在承包建房任务的工长身上。对于工长来说，不仅要熟悉建房流程和法律责任，更要组织督促各专业技术工匠完成各自分工，完成与农户的协调沟通，以及配合当地行政主管部门的监督管理，不断完善提升自己的知识储备。而对于技术工匠来说，只要提升专业水平，并按照要求完成专业技术任务即可。对于农村建筑工匠的诚信体系管理，具体也体现在对工长的要求。

普通农村建房工匠团队工作模式变化特点：一是乡村建设工匠的专业分工地区差异较大，临近城市或市郊的乡村，工匠分工逐步细化，各工种的分工接近城市的工程施工；偏远山区或相对独立的乡村，工匠分工较简单，一个工匠通常具备多个工种技能。二是工长（带头工长）和施工人员角色分离，大多数地区带头工匠已经不再从事具体施工，主要负责接洽业务、签订合同、工程统筹管理、进度安排等组织工作，而具体施工由专业工匠开展。还有地区出现商务部分和现场管理分离，现场管理成为一个独立的岗位，负责统筹人员、材料、进度安排。三是工匠知识水平偏低，年龄偏大，存在看图、识图困难，接受新材料和新技能有一定难度。四是传统建筑技艺工匠缺少传承渠道。传统技艺工匠收入水平并不低，但是由于比较辛苦，传承是一个比较大的问题，缺少成体系的传承渠道。五是小额工程成为工匠管理有效抓手，目前不少地区在试点工匠参与乡村小额工程，额度一般控制在 30～50 万元，有证书的工匠或者列入白名单的工匠可以通过参与简易招标的方式承包工程，一方面提高了村级工程的资金使用效率，另一方面也提升了工匠主动参与管理的积极性，成为地方管理工匠的有效抓手。

3.3 乡村建设工匠

3.3.1 新时代的重新定位

2023 年 1 月，《中共中央　国务院关于做好 2023 年全面推进乡村振兴重点工作的指导意见》发布。这一文件标志着我国乡村建设的战略方向从“美丽乡村”升级为“和美乡村”，强调不仅要环境宜人、村容整洁、生活便利，还要实现产业兴旺。这一升级意味着对乡村振兴建设的要求更为严格和全面。在这一新的战略导向下，乡村的基础设施建设与维修，以及乡村居民的住房改善，都离不开具备专业技能的工匠们的参与和贡献。这些工匠，无论是木工、泥瓦匠还是石匠，都在乡村建设中发挥着不可或缺的作用。因此，乡村建设工匠队伍的培养与发展，直接关系到乡村脱贫攻坚、产业发展和农民增收等核心问题。这也反映了新时代对乡村建设工匠的新期待和新定位，他们不仅是技术的传承者，更是乡村发展的推动者和乡村文化的守护者。

3.3.1.1 乡村建设行动

党的十九届五中全会审议通过的《中共中央关于制定国民经济和社会发展第十四个五年规划和二〇三五年远景目标的建议》首次正式提出“实施乡村建设行动”，把乡村建设作为“十四五”时期全面推进乡村振兴的重点任务，摆在了社会主意现代化建设的重要位置。2021年，中央一号文件进一步对乡村建设行动作出全面部署。至此，乡村建设工作开始了新一轮的全面升级。

在2021年中央一号文件中，提出把乡村建设摆在社会主义现代化建设的重要位置，并将乡村建设行动的相关目标任务分两个阶段：2021年乡村建设行动全面启动，农村人居环境得到整治提升；2025年乡村建设行动取得明显成效，乡村面貌发生显著变化。

3.3.1.2 纳入职业大典

2022年，人力资源和社会保障部发布的最新版《中华人民共和国职业分类大典》中，明确提及了“乡村建设工匠”这一概念。他们被定义为在乡村建设中，使用小型工具、机具及设备，进行农村房屋、农村公共基础设施、农村人居环境整治等小型工程修建、改造的人员。这一定义不仅拓宽了农村建筑工匠的传统工作范畴，还将公共设施建设等小型工程纳入其工作领域，进一步凸显了他们在乡村发展中的关键作用。

关于职业技能人才的培养趋势，2022年中共中央办公厅国务院办公厅印发《关于加强新时代高技能人才队伍建设的意见》中明确指出，要创新高技能人才培养模式，探索中国特色学徒制，并通过名师带徒、技能研修、岗位练兵、技能竞赛、技术交流等多种形式，开放式培训高技能人才。同时，建立技能人才继续教育制度，推广求学圆梦行动，定期组织开展研修交流活动，以促进技能人才知识更新与技术创新、工艺改造、产业优化升级要求相适应。

乡村建设工匠与建筑安装施工人员类似，属于技能人员职业资格水平评价类范畴。他们应被纳入社会化职业技能等级认定体系，并根据职业标准进行培训和考核。评价机构在考核通过后应颁发证书。虽然目前尚未建立技能人才继续教育制度，但根据最新文件精神，未来可能会对继续教育提出新的要求。这将有助于进一步提升乡村建设工匠的职业素养和技能水平，为乡村振兴战略的实施提供有力的人才保障。

3.3.1.3 职业责任范围

在参考城市建设施工责任划定的基础上，我们结合农房建设的实际情况，为乡村建设工匠在工程建设中明确了具体的工作内容，并据此推论他们在工程质量、施工安全和质量保修方面应承担的责任。

新建工程工作内容：乡村建设工匠在新建工程中必须严格遵循施工设计图或通用设计图及建设方的合理要求进行施工。工作内容涵盖了主体结构、门窗工程、电气管线、给排水管道、化粪池工程及房前屋后的地面硬化等。关于房屋建筑工程的基础开挖深度和宽度，乡村建设工匠应根据施工图和现场地质情况进行确定。楼层面和楼梯的施工需要按照抗震设防安全要求进行现浇。乡村建设工匠应与建设方明确约定使用自拌混凝土或商品混凝土。在涉及给排水、电气、弱电（如电视、电话、网线和防雷接地）等工程时，乡村建设工匠需要严格按照施工图进行施工，并在建设方有额外调整需求时，按照建设方确定的位置进行施工。此外，乡村建设工匠还负责房屋建筑的室内抹灰工作，外墙的正立面和侧立面（包括梁和构造柱）及背立面的贴面砖或抹灰工作。地面铺垫层上需要进行水泥砂浆地坪的施工，卫生间和厨房的地面则需要进行防水处理。顶层屋面需要进行加浆磨平处理，并做好防水工作。卫生淋浴间的设备安装及房前屋后的排水沟（渠）建设应在项目双方确定具体规模和要求后实施。

改（扩）建工程工作内容：乡村建设工匠在实施的改建工程中，主要工作包括对墙体、梁、柱等房屋主体结构进行加固，屋面的翻盖及防水处理，外墙的粉饰工作，以及疏通或新建房屋四周的排水沟渠和卫生厕所的新建或改造等。扩建工程需要按照国家的现实规范和要求进行实施。

对工程质量的责任：在乡村建设工匠团队承接工程时，带头工匠对工程质量负总责，团队成员根据分工和事前约定承担相应责任；若是由乡村建设工匠个体承接工程，则承接方需要对工程质量负总责。乡村建设工匠所提供的建筑材料、建筑构（配）件和机械设备工具必须符合国家和地方规定的标准，严禁使用不合格的建筑材料、建筑构（配）件和机械设备。若乡村建设工匠在施工过程中存在偷工减料、工作不负责等影响房屋质量及施工安全的行为，建设方有权要求停工或整改，且乡村建设工匠需要承担由此造成的停工整改费用及工期延误的责任。在浇灌混凝土时，乡村建设工匠应认真负责、精心施工。若因浇灌混凝土导致梁、板、柱的位移或梁、柱、砖体垂直整体的偏差超过了施工标准，乡村建设工匠需负责改正并消除误差，无条件执行并承担所需材料、人工费用。梁、柱、板、楼屋面的浇筑必须分别一次性完成。对于重要的施工环节和关键部位的施工，如地基基础、钢筋绑扎、圈梁构造柱、楼屋面现浇等，必须经建设方或专业技术人才查验，达到标准后才能进行下一步的施工。若因乡村建设工匠的原因导致返工，返工所需要的材料、人工等费用以及工期延误的后果由带头工匠或个体承接人负责。乡村建设工匠需按照工程设计图纸及建设方的要求进行施工，未经建设方同意，不得擅自更改工程范围、内容、标准，并保证施工质量。若出现建筑质量问题，如线路不通，主体墙与水平地面不垂直，墙壁凹凸不平、开裂，主体柱与水平地面不垂直、断裂、露筋，横梁和圈梁断裂、露筋、明显扭曲，梁和柱中空，混凝土强度未达标，墙壁和屋顶上的砂浆出现空鼓、开裂、脱落及屋顶和有水房间（含厨房、阳台、厕所）漏水、浸水等问题，乡村建设工匠需负责返工直至符合质量要求，并赔偿因建筑质量问题造成的损失。返工所需的费用（包括修缮工时、材料等费用）由带头工匠或个体承接人自行承担。

对施工安全的责任：在乡村建设工匠团队承接工程时，带头工匠对工程施工期间的安全生产负总责，团队成员根据分工和事前约定承担相应责任；若是由乡村建设工匠个体承接工程，则承接方需对工程施工期间的安全生产负总责。乡村建设工匠在施工过程中应始终注意施工安全，并全程对施工安全负完全责任，责任期从工程开工到工程竣工验收合格为止。若因施工设备、乡村建设工匠人员操作失误或管理不善等导致的伤亡事故或财产损害，由乡村建设工匠团队的带头工匠或个体承接人负完全责任。在施工过程中，若因乡村建设工匠的原因导致第三人人身及财产损害，带头工匠或个体承接人需负完全责任。乡村建设工匠团队的带头工匠必须加强对团队人员的安全教育和管理，严格遵守国家法律法规和安全文明施工规则，以防止安全事故的发生。同时，还需解决团队人员的工资、劳保和保险等问题，必须为施工作业人员购买建筑意外伤害类保险。建设方应协助做好施工期间的安全生产工作，有权监督检查施工期间的安全状况。若乡村建设工匠违反安全生产规定，建设方有权责令其立即改正、停工整改或向政府有关部门举报等。

对工程保修的责任：在承接项目时，带头工匠或个体承接人可以参照城市建设质保金机制，与工程双方约定质量保修期限，并缴纳质保金。房屋建成后，在保修期限内，若房屋出现质量问题或建设方发现质量问题，带头工匠或个体承接人应在接到通知后按约定时间进行返工或维修，并承担返修费用。若在规定时间内未到场维修或经维修仍无法解决质量问题，建设方有权另请维修整改，所发生费用在质保金中扣除，不足部分由带头工匠或个体承接人另行支付。

乡村建设工匠违反工程质量与安全管理法律法规规定，造成损失的，应当承担赔偿责任，情节严重构成犯罪的，由司法机关依法追究刑事责任；住房和城乡建设主管部门、相关管理机构、组织部门及其工作人员严重失职，侵害乡村建设工匠合法权益的，由其所在单位给予行政处分，情节严重的追究法律责任。

3.3.2 乡村建设工匠重任在肩

长期以来，乡村建设作为“三农”工作的重要组成部分，得到了党和国家的充分重视，并自 2005 年“社会主义新农村建设”提出后不断推动实践深化升级，总体要求不断提高，工作任务不断丰富。在国家相关政策指引下，全国各地结合地方实际，纷纷开展了美丽乡村建设的有益探索，在丰富乡村建设内容的同时对乡村建设工匠提出更高要求。

3.3.2.1 推进“生态人居”工程

1. 推进旧村改造。按照“科学规划布局美”的要求，对村中的危旧房要连片拆除，对“空心村”和居住零星分散的单家独户要动员搬迁，尽量撤并自然村，安排集中居住，做到统一规划，建成布局合理、设施配套、环境优美、生态良好的新农村。使美丽乡村达到道路硬化、村庄绿化、路灯亮化、河道净化、环境美化的创建目标。

2. 改造危旧房屋。结合扶贫工作，加强农户建房规划引导，提高农户建房的标准，做到安全、实用、美观，推进农村危旧房改造和墙体立面整治，改善视觉效果。

3. 完善基本公共服务体系。根据乡村常住人口增长趋势和空间分布，统筹村镇级学校、幼儿园、医疗卫生机构、文化设施、体育场所等公共服务设施的建设和布局，逐步提高乡镇居民基本公共服务水平，达到“学有所教、劳有所得、病有所医、老有所养”的发展目标。

4. 提高生态景观。根据各村绿化现状，采取新造、补植、封育等措施，优化美化森林景观，特别是道路沿线、沿河两侧、闲地游园的绿化景观带改造，提高生态效益和景观效果。在经济发展的乡村，鼓励农户进行庭院绿化，屋顶墙体绿化，形成平面立面交叉的绿化体系。

图 3-2　湖州市德清县危房改造前后

图 3-3　长兴县泗安镇景观改造前后

5. 公共设施建设。完善通村道路、供水、排水、供电、通信、网络等基础设施，达到给水和排水系统完善，管网布局合理，饮用自来水符合《生活饮用水卫生标准》（GB 5749—2022），对村内道路进行硬化，利用村内空闲地铺石筑径，塑造园艺景观，建设集村民休闲、健身、娱乐等功能于一体的休闲小广场，并配套文化娱乐、健身器材等公共及施，在乡村路灯、游园等场所，安装太阳能照明灯，实现乡村的亮化目标。

6. 加强防灾减灾。在山区及河流区域的乡村，要提高对山洪暴发、山体滑坡、河水泛滥、泥石流等自然灾害的防御力度。按规定设置消防设施，加强减灾防灾能力建设。

3.3.2.2　推进“生态环境”工程

按照“村容整洁环境美”的要求，突出重点、连线成片、健全机制，切实抓好改路、改水、改厕、垃圾处理、污水处理、广告清理等项目整治。

1. 整治乡村生活垃圾。全力推进“户集、村收、镇运”垃圾集中处理的模式，合理设置垃圾中转站、收集点，做到户有垃圾桶，自然村有垃圾收集池，行政村负责垃圾收集，镇有垃圾填埋场，确保乡村清洁。

2. 整治乡村生活污水。清除农村露天粪坑、简易茅厕和废杂间，整治生活污水排放。全面推行无害化卫生公厕。大力推广农村生活用沼气建设，利用沼气池、生物氧化池、人工湿地等方式，开展农村污水处理，提高自我净化能力。

图 3-4 杭州市淳安县范村村生活污水处理终端改造前后实景

3. 整治农村畜禽污染。根据各村的特点，合现规划、整治农村死亡的牲畜家禽乱投乱扔现象，动员群众填埋。拆除污染猪圈、牛栏等，村庄内畜禽养殖户实行人居与畜禽饲养分开、生产区与生活区分离，畜禽养殖场全面配套建立沼气工程，达到畜禽粪便无害化处理。

4. 整治广告、路牌、门牌。按照"规范、安全、美观"的要求，对公路、河道及村庄公共视野范围内的广告牌和路牌进行清理，坚决拆除有碍景观、未经审批或手续不完备的广告牌。制定广告布点控制性规划，规范各种交通警示标志、旅游标识标志、宣传牌等。

5. 整治违章搭建。按照"谁建造、谁所有、谁清理"的原则，坚决拆除违章、乱搭乱建的建筑物，对废弃场所进行整治和复绿，建设乡村小游园，整治农村供电、网络和电视电话线路乱拉乱接问题，规范网络和线路的布局，促进村庄规范、整洁、美观。

3.3.2.3 推进"生态经济"工程

1. 发展乡村生态农业。深入推进现代农业，推广种养结合等新型农作制度，大力发展高效农业，扩大无公害农产品、绿色食品、有机食品和森林食品生产。突出培养具有地方特色的"名、特、优、新"产品，推进"一村一品"的生态农业，致力打造一批生态农业专业村，增强特色产业和主导产业的示范带动作用。

2. 发展乡村生态旅游业。利用农村森林景观、田园风光、山水资源和乡村文化，发展各具特色的乡村休闲旅游业，努力做到"镇镇有特色，村村有美景"。拥有光荣历史的革命老区和历史文化名镇名村，可以发展人文旅游，突出爱国主义教育特色；拥有独特的自然生态条件和山水景观的乡村，要增强自然休闲特色，发展生态旅游，将传统的农耕逐步引向农业观光、农事体验、特色农庄、农情民舍等附加值高的乡村旅游发展。

图 3-5 嘉兴市三星村

3. 发展乡村低耗、低排放工业。按照生态功能区规划的要求，严格产业准入门槛，集中治理污染，严格对江河源头地区及水库库区的水源进行保护。严格执行污染物排放标准，推行“循环、减降、再利用”等绿色技术，调整乡村工业产业结构，不断壮大村域经济实力。

3.3.2.4 推进“生态文化”工程

1. 培育文明乡风。按照乡村生态文化的规划，把文明乡风培育作为美好乡村建设的重要内容。通过在乡村建设生态文化活动中心、文化墙、文化橱窗，展示和宣传文化知识、文明礼仪、先进典型，教育引导农民群众树立良好的文明风尚，构建和谐的农村生态文化体系。

2. 创建特色文化村。编制特色文化乡村的保护规划，制定保护政策。在充分发掘和保护古村落、古民居、古建筑、古树名木和民俗文化等历史文化遗迹遗存的基础上，优化美化乡村人居环境，把历史文化底蕴深厚的传统村落培育成传统文明和现代文明有机结合的特色文化村。特别要挖掘传统农耕文化、山水文化、人居文化中丰富的生态思想，把特色文化村打造成弘扬农村生态文化的重要基地。

3. 引导转变生活方式。结合农村乡风文明建设，引导农民追求科学、健康、文明、低碳的生产生活和行为方式，倡导生态殡葬文化，对公路沿线 100m 视野范围内和村庄第一重山的坟墓采取就地深填或绿化覆盖等措施进行整治改造，恢复公路和村庄周围自然生态景观。

图 3-6 杭州市大墅镇上坊村文化宣传墙

4. 传承非物质文化遗产。 按照“保护为主，抢救第一，合理利用，传承发展”的保护方针，挖掘当地的非物质文化遗产、加强对文化资源的开发利用，多手段、全方位、广角度地注入文化元素，使人文资源与自然资源巧妙地结合，使潜在的文化资源成为可供大众分享的文化产品，保护好当地的非物质文化遗产。

3.3.2.5 对乡村建设工匠提出了更高的要求

1. 有爱国情怀。 乡村建设工匠应当认识到工匠精神与爱国情怀的高度统一性。从制造大国向制造强国迈进，从大型企业向知名企业迈进，从小康社会向社会主义现代化迈进，从脱贫攻坚到乡村振兴，都需要工匠精神。乡村建设工匠参与农村现代化建设。要把爱国情怀转化为工作热情、动力，推动工作向上向好。

2. 有专业水准。 随着社会的发展，各行各业不断向细分领域拓展。细分领域的专业水准是工匠精神的直接表现。乡村建设工匠要在自己所从事的专业上，精打细磨，成为所从事细分专业的“行家里手”。

3. 有过硬技能。 一是要传承和发扬好传统的乡村建设工艺，让优秀的技艺代代相传；二是要融入工业化，使用新的生产机械设备对传统的乡村建设工艺进行升级改造，以更好地适应时代发展；三是要积极参加学习培训，实现技能升级，提高知识水平。

4. 有职业操守。 工匠精神是劳动者对职业操守的最高信仰。在传统观念中，较少地正式把乡村建设工匠列入正式职业，但随着时代的发展，各行各业职业化程度越来越高，乡村建设工匠越来越受到社会认可。乡村建设工匠对自身要有一个准确的职业定位，要有职业认同感和职业操守。

乡村建设工匠的行业管理面临的难题

4.1 建设大环境的变化

党的十八大提出了新型城镇化战略，强调城乡统筹、产业互动、生态宜居、和谐发展。新型城镇化追求政治、经济、文化、社会和生态的全面进步，注重农民的利益和生态环境的保护，强调人民共享发展成果，坚持走可持续发展道路，追求各方面的全面提高。新型城镇化重视农民、珍视农村，追求城乡公共服务均等化和基础设施一体化，是真正“以人为本”的城镇化。以人口城镇化、经济城镇化、社会城镇化、生态城镇化和城乡融合为研究指标，旨在深入探索新型城镇化的发展水平。我们希望通过这些研究，为城乡融合和新型城镇化提供有益的参考和启示，为构建更加和谐、可持续的社会贡献力量。

4.1.1 乡村振兴与新型城镇化互动关系

乡村振兴旨在解决农业与农村发展滞后、城乡发展失衡的问题，并为乡村地区的未来发展指明方向。该战略强调将乡村作为一个完整的体系来对待，打破“乡村依赖城市”的传统模式，构建新型城乡关系，实现城乡地位平等、要素互通和空间融合。通过实施一系列战略规划和政策措施，乡村振兴战略在促进城乡协调发展、构建工农互促、城乡互补、全面融合的新型工农和城乡关系方面发挥了重要作用。乡村振兴战略不仅关注乡村的发展，而且是推进城镇发展、实现城乡融合和共同富裕的关键手段。从本质上讲，乡村振兴战略是为了弥补我国现代化建设中乡村发展滞后的问题，与新型城镇化建设相互补充、相互协调。只有统筹规划、协同推进乡村振兴和城镇化建设，才能满足实践要求，加快现代化建设步伐。

同时，新型城镇化战略也更加注重不同规模城乡主体之间的协调发展，致力于促进各类型城市、小城镇和新型农村社区之间的相互促进、和谐发展。这一城镇化的“新”既表现为改变过去只注重扩大城市规模，而忽视培养城市文化和公共服务内涵的落后模式，转而努力提升城镇化建设的内在质量，更体现在改变过去侵蚀农村空间、牺牲农村利益、以农村生态环境为代价换取城市发展的落后方式，代之以追求城乡基础设施的一体化和公共服务的均等化，打破城乡二元结构、缩小城乡差距，最终实现共同富裕的目标。

因此，我国的乡村振兴和新型城镇化不是非此即彼的关系，而是互促共进、相辅相成，二者能够实现内涵互通、辩证统一。这两大战略彼此间能够相互支持、相互配合。实施乡村振兴，既可以形成城乡间各类要素的充分和自由流动，实现新型工业化、信息化、城镇化和农业现代化同步发展；也可以加快农业和农村的现代化建设，有效吸引城市务工人员返乡就业，缓解城市因外来人口过多而出现的住房紧缺、水电不足、交通拥堵、污染严重等一系列城市病，从而有效降低城市内部的生活成本，优化城市的人文环境；还可以加快农村地区基础设施建设，发展农村地区经济，增加农民收入。通过把原本的农村打造成城镇并通过改变农民生活方式等途径实现“就地城镇化”，提高城镇化率。在新型城镇化发展过程中，将乡村建设与乡村产业发展相结合，推动乡村产业兴旺、城乡协调发展，将有助于乡村全面振兴目标的实现。实施新型城镇化战略，不仅可以吸引农村人口向城市移动，为农村转移人口提供更好的公共服务和社会保障，增加转移人口收入，提高转移人口的素质和能力，为实施乡村振兴战略奠定良好经济基础和人才储备；也可以通过走更加集约化、智能化、绿色化及低碳化的城镇发展道路，为树立我国的生态文明理念、加速我国的生态文明建设作出贡献，进而以城市影响乡村，契合乡村振兴过程中的生态文明建设思路，减轻乡村环境污染，为乡村地区建设绿水青山提供指导和启发。

乡村振兴和新型城镇化都是为了缩小城乡发展差距、促进城乡均衡发展、加快我国现代化建设而采取的重要措施。城乡互补、城乡融合和城乡协调是这两大战略的共同要求。通过乡村振兴，可以整合乡村资源，优化生产要素在城乡之间的合理分配和流动，促进城乡社会经济和生活的紧密联系及协调发展。而新型城镇化则可以通过“以城带村”策略，利用城市的政治、经济、文化和社会优势，通过资源的共享和互联互通，推动农村现代化，加快乡村发展，缩小城乡差距。乡村振兴与新型城镇化之间的互动联动对实现城乡协调发展具有深远意义。通过这两大战略的有机结合和协同推进，可以更好地促进城乡一体化进程，推动我国社会经济的全面、协调和可持续发展。

4.1.2 乡村振兴与新型城镇化耦合机制

乡村振兴与新型城镇化战略是党中央、国务院为了推动国民经济的持续健康发展而制定的重要方针。这两个战略虽然在具体目标和实施重点上各有侧重，但它们共同追求的是提高资源配置的效率、提升国民的福祉、缩小城乡发展差异，并实现城乡的平衡发展和高度融合。通过对土地、产业、人口、环境、公共服务等方面的城乡综合调整，乡村振兴和新型城镇化形成了相互促进、不可分割的互动关系，展现出深刻的内在联系。这种内在的耦合机制确保了乡村振兴与新型城镇化能够协调一致地向前推进，共同助力中国现代化建设。

1. 产业兴旺与经济城镇化

在乡村振兴的背景下，产业兴旺是推动经济城镇化的关键基石。它不仅涉及农业的发展，还包括乡村地区第二、第三产业的长期进步。在我国，许多农村地区的发展滞后，无法实现就地城镇化。这在很大程度上是由于第一产业的落后，以及第二、第三产业发展缓慢或完全缺失造成的。产业衰败导致生产力无法释放和提升，进而造成经济发展滞后和居民收入低下，这自然阻碍了城镇化的推进。产业兴旺的核心在于促进农村地区生产力的释放与提升，产业的发展为地区经济奠定了坚实的基础，并直接影响着农村产业结构的优化和市场活力的激发。随着产业结构的升级和市场化水平的提高，将形成产业聚集和市场互通，这既推动了农村经济的发展，又促进了农村城镇化的建设，并与城镇产业和市场实现融合，共同推动了城镇产业的转型和发展，巩固了城镇经济。同时，经济城镇化的发展也为乡村产业的兴旺提供了强大动力。经济城镇化能够有效促进资本、技术和人才等生产要素在城乡之间的流动，实现城乡统筹，促进乡村第二、第三产业的融合。它为乡村产业提供资金、吸引投资、留住人才、引入科技，同时改善了农村产业结构，推动乡村产业兴旺和经济增长。

2. 生态宜居与生态城镇化

乡村振兴战略中的生态宜居目标与新型城镇化中提倡的生态城市建设理念高度一致。乡村地区拥有的生态环境质量是其宝贵的财富和竞争优势，而生态宜居则是衡量乡村振兴成效的重要标准。实现乡村的生态振兴是贯彻生态优先发展理念的关键举措，旨在构建一个生态环境优美、生产生活和谐的乡村。为此，需转变传统的生产模式，调整农业结构，优化产业布局，强化环境治理，并采取符合当地资源条件和环境特点的绿色发展路径。在新型城镇化的框架下，生态城市建设同样以生态文明为核心，致力于优化城镇产业结构、生态环境、文化建设及消费模式以实现城镇经济社会的健康和可持续发展。乡村生态宜居与生态城市建设之间存在着密不可分的联系。在自然环境层面，改善乡村尤其是近郊乡村的生态环境，对于提升城市生态质量具有重要作用。城市发展应摒弃牺牲乡村环境的做法，增强环保意识，遵循生态文明建设，坚持资源节约和环境友好的发展道路，这对于改善乡村环境和确保生态宜居至关重要。在社会发展层面上，两者均须坚持生态可持续原则，推动生产、生活和消费方式的根本转变。乡村振兴要求乡村产业结构的升级和发展模式的转变，与生态城市建设中的生态产业可持续发展相衔接。生态城市建设以生态经济体系为核心，以生态文明建设为主体，推进城乡一体化，实现生态文明的协调发展，为乡村生态宜居提供坚实保障。同时，它有助于实现城乡融合和城乡基本公共服务的均等化，为乡村居民创造更加优越的社会环境。

3. 乡风文明与社会城镇化

乡风文明建设作为乡村振兴发展的重要任务，其本身肩负着为乡村振兴提供软件基础和推动力量的重大责任。这是塑造乡村振兴主体价值，为乡村振兴提供智力和精神保障的关键举措。乡风文明是增强农民发展信心、改变农民落后思想、提高农民自身素质、激发农民奋斗精神的法宝，可以为社会城镇化进程的推进提供内生动力。乡风文明建设可以通过文化教育等途径有效促进农民群体以更好的状态融入城镇化发展的进程，减少城乡协调过程中的问题和阻碍。同时，乡风文明建设对于减少农村不正之风，弘扬村风正气也有着重要作用。积极向上的村容村貌是促进社会城镇化、创造良好人文环境不容忽视的重点。同样，由于社会城镇化建设通过提供一系列公共服务来提高居民生活质量和社会文明，所以在社会城镇化建设过程中，大量基础设施和公共服务力量的投入为乡风文明的建设提供助力，也为传播乡村优秀文化和价值观创造更多机会，为当地村民创造了良好的人文环境氛围，使其在潜移默化中受到影响，在不知不觉中提高自身素质，为乡风文明发展提供支撑。

4. 生活富裕与人口城镇化

生活富裕作为乡村振兴战略的本质要求，是关系广大农民群众切身利益的关键所在，也是实现乡村振兴的最终目标和导向。乡村振兴战略实施的目的是改善农民生活，缩小城乡居民收入差距，进而走向共同富裕道路。因此，消除贫困、改善民生，让广大农民过上物质条件更好、更有尊严的生活是乡村振兴生活富裕的现实追求。人口城镇化是指城镇人口所占比重逐渐增加的趋势，当前人口城镇化的优化途径除依赖于城镇人口本身的自然增长外，主要取决于农业人口向城镇转移和集中及农村人口实现就地转化。由此可见，乡村人口生活富裕目标的实现与人口城镇化的推进有着必然的联系。乡村富裕程度的提高，不仅促使乡村地区由农村发展为城镇，乡村地区广大的人口转化为城镇人口，实现人口就地城镇化，还将促进农民实现收入增长、优化农民收入结构、提高农民的生活质量。农民闲置资金的增加，无疑激发了农民在城市购房的意愿；农民消费水平的提高促使农民因工作、学习，以及为了更好的公共设施和社会公共服务条件而进城。当前，新型城镇化中的人口城镇化建设，重点是以人为发展核心，通过大力支持和发展二三产业，为农村劳动力创造就业条件，努力提高居民生活质量，增强居民幸福感，吸引农村人口进城，这也是帮助农民实现富裕的重要途径。与乡村振兴所追求的生活富裕目标相辅相成。

5. 有效治理与城乡融合

城乡融合作为新型城镇化的重要内涵，始终提倡摒弃城市重于农村的发展模式，力求通过实现改革和调整打破城乡之间的藩篱，促进城乡互动，实现城乡共赢。然而，由于各类因素的影响，当前我国城乡发展存在明显差异，二元结构格局形成已久。要改变这种状况，促进城乡融合和均衡发展，必须从根本上解决农村发展滞后的问题，摆脱制约我国农村发展的陈旧的基层治理模式。乡村振兴大力优化治理有效水平，是探索更加适合中国农村发展的治理模式的重要举措。因此，实现有效治理，对于推动城乡融合和实现城乡均衡发展具有重要的意义。同时，在我国城乡二元结构矛盾日益突出，城乡融合发展势在必行这一大环境下，大力实施新型城镇化战略，追求城乡公共服务均等化的实现刻不容缓。新型城镇化建设致力于促进城乡融合，有力深化了城乡居民户籍制度和土地制度的改革，加快构建了以政府为主导的公共服务供给制度。由于这是乡村振兴实现治理有效所需要重点解决的问题，因此推进城乡融合无疑能够为乡村治理改革提供帮助。

4.1.3 乡村振兴与新型城镇化双向并举

对于城镇发展，受历史、体制、发展阶段等因素影响，过于追求城市规模扩张而忽视了城镇化内涵的深度挖掘，这导致了地区发展不均衡、城镇层级失调、城镇空间布局不合理、资源环境承载能力不足等问题，制约了城镇化的健康发展。乡村振兴与新型城镇化的协调发展，能够显著提高城镇化的质量和水平，助力城镇问题的有效解决。

在乡村发展方面，城镇化进程中的资源虹吸效应导致乡村资源迅速流失。在缺乏科学合理的乡村发展策略的背景下，乡村衰落带来的农业边缘化、农村空心化和农民老龄化趋势日益明显，严重制约了经济社会发展。

乡村振兴与新型城镇化的协调发展，不仅能够稳步推进城镇化，还能促进乡村的恢复和建设，推动城乡关系由对立走向融合，实现协调发展，这已成为当下的必然选择。

4.2 乡村建房的情况变化

4.2.1 农村房屋总体安全形势严峻

长期以来，我国农村房屋主要由农民自行建设、使用和管理。尽管单个房屋的规模相对较小，但总体数量庞大且分布广泛，情况相当复杂。由于缺乏专业的设计和施工指导，大部分农村房屋的结构安全水平普遍偏低。同时，农民在房屋使用过程中普遍缺乏安全意识，导致存量农房的安全隐患逐渐凸显。随着社会经济的不断发展和农民收入的持续增长，农村新建房屋的面积和层数都在不断增加，越来越多的房屋被擅自改建或扩建并用于经营活动，带来了新的安全隐患。我国农村房屋面临着诸多安全挑战，亟待采取有效的措施来加强房屋安全管理和监管，确保农民的生命财产安全。

4.2.2 农房建设质量安全缺乏有效监管

农房建设管理缺乏专门的法律法规作为指导，导致没有形成系统的制度框架和明确的责任分工。审批和监管环节之间存在脱节，负责审批的部门往往不关注房屋安全，而负责安全的部门又缺乏有效的监管手段。这种碎片化的管理方式使得监管难以形成合力，进而造成监管缺失。

此外，基层监管力量普遍薄弱，特别是在乡镇一级，大部分地区缺乏专门的农房管理机构和专业人员。这导致对农房质量安全的有效监管变得困难。

4.2.3 现行法律法规不适应农村实际和形势要求

目前，我国在农村房屋规划、建设和使用管理方面尚未制定专门的法律法规。相关的要求分散在《中华人民共和国城乡规划法》《中华人民共和国土地管理法》《中华人民共和国建筑法》及《村庄和集镇规划建设管理条例》等法律法规之中，尚未形成一套完整且系统的法律法规和制度体系。一方面，现有的法律法规并未全面覆盖农村自建低层住宅的建设管理，同时缺乏对使用阶段的监管措施。另一方面，虽然其他农村房屋可以纳入《中华人民共和国建筑法》和基本建设程序进行管理，但由于农村地区的特殊性和复杂性，难以直接套用城市中的建设管理模式。现行的法律法规总体上并不适应农村的实际情况和形势要求。按照《中华人民共和国乡村振兴促进法》的要求，有必要在国家层面加快立法进程，推动建立健全农房建设质量安全管理制度体系，以确保农村房屋的安全与质量，促进乡村振兴战略的全面实施。

4.2.4 地方立法工作和管理经验提供了实践基础

截至2023年底，除天津和海南外，全国已有30个省（自治区、直辖市）制定了关于农村房屋建设管理的地方政府规章或规范性文件。其中，浙江省特别颁布了《浙江省房屋使用安全管理条例》。山西、湖南和福建三省均已全面出台了农房建设管理办法或条例。这些地区通过结合本地实际，有针对性地设立并实施了一系列关键制度，如政府采购设计和监理服务、“三带图、四到场”过程监管、乡村建设工匠培育以及经营性自建房安全管控等，均取得了显著的成效。由于缺乏国家层面的法律法规作为支撑，这些制度的强制力仍然不足。相关各方的责任和义务缺乏刚性约束，导致相应的惩戒措施难以得到有效执行。因此，迫切需要从国家层面进行立法，以解决农房建设管理体制机制方面存在的问题，为农房建设提供更加稳定和有力的法律保障。

4.3 工匠职业传承体系的落后

4.3.1 历史原因

1. 传统价值观念对“重人文轻技术”的倾向

自古以来，人们的传统价值观念倾向于“重人文轻技术”，主张“道”与“器”的分离，重视建筑所体现的等级制度、风俗习惯及审美情趣等精神层面的内容，而相对忽视了技术层面的重要性。因此，在关于古代著名建筑的史料中，大部分内容是关于诗词歌赋和逸闻趣事，而对于建筑构造和技术的记载却相对较少。这种重视人文而轻视技术的观念，使得传统建筑技艺长期以来都未能得到应有的关注和重视。

2. 匠人社会地位不高

受儒家文化的影响，我国古代形成了一套以“学而优则仕”为核心理念的人才录用制度及“万般皆下品，唯有读书高”的社会价值观。在这样的社会环境下，从事营造工作的匠人的社会地位普遍较低，同时社会对他们的关注相对较少。在史料中，尤其是正史，关于工匠的记载更少。由于社会地位低下，从事该行业的人及其所掌握的工艺技术往往得不到社会的足够重视和认可。

4.3.2 制度原因

在我国，传统建筑工艺的传承面临着严重的断代危机。这不仅是因为经济和社会发展的冲击，更是因为传统建筑工匠的激励制度和保护制度的严重缺失。长期以来，文化职能部门和学术界对文化遗产的关注主要局限于物质层面，而忽视了非物质层面。传统建筑工匠严重缺失，但至今仍未形成一套完整的、切实可行的激励和保护制度。

随着时代的变迁，传统建筑工匠赖以生存的环境已发生巨大变化。作为新生市场中的弱势群体，他们缺乏快速适应市场变化的能力，许多传统建筑手工艺在这一过程中逐渐消亡。为了保护和传承这些宝贵的文化遗产，政府必须出台相应的保护和激励制度进行政策保护和经济干预，为传统建筑工匠提供足够的时间和空间来适应新的市场环境。

但是，我国现在的工匠激励制度不但缺失，还有不利于传统建筑工匠的制度存在，其中最有代表性的就是传统建筑维修项目的承包制度。由于目前还没有系统的规范，历史建筑的保留、保护、改造普遍借鉴一般建筑的项目招投标制度，招标项目按重要性和规模限定招投标单位的级别，而级别的评定除对经验、技术、管理等方面的具体要求外，还对注册资金作出了规定。

对于我国传统建筑工匠团体来说，各种投标条件，他们基本没有力量满足，这种新型市场机制下的体系非常不利于传统的以小群体为组织单元的工匠团体，甚至已经间接地将他们排除在独立投标的资格外。然而，具备招标资质的单位最终仍然是雇用这些传统建筑工匠进行现场作业，我们的传统建筑工匠却不得不受雇于具有资质的单位和团体去获得产业末端所剩无几的利润。这种结果不能归咎于招投标制度，而是我们针对传统建筑行业和传统建筑工匠的制度缺失，其根源是我们对传统建筑工匠不够重视。所以，在历史建筑保护工作如火如荼进行的今天，我们的传统建筑工匠却没能真正地感受到机遇。为了保护和传承我国的传统建筑工艺，我们必须从制度层面给予传统建筑工匠足够的支持和保障，让他们在新的市场环境中得以生存和发展。

4.3.3 社会认同错位

1. 民间认同的错位与失落

在当下社会，我们不难发现一种现象：古镇古宅的使用权被拍卖，富商老板们纷纷收购这些具有历史价值的建筑，并异地重建。

在原生地，那些日渐毁坏甚至最终坍塌的老房子，承载着深厚的历史文化底蕴和技艺传承。随着时代的变迁，一个地区的建筑文化和技艺在其发源地逐渐衰落，缺乏足够的传承和保护。与此同时，外来资本对这些传统建筑文化产生了浓厚的兴趣，将其从原有的环境中剥离，作为文化符号和审美对象进行重建。

随着现代化进程的加速，传统建筑让位于人的生计需求，传统建筑技艺逐渐失去社会基础。而市场给予资本赚取文化附加值的特权，使经济回报成为考量点，而是否传承变得无关紧要。这种需求的错位导致传统建筑技艺被忽视和遗忘，民间传统的继承方式在市场的冲击下逐渐消亡。

2. 官方认同的局限与不足

传统建筑技艺作为非物质文化遗产的重要组成部分，其认同首先体现在各级非物质文化遗产代表作名录中。然而，我国在这一领域的名录制度尚处于起步阶段，从已公布的两批名录来看，传统建筑技艺主要被归类为传统手工技艺或工艺美术。尽管一部分传统建筑技艺已被列入名录，并确定了传承人，但这一制度对于传统建筑技艺的传承仍存在局限与不足。

一方面，非物质文化遗产代表作名录体系更多地关注技艺的形式，而忽略了技艺背后的文化内涵和社会实践。另一方面，确定传承人的制度也面临着诸多挑战。一个完整的传统建筑需要多个工种的合作，仅依靠一两个传承人难以传承整个技艺。此外，传统建筑技艺作为活态的社会实践，需要不断地与社会环境进行互动和交流，而单纯的名录体系和传承人制度很难保证其有效传承。

3. 业内人士的困惑与迷茫

在社会变革的时代背景下，不仅社会对传统的认知出现了错位，传承者自身也面临着困惑和迷茫。随着现代化进程的加速和市场经济的冲击，许多传承者开始怀疑自己的职业价值和人生选择。有的放弃本业另谋前途，有的违背传统价值投机取巧，有的无视行业道德唯利是图。这些行为不仅对传统技艺的传承造成了很大的消极影响，也使传统技艺逐渐走样、失真并变得廉价。

这种困惑和迷茫的根源在于业内人士对自身文化传统的认同不足。许多传承者缺乏对传统文化的深入了解和认识，难以体会传统文化的魅力和价值。同时，他们也缺乏对自身职业的使命感和责任感，难以承担起传承传统文化的重任。因此，非物质文化遗产的传承不仅需要外界的认同和支持，更需要传承者和共享群体对自身文化传统的深刻认识。只有通过不断学习和实践，传承者才能更好地理解和传承传统文化，为后人留下宝贵的文化遗产。

4.4 基层监管力量不足

在乡村建设的进程中，乡村建设工匠扮演着核心角色，其在建筑活动中的行为和责任直接关系到农房建设的质量。当前，我国在乡村建设的基层管理层面面临着一些挑战，包括部门之间权责划分的模糊性和监管工作的碎片化，这导致了责任落实不到位的问题。此外，许多省份的基层监管机构人手不足，且监管人员的专业能力有待提升，这些因素共同导致了对农村房屋质量安全的监管效果不佳，严重阻碍了对乡村建设工匠的有效监督。

具体来说，乡村建设工匠在基层管理和技术方面的不足引发了几个关键问题。首先，部分工匠的责任心不强，导致违章建房现象频发，无序建设成为突出问题。由于对农户自建房监管不力，工匠可能因各种原因而忽视对建房活动的责任心，进而使未经批准的建设行为和超出批准范围的建设行为变得普遍。这种状况导致了村庄建筑风格混乱、品位不高以及房屋功能不完善。

其次，工匠的业务素质参差不齐加剧了质量和安全隐患。多数村镇工程建设依赖本地的泥木工匠，但他们通常没有接受过正规的专业教育，对现行的强制性规范标准知之甚少，专业技能不足，往往依赖个人经验进行施工，影响了农民住宅的建设质量，使其在面对自然灾害时极易倒塌，威胁了人民生命财产安全。此外，许多工匠缺乏必要的安全生产意识，施工中不采取基本的安全措施，如不佩戴安全帽、不系安全带，以及搭建不规范的外脚手架等。这些都增加了施工现场的安全风险。

第三，部门监管难以落实到位，管理体制和方法亟待更新。导致工匠们长期处于一种松散的管理状态，缺乏规范和指导，从而产生了强烈的自我独立意识和对法律法规的忽视。

在农民自发性建房的过程中，缺乏完善的质量和安全管理体系。一些建房户为了追求经济效益、加快建房速度，为满足特定的房屋使用需求，擅自更改设计图纸和房屋结构，迫使工匠在施工时违背设计规范，违反国家强制性标准。此外，有建房户为了节约成本，选择使用不合格的劣质建筑材料，这些都直接影响了农村房屋的质量，使得村镇工程面临重大的质量隐患。

为了解决上述问题，需要采取一系列的措施。首先，需要明确各监管部门的职责，加强部门间的协调与合作，形成合力，确保乡村建设的监管责任得到全面落实。其次，加强对乡村建设工匠的职业培训和资质认证，提高其业务素质和安全生产意识，确保他们能够按照规范标准进行施工。同时，建立健全乡村建设质量安全管理体系，规范农民建房行为，引导他们依法依规进行建设。

此外，还需要加大对违法违规施工行为的查处力度，对不服从管理、拒不整改，严重违反安全生产规定的乡村建设工匠依法依规进行惩处，并纳入不良行为记录。同时，乡镇人民政府应严格落实日常巡查和“六到场”制度，确保乡村建设的全过程得到有效监管。

加强乡村建设工匠行为的监管是保障农房建设质量的重要环节。通过完善管理体制、加强职业培训、规范建房行为等措施，可逐步提高乡村建设的整体水平，为农民群众创造一个安全、舒适、美丽的居住环境。

5

各地乡村建设工匠行业管理实践

5.1 国家层面乡村建设工匠相关制度的建立

目前，在我国的职业分类或荣誉称号体系中，我们尚未找到“传统建筑工匠”这一专门的类别。尽管从职业属性上看，传统建筑工匠的工作对象和实践特点与职业分类中的古建筑工有一定相似性，但遗憾的是，相关部门并未针对传统建筑工匠进行专门的立法。同时，在与历史文化保护相关的法律法规中，我们也没有看到对这些工匠职业的明确界定。在实际操作中，尽管相关部门会尝试采用管理古建筑工或非物质文化遗产代表性传承人的方式来培养和培训这些工匠，但这些措施大多缺乏系统性，未能形成完整的框架。这导致传统建筑工匠在职业发展、技能培训以及社会认可等方面都面临着巨大的障碍。因此，为了保护和传承我国的传统建筑工艺，我们迫切需要建立一个专门针对传统建筑工匠的荣誉和地位体系。这不仅包括在法律法规中对他们的职业进行明确界定，还需要制定一系列的政策和措施，以促进他们的专业发展和技能培训。只有这样，我们才能确保这些宝贵的文化遗产得到有效传承，同时为传统建筑工匠提供一个更公正的社会环境。

5.1.1 古建筑工制度

2015 年，国家职业分类大典修订工作委员会审议通过并颁布了《中华人民共和国职业分类大典》，将旧版中的“古建筑结构施工工”与“古建筑装饰工”合并为新的“古建筑工”，作为文博行业的一个职业类型。同时将古建筑工的职业性质定义为“使用手锯、手刨、瓦刀、砖斧、石锤、錾子、糊刷、挑杆、捻子、粉尖、皮子、油栓等手工工具，运用传统工艺、材料、技能，制作、安装古建筑、仿古建筑构件和保护、修复古建筑的人员”。《中华人民共和国职业分类大典》还将古建筑工分为木工、瓦工、石工、裱糊工、彩画工和油工 6 类，对其受教育水平、培训时长和持有职业资格证书的要求作出相应规定。

2019 年，住房和城乡建设部发布了《古建筑工职业技能标准》(JGJ/T 463—2019)，将古建筑工分为传统木工、瓦工、石工、油工、彩画工 5 类，规范了古建筑工的职业技能标准、职业技能等级、职业要求、职业技能构成和培训考核内容。

5.1.2 非物质文化遗产代表性传承人制度

2008年6月14日，《国家级非物质文化遗产项目代表性传承人认定与管理暂行办法》施行，对承担国家级非物质文化遗产名录项目保护与传承责任，具有公认的代表性、权威性与影响力的传承人的申请、推荐及认定作出相关规定。2011年6月1日，《中华人民共和国非物质文化遗产法》施行，对非物质文化遗产项目代表性传承人的认定作出法律规定。2020年3月1日，文化和旅游部制定的《国家级非物质文化遗产代表性传承人认定与管理办法》施行，对国家级非物质文化遗产代表性传承人的认定和管理作出规定。截至2024年2月19日，国家文化和旅游部先后认定6批共4000余人的国家级非物质文化遗产代表性传承人，其中就包括不同地域传统建筑营造技艺的传承人。此后各省（自治区、直辖市）也参照建立省级非物质文化遗产代表性传承人制度，并公布了相应的传承人名单，一些从事传统建筑设计和建造工作的工匠名列其中。

5.1.3 中国传统建筑名匠制度

2017年7月，住房城乡建设部村镇建设司启动了“中国传统建筑名匠”的认定程序，旨在寻找并表彰那些在传统建筑技艺领域表现卓越的传承者和领军人物。各地的住建部门被要求推荐符合条件的候选人，村镇建设司负责审核这些提名并公布最终名单，同时制定相应的支持政策，其评选标准涉及以下几个方面：首先，申请者必须精通传统建筑技艺，拥有深厚的实践经验和杰出成就，并且是某一建筑技术流派的领军人物；其次，他们应当致力于后继人才的培养，为传统建筑技艺的延续作出显著贡献，并在业内获得高度认可；第三，申请者在解决传统建筑技术问题上取得了关键性的进展和成果；第四，申请者须有20年以上从事传统建筑建造及修复的经验，并亲自主持过至少10个具有代表性的传统建筑项目；第五，申请者作为项目负责人完成的工程项目必须没有发生过质量或安全事故。申报的专业类别分为修建、装饰、造园、烧造以及其他五大类。然而，截至目前，尚未公布“中国传统建筑名匠”名单。

5.1.4 乡村建设工匠制度的出台

2023年12月，《住房城乡建设部 人力资源社会保障部关于加强乡村建设工匠培训和管理的指导意见》发布，意见从扎实开展乡村建设工匠培训、积极培育乡村建设工匠队伍、加强乡村建设工匠管理方面体提出体系化开展乡村建设工匠的行业管理工作，代表着对于乡村建设工匠的管理和培育进入了一个新的历史时期。全国各省也有乡村建设工匠相关制度的出台。

5.2 福建省乡村建设工匠管理实践

福建省历史悠久，其传统建筑数量众多、风格各异，犹如一部历史长卷，诉说着这片土地上的沧桑岁月。为了更好地保护和传承这些珍贵的文化遗产，2020年3月，福建省住房和城乡建设厅发布《福建省传统建筑修缮技艺传承人和传统建筑修缮工匠认定与管理办法（试行）》。这一文件的出台，标志着福建省对传统建筑修缮技艺的尊重和传承进入了新阶段。

在这份文件中，福建省明确将“传统建筑修缮技艺传承人”定义为传统建筑建造领域的杰出代表，他们不仅是传统建筑建造技术的传承者，更是这一领域发展的引领者。而“传统建筑修缮工匠”被视为传统建筑建造领域的长期工作者，他们用双手和技艺传承着古老的建筑文化。

为了更加系统地进行认定和管理，福建省还将传统建筑修缮技艺传承人和传统建筑修缮工匠各分为省级和市级两个层级。省级传统建筑修缮技艺传承人每两年认定一次，而省级传统建筑修缮工匠则每年认定一次。这样的设置，不仅体现了对传统建筑修缮技艺的尊重，也为这一领域的人才梯队建设提供了坚实的保障。

同时，福建省还鼓励各市城乡建筑风貌主管部门积极开展市级传统建筑修缮技艺传承人和传统建筑修缮工匠的认定工作，为传统建筑修缮技艺的传承营造良好的工作氛围。这样的政策导向，无疑将进一步激发广大工匠和传承人的积极性和创造力。

在评选认定过程中，福建省特别注重技艺和实践经验的积累，其要求被认定的传承人或工匠应掌握精湛的传统建筑建造技术，实践经验丰富、成绩卓著，在解决传统建筑建造技术难题方面有重要突破和成果，是建造技术的带头人且具有广泛的社会认可度。同时，这些传承人或工匠还需要积极培养接班人，为传统建造技术的传承作出贡献。

福建省在评选认定过程中设定了一些具体的条件。例如，要求被认定的传承人或工匠在福建省从事传统建筑建造和修缮工作 10 年以上，在福建省主持建造、修缮的代表性传统建筑项目不少于 5 项。这样的要求，保证了传承人或工匠的技艺水平和实践经验。

尽管福建省目前的制度已经区分了技艺等级和省、市的层级，并重点聚焦于人员的称号认定，但仍存在一些不足之处。例如，目前的制度并未包括关于建筑形制、工艺传统性和细部节点的相关内容。这些内容对于传统建筑的修缮和保护至关重要，有待进一步的完善和改进。

福建省在传统建筑修缮技艺传承人和传统建筑修缮工匠的认定与管理方面已经取得了显著成果。通过这一系列的政策和措施，福建省的传统建筑文化将得到更好的保护和传承，为后人留下更加丰富的历史文化遗产。

5.3 山西省乡村建设工匠管理实践

山西省，这一承载着丰富历史文化遗存的省份，长期以来都在积极保护并传承其独特的传统建筑艺术。为实现这一目标，山西省早已设立古建筑保护研究所、古建筑维修质量监督站、古建筑协会等专业机构，并吸引众多企业投身其中。然而，尽管有这些机构的支撑，山西省在省级层面仍缺乏专门的传统建筑工匠制度，使得这些工匠通常只能依托文物保护施工队伍进行培养。

为了弥补这一短板，山西省积极探索并开展校企合作，致力于加强传统建筑工匠的培养。一个尤为突出的例子是山西省古建筑集团有限公司与地方院校在2017年联手创办了全国首家古建筑工匠学校——山西古建筑工匠学校。这所学校结合山西省古建筑集团有限公司的实际业务经验，通过现代教学方法系统地传授古建筑专业知识，旨在培养一批专业的古建筑人才。

与此同时，山西省古建筑协会也定期为古建筑施工单位的从业人员举办培训班。这些课程涵盖木作、瓦作、石作施工工艺，修缮项目施工规程，相关法律法规，以及工程概预算等多个方面。为了增强实践操作能力，这些培训课程还结合了平遥古城保护修缮工程进行实地考评，旨在提升学员在传统建筑保护与营造方面的专业素养。

为了进一步推动乡村建筑业的健康发展，2021年山西省住房和城乡建设厅印发了《山西省住房和城乡建设厅农村建筑工匠管理办法（试行）》。该办法鼓励那些经过正规培训的农村建筑工匠等从业人员，成立农房建设专业合作社、农房建设合伙企业、农房建设公司、农房建设监理公司以及建设类劳务公司等，以便承揽农村自建低层房屋建筑的设计、施工、监理项目。通过这种方式，农村建筑工匠能够形成规模化、组织化的运营模式，有效整合技术资源和力量，发挥强大的聚合效应。这不仅有利于引导村民更多地选择经过培训和组织性的乡村建设工匠，还有助于这些工匠以团队形式承揽更多的建设施工项目，从而承担更大的建房责任。

同年，山西省住房和城乡建设厅还印发了《关于加快推进农房和村庄建设现代化的实施方案》。该方案再次强调了健全农村建筑工匠管理体系的重要性。县级住建部门要建立农村建筑工匠名录并定期组织培训，发放培训合格证书。同时，工匠信息还将被录入山西省智慧建筑管理服务信息平台，以实施统一的信用管理，从而提高农房建设队伍的技术水平和从业素质。此外，方案还鼓励工匠成立组织或团体来承揽农房施工项目，旨在从源头上解决由于工匠分散作业、缺乏统一管理和监督所导致的建房质量问题。

山西省积极探索让经过培训的乡村建筑工匠参与农房监理的新模式。以山西省长治市武乡县为例，该县在贯彻执行山西省的“一办法、一标准”过程中，充分发挥创造力，结合本地实际情况，制定了《武乡县农村集体建设用地房屋建筑设计施工监理管理服务实施细则》（简称《细则》）。该《细则》采用政府购买服务的方式，实施了“四乡一个监理公司”的工作模式，并取得了显著成效。具体来说，武乡县将全县12个乡镇划分为3个片区，每个片区包含4个乡镇。县政府通过公开招标的方式确定了三家具备专业资质的监理公司，每家监理公司负责一个片区的监理任务。这三家监理公司已实现农房建设监理公司技术人员对所有自然村的全面覆盖。

“四乡一个监理公司”的工作模式以市场手段解决实际问题，具有清晰流畅的管理流程，可操作、可复制、可推广性强。政府通过购买服务选择监理公司，不仅为农村自建房的建设活动聘请了工程建设监理责任主体，从而保障了工程建设的质量安全，同时也帮助农村建房人解决了因增加监理工作而带来的建房成本增加的问题。此外，监理公司的职责非常明确，它们通过市场手段聘用具备专业职业技能的人员，包括具有监理注册执业资格的人员、监理工程师及经过培训的乡村建筑工匠来从事农村自建房的监理活动。这种模式不仅提高了农村建房的质量和安全水平，也促进了乡村建筑工匠的职业发展和技能提升，为乡村建筑业的可持续发展注入新的活力。

5.4 四川省乡村建设工匠管理实践

四川省地处我国西南部，地形复杂多变，自然灾害频发，特别是地震、泥石流等灾害对农房建设提出更高要求。因此，四川省各级政府高度重视农房建设的质量，认识到强化工匠管理是提升农房建设水平的关键措施。

2017年，四川省在全国范围内率先出台《四川省农村住房建设管理办法》，明确规定农村住房建设应当由培训合格的乡村建设工匠或具有执业资格的建造师或有资质的建筑施工企业施工。此举标志着四川省对农房建设工匠的管理进入了一个新阶段。之后，《四川省农村建筑工匠管理办法》的出台进一步规范了工匠的职业行为，提升了农房建设的整体水平。

2020年，四川省住房和城乡建设厅与四川省人力资源和社会保障厅联合印发《四川省住房城乡建设领域职业技能提升行动计划实施方案》，将工匠的培训纳入制度化和规范化轨道。为了保证培训质量，四川省编制了培训教材，培训考核合格后颁发培训合格证书，以此推进全省工匠培训的规范化工作。

四川省不仅注重培训内容的更新，还根据新材料的应用和新技术的发展，及时修订培训教材，确保工匠技能能够跟上时代的步伐。在过去的几年中，省、市、县三级政府共同举办了近千场基层管理人员和乡村建设工匠的培训，涌现出一大批施工技能强、业务素质高的乡村建设工匠。

为了解决农村建筑工匠培训合格证书社会认可度不足的问题，四川省正在探索将乡村建设工匠纳入四川省专项职业能力考核规范目录，通过发放专项职业能力证书来增强乡村建筑工匠的从业认同感和社会公信力，并推动工匠资格的跨区域互认。

自《四川省农村建筑工匠管理办法》实施以来，四川省各地纷纷加强对工匠的日常管理，推动工匠持证上岗制度，规范工匠的从业行为。四川省住房和城乡建设厅也积极指导各地创新乡村建设工匠管理模式。例如，眉山市青神县就创新建立了乡村建设工匠积分制管理制度，在质量安全、遵守法规、诚信经营等方面制定了计分标准，并且开展了星级工匠评选，定期公布优秀工匠和优秀案例，这不仅激发了工匠的成就感和自豪感，还使信用好、技术好、安全意识强的工匠成为乡村建设的宝贵资源。

结合“数字乡村”的发展战略，四川省开发了“四川省农村住房建设信息平台”，鼓励全省录入工匠个人信息、优秀农房设计图集和优秀实施案例，发布村民建房需求，有效连接村民与工匠之间的信息渠道，同时保证了农房建设质量和风貌的统一管理。此外，四川省还开设了“四川民居”微信公众号，免费向农户推广不同地域风貌特色的农房设计图集、优秀建筑案例和设计建造知识，提供线上指导，解决了农房建设技术水平不高、优秀承建工匠难以寻找、农户对建房政策理解不清等问题，发挥了积极的宣传和教育作用。

四川省在农村住房建设领域采取了一系列措施，包括制度建设、培训提升、管理创新和信息技术应用等，全面提高了农房建设的质量和效率，同时为乡村振兴战略的实施奠定了坚实的基础。

5.5 湖南省乡村建设工匠管理实践

近年来，湖南省在乡村建设领域投入了大量精力，其中乡村建设工匠的培训工作尤为引人注目。截至2022年6月，该省已成功培训超过6万名乡村建设工匠，这支庞大的队伍为推动乡村建设发展起到了不可忽视的作用。然而，由于工匠人数众多，管理起来颇具挑战。为此，湖南省人民政府办公厅下发了《关于进一步加强农村住房质量安全监管的通知》，明确了各级人民政府及住建部门在乡村建设工匠管理工作中的职责。

为进一步规范乡村建设工匠的培育与管理，湖南省住房和城乡建设厅已出台《湖南省乡村建设工匠管理办法》（简称《办法》）。该《办法》旨在清晰界定乡村建设工匠的工作职责、培训流程及监督管理办法，通过县市级的培训活动，广泛动员工匠参与并通过考核，授予合格者培训证书。这意味着在未来的建房活动中，工匠们需要“持证上岗”，以确保他们具备一定的技术水平。此外，为了不断提升工匠的技术能力，还将定期开展继续教育，确保他们的技术始终保持在较高水平。

为了塑造具有湖南特色的乡村建设工匠形象，湖南省特意设计了乡村建设工匠的徽标。这一标志不仅代表了湖南乡村建设工匠的身份，更体现了他们为乡村建设所做出的努力与贡献。

在提升乡村建设工匠的专业技术水平方面，湖南省住房和城乡建设厅编制了一系列教材和资料，包括《湖南省乡村建设工匠培训教材》《湖南省农村住房建设质量安全指导手册》、“农房施工技术”动画及《湖南省农村住房抗震鉴定与改造加固技术导则（试行）》，内容涵盖了农村住房建设的基本知识、建筑识图、施工技术、申请审批、工程验收及抗震加固等，为工匠在实际操作中提供了宝贵的技术支持。

为了更有效地管理乡村建设工匠，湖南省还积极探索建立工匠信息化管理机制。通过将培训合格的工匠信息纳入农村住房规划建设管理平台和农村综合信息管理平台，形成乡村建设工匠数据库。该数据库不仅可以对工匠的从业行为动态跟踪、实时监督和公示公告，还能确保村民在建房时能够从数据库中选取到合格的乡村建设工匠。此外，湖南省印发了《湖南省农村住房建设工程施工协议（参考文本）》，旨在明确村民和乡村建设工匠之间的权利、责任和义务，进一步规范农村住房建设工程施工行为。这些措施的实施不仅有助于提升乡村建设工匠的专业技术水平，还能确保农村住房建设的质量和安全，推动湖南省乡村建设的持续健康发展。

5.6 广东省乡村建设工匠管理实践

广东省将乡村建设工匠分为普通的建房工匠和具备传统技艺的传统建筑工匠两类。

5.6.1 广东省乡村建设工匠管理

对普通建房工匠主要通过培训，提升其建房技能。广东省印发了《广东省住房和城乡建设厅关于农村建筑工匠培训和评价的工作细则（试行）》《广东省住房和城乡建设厅关于加快推动“乡村工匠”工程实施的通知》等文件，明确了乡村建设工匠培训和评价工作的工作职责、管理层级、培训对象、培训模式、学时要求、课程目录、命题评价、证书样式、证书管理、继续教育等内容，为乡村建设工匠培训和评价工作的开展打下坚实基础。韶关翁源县和武江区、梅州市蕉岭县、江门市开平市、云浮市新兴县、广州市从化区等地建立了乡村建设培训基地，同时充分发挥建设教育协会、高等院校及培训机构等社会力量的作用，涌现出华南理工大学广东省村镇可持续发展研究中心、广州城建职业学院等一批积极开展乡村建设工匠培训的院校机构，编写了《乡村建筑工匠培训教材》供各地参考。同时，各地结合本地实际，组织优秀教学力量，编制各具特色的培训内容，如清远市将培训重点放在《清远市村庄规划建设管理条例》的宣贯和《清远市农村住宅设计通用图集》中相关专业技术规范的学习上。按照《广东省职业技能培训补贴管理办法》的通知，认真调研有关补助办理问题，印发了《广东省住房和城乡建设厅关于发布乡村建筑工匠、附着升降脚手架架子工等 16 项职业技能培训课程标准的公告》，为补贴申领制定了培训标准。现已将补贴申领相关模块增加到广东省“村镇建设管理信息系统”中，并正式投入使用。着力发挥乡村建设工匠的作用，在农村危房改造中，规定必须由培训合格的乡村建设工匠承建施工，确保农房工程的质量和安全。通过“管工匠”实现“管农村建房”，广州市从化区在全省范围内率先制定《从化区农村建筑工匠管理办法》等政策，构建规范的乡村房屋规划、建设和管理制度。支持、鼓励乡村建设工匠积极参与美丽乡村建设，承建乡村小微房屋项目，加快补齐乡村房屋项目施工人才严重缺乏的短板。

5.6.2 广东省乡村建设传统工匠管理

对于传统建筑工匠的管理，广东省自 2016 年起开展“广东省传统建筑名匠”认定工作，每次认定传统建筑名匠不超过 10 名，将传统建筑名匠的选拔范围聚焦于熟练掌握岭南传统建筑 8 大类技艺的工匠，即从掌握石雕、砖雕、木雕、灰塑、陶塑、嵌瓷、壁画、彩画中一门或多门技艺的申报人中选拔认定。认定标准要求工匠在广东地区从事传统建筑建造工作 10 年以上，具有深厚的传统建筑建造技艺功底和丰富的实践经验，为传统建筑建造领域的技艺带头人。广东省选拔传统建筑名匠的要求较高，重点关注工匠是否熟练掌握所申报的建造技艺，实践经验是否丰富，且要求积极培养传承人或学徒，为建造技艺的传承作出贡献。认定标准对项目管理和运营不作硬性要求，更侧重于技术的评定与传承，且相关认定工作仅在省级开展，不要求市、县逐级开展认定。广东省传统建筑名匠制度在目前省级传统建筑营造相关工匠制度探索中起步较早，人员选拔较为严格，起到了示范引领作用。

5.7 浙江省乡村建设工匠管理实践

5.7.1 浙江省乡村建设工匠的政策制度建设

浙江省在农村建筑工匠管理方面的探索和实践，可追溯到较早的时间。早在 1997

年，浙江省便积极响应住房城乡建设部的号召，根据《村镇建筑工匠从业资格管理办法》制定并出台了《浙江省村镇建筑工匠资格管理实施细则》。该细则详细规定了农村建筑工匠的资质标准、管理措施、承建施工规范及相应的处罚措施，为当时的农村建筑市场提供了明确的指导和规范。

然而，随着国家简政放权改革的深入及《中华人民共和国行政许可法》的实行，原住房城乡建设部的《村镇建筑工匠从业资格管理办法》及浙江省的《浙江省村镇建筑工匠资格管理实施细则》相继在2004年废止。农村建筑工匠的管理模式开始发生转变，原先的行政许可管理向更为灵活多样的管理方式过渡。

浙江省村镇建设与发展研究会于2015年审议通过了关于成立浙江省农村建筑工匠分会的决议，这一决议标志着浙江省开始尝试通过行业自律管理的方式，对农村建筑工匠进行有效的管理和规范。

为了进一步加强对农村建筑工匠的管理，2018年浙江省出台了《浙江省农村建筑工匠管理办法（修改）》。该办法对农村建筑工匠的管理提出了明确的要求，特别是在第十条中强调，市、县（市、区）住房城乡建设主管部门应当与乡（镇）人民政府、街道办事处紧密配合，对农村建筑工匠的施工活动实施严格的监督检查，依法查处违法行为，并将其作为不良信息记入信用档案，依法进行惩戒。这一规定不仅要求建立农村建筑工匠管理的诚信体系，还配合《浙江省农村建筑工匠管理办法》的实施，确保各项管理措施能够落地生效。

通过这一系列的探索和实践，浙江省在农村建筑工匠管理方面取得显著成效。不仅有效地规范了农村建筑市场，提升了农村建筑工匠的技术水平和职业素养，还为农村建设事业的持续健康发展提供了有力保障。

5.7.2 浙江省乡村建设工匠行业自律管理

为进一步提升工匠的技能水平和职业素养，浙江省从2021年开始重新举办全省农村建筑工匠比武活动，联合人社部门和工会组织，制定《农村建筑工匠技能竞赛指南》，逐步建立了省、市、县三级竞赛体系，并与工匠诚信体系实现融合。这一举措不仅激发了工匠的学习热情，也提高了他们的技能水平，为农村建设事业提供了有力的人才保障。

图5-1 工匠比武现场

此外，浙江省农村建筑工匠分会通过设立县级工匠之家的形式，开展了对当地农村建筑工匠的自律管理。通过工匠之家，落实工匠培训、工匠保障服务、工匠安全宣传等具体事务，建立了风险保障、现场施工安全防护、巡查巡检制度，为农村建筑工匠构建了风险防范体系和社会监督体系。

目前，永嘉县、富阳县、龙游县等地的代表

处已经积极建立了示范运行模式，并逐步开展其他的农村建筑工匠服务，包括开展传统工艺技能培训、网络教育、建立大师工作室、比武竞赛、年度评优、组织交流、提供建房信息、团购保险、团购体检、意见建议收集、咨询服务、法务服务、诚信查询等。帮助工匠选择图样、确定造价、购买材料、购买保险、申请小额贷款等，为他们提供全方位的支持和帮助。通过工匠之家宣传政策法规、检查评比表彰、发布会议信息等方式，加强了对工匠的引导和教育。这些举措不仅提高了工匠的综合素质和技能水平，也为浙江省农村建设事业的持续健康发展提供了有力保障。

5.7.3 浙江省乡村建设工匠培训模式创新

乡村建设工匠是确保农房建设质量与品质的关键，依据《浙江省农村建筑工匠管理办法》，各地市每年都陆续开展针对乡村建设工匠的培训工作，培训内容包括建筑工程安全知识及法规、建筑识图、建筑工程质量控制、农村危旧房治理等课程的学习等，还给出农村住宅建设中存在的管理不规范、质量不达标、安全无保障等问题的案例，以及根据各地特有的地形地貌对农房建设和风貌管控的要求。通过培训，力争使每个乡村建设工匠能够真正成为农房建设队伍中的能工巧匠，成为易地扶贫搬迁、农村危房改造等脱贫攻坚项目的中坚力量，为农房安全保障提供技术支撑。

乡村建设工匠培训主要针对普通建房的乡村建设工匠（包括装配式工人），乡村建设工匠培训的内容拟包括基础知识和专业职业知识培训，基础知识培训包括建筑识图、施工技术、施工安全与劳动保护、政策法规等多个方面的内容，专业职业资格培训是根据乡村建设工匠涉及的专业工种（12 个工种），从理论和实操两方面对工匠进行培训，同时为体现地区差异化，拟针对各地实际情况编制附加培训教材。根据不同的乡村建设工匠培训需求采用省级集中培训，与县、市、区当地机构合作培训，开展师资下派常驻培训，定点不定时修学分制培训，教学与实操比武结合培训等多种方式，开展课堂授课、现场观摩、实操传授、网上视频示范等教学方法。疫情期间开展线上培训，通过组织工匠进行线上教学，减少人员聚集。组织不定期观看视频，通过人脸识别自行考试的模式，有效降低了组织成本，还可以通过施工短视频积极学习施工工艺特点。2022 年“乡村建设工匠”纳入国家职业分类大典，研究会牵头组织开展“乡村建设工匠”浙江省职业标准的制定。

5.7.4 浙江省乡村建设工匠基层管理模式创新

嘉兴市秀洲区、台州市仙居县等地开展了以工匠班组为主的创新管理模式。班组是指以经营为目的，具备村镇农房建设技能，合伙承包规定范围内农房的建筑工程团队。班组由培训合格的乡村建设工匠组成，并经过当地主管部门申请后，取得村镇建筑班组操作证方可承揽村镇农（居）民住宅的村镇房屋建筑工程。班组可承建单体独栋及联排房屋（3 层及以下、建筑檐口高度不得超过 12 米且不设地下室的农村住房）。在同一施工周期内，同一班组原则上承接单体独栋及双联排房屋不超过 3 幢、多联排房屋不超过 2 幢。当地主管部门以班组为管理单元，监督是否存在违规建房、无证建房、转包分包等行为，确保其施工质量，并对违规违法行为进行处罚。

2021年开始，浙江省开展以赛促技能提升，在机构改革停滞两年后，重新举办全省乡村建设工匠比武，联合人社部门和工会组织，逐步建立省、市、县三级竞赛体系，建立与工匠诚信体系融合的机制。

5.7.5 浙江省乡村建设传统工匠管理

乡村传统建设工匠是指那些专注于建筑领域手工艺术创作的专业人士，他们掌握着砖细、木雕、石雕、砖刻、泥塑、彩绘、匾额制作、砌筑精美图案等传统技艺。这些工匠的培训内容通常采用师徒制或大师工作室模式，帮助工匠进一步提升技艺和业务水平。

为了加强对乡村传统建设工匠的管理和支持，浙江省成立了农村传统建筑工匠专委会，汇集了约30位工匠艺人，共同起草了《浙江省传统建筑工匠认定办法》初稿。该办法旨在通过对工匠的正式认定，推动传统建筑技艺的传承与培养。

在地方层面，浙江省各地都在积极探索传统建筑工匠技艺传承的有效途径。例如，临海市利用当地古建筑工程公司的资源，在古建筑从业人员密集的汇溪镇开设了“古建技艺学堂”，吸引年轻人学习并投身这一行业。通过与职业技术学校合作，临海市提供了古建筑设计、施工等理论与实践相结合的课程，并通过政校企三方合作模式，与中国美术学院、台州职业技术学院等高等院校建立了双向培养机制。

兰溪市通过举办农村传统建筑工匠技能比拼大赛来提升工匠的业务能力。大赛涵盖了马头墙砌筑、鹅卵石路面铺设、薄砖路面铺设、仿古花窗砌筑、现代砌筑、木工技能和木雕工艺等项目，通过实战检验工匠的操作技巧，激发他们的学习热情和创新精神，进一步提升了基层工匠的专业水平。

5.7.6 浙江省乡村建设工匠小额工程探索

5.7.6.1 主要政策依据

《中华人民共和国招标投标法》《中华人民共和国政府采购法》《中华人民共和国政府采购法实施条例》《必须招标的工程项目规定》《必须招标的基础设施和公用事业项目范围规定》住房城乡建设部《关于加强村镇建设工程质量安全管理的若干意见》等。

《必须招标的工程项目规定》于2018年6月1日正式施行。新规定大幅提高了必须招标项目的规模标准，将施工单项合同估算价由200万元提高到400万元，将勘察、设计、监理等服务的采购单项合同估算价由50万元提高到100万元，和原规定相比，两项标准均提高了1倍。基于新规定要求，小额工程为低于400万以下的村镇建设工程。

《关于加强村镇建设工程质量安全管理的若干意见》第三条第（二）项规定：“对于建制镇、集镇规划区内建设工程投资额30万元以下且建筑面积300平方米以下的市政基础设施、生产性建筑，居民自建两层（含两层）以下住宅和村庄建设规划范围内的农民自建两层（不含两层）以上住宅的建设活动由各省、自治区、直辖市结合本地区的实际，依据本意见“五”明确的对限额以下工程的指导原则制定相应的管理办法。”

根据政策汇总，面向乡村建设工匠的小额工程招标的范围，定为非必须招标范围，各省结合本地区实际能制定相应管理办法的工程额度范围，也即是 30 万元以下且建筑面积 300 平方米以下的市政基础设施、生产性建筑，居民自建两层（含两层）以下住宅和村庄建设规划范围内的农民自建两层（不含两层）以上住宅的建设活动。

5.7.6.2 探索实践

目前，在浙江省的多个地区，如杭州市余杭区、富阳区，以及诸暨市等地都已出台针对村级小额工程的管理办法。这些文件详细规定了各类工程项目的实施流程和要求，为村级小额工程的管理提供了明确的指导。例如，《余杭区小额建设工程实施管理办法（试行）》《杭州市富阳区村级小型工程项目实施暂行管理办法》及《诸暨市农村建筑工匠及招投标实施细则（试行）》等，都是为了更好地规范和管理当地的小额工程项目。同时，《杭州市萧山区人民政府办公室关于印发杭州市萧山区村级小型工程项目管理暂行办法的通知》也显示了萧山区对村级小额工程的重视和管理决心。除此之外，其他地区也在积极筹备出台相关文件，以完善小额工程的管理体系。

在浙江省，村级小额工程的招标一般分为几个档次。对于 10 万元及以下的工程项目，通常不需要招标，可以直接发包。而对于 10 万元到 30 万元（或部分地区为 50 万元）的工程项目，则可以面向农村建筑工匠开展简易招标流程。对于 30 万元（或 50 万元）到 400 万元的工程项目，则需要有资质的企业公开招标，也有部分地区的业主会规定公开招标的具体要求和流程。

在工程实施过程中，民主决策是不可或缺的一环。大多数情况下，村级小额工程从工程立项、预算、实施发包方案及资金额度等都需要经过村民代表会议的讨论和决定。这不仅确保了工程的合法性和合规性，也增加了村民对工程的认同感和参与度。同时，工程实施过程中还需要办理相应的手续，包括代表会议讨论的会议记录、施工合同、项目工程量清单、工程概况等，并接受监督检查记录，以确保工程的顺利进行和质量保障。

此外，村级小额工程的信息也是公开透明的。小额项目的公告和项目情况相关资料都会张贴在村务公开栏并同步网上发布。这不仅提高了工程的透明度，也给了有能力、想参与的施工人员一个公平的竞争环境。

党建引领是浙江村级小额工程管理的一大特色。除乡镇城建办进行项目监督外，县、市、区的村级小额工程管理办公室也在进行跟踪管理。同时，部分地区还要求村级党委参与到工程监督中，明确要求 7 天必须巡查一次，并将监督巡查的进度和问题上传至村级小额工程监督平台，进一步加强了工程的监督和管理力度。

乡村建设工匠的管理也成为村级小额工程的质量保证。通过县、市、区对乡村建设工匠的培训，提高了工匠的施工技能；通过诚信体系的建立，提高了现场管理能力和施工质量，提升了工匠在当地的社会认可程度；通过行业自律管理，为工匠提供了相互交流的平台，促进了相互学习、相互监督的氛围形成。

数字化改革为村级小额工程管理带来了新变革。随着浙江数字化改革的深入推进，许多县、市、区的村级小额工程管理办公室开始开展数字化平台的建设。通过数字化平台发布村级小额工程信息、公布乡村建设工匠诚信评价、开展项目过程管理等操作，不仅提高了管理效率，也使每个工程节点都有资料可查、可追溯，为工程验收的归档工作提供便利。

虽然浙江省各地对村级小额工程的管理已从粗放型转向精细化管理，并取得了不少经验，但仍存在一些问题。如部分地区的管理办法仍需进一步完善、工匠的技能水平和职业素养仍有待提高、数字化平台的应用仍需进一步推广等。因此，未来还需继续加强村级小额工程的管理和研究工作，以确保工程的顺利进行和质量保障。

5.7.7 浙江省乡村建设工匠行业管理主要问题

1. 在乡村建设工匠管理方面，我国尚缺乏有效的上位法支持。自2004年取消《村镇建筑工匠从业资格管理办法》以来，基层对乡村建设工匠的管理便失去了相关法律依据。这一变化导致大量乡村建设工匠既失去了组织约束和归属感，也缺乏提升自身技能和学习的渠道，从而长期处于一种分散失管的状态。在农民自发性建房的过程中，由于缺乏完善的质量和安全管理体系，一些建房户擅自改变设计图纸和房屋结构，违反国家强制性标准施工。同时，部分建房户图便宜，购买和使用不合格的劣质建筑材料，直接影响了农村房屋的质量，使村镇工程存在严重的质量隐患。尽管浙江省在2018年出台了《浙江省农村住房建设管理办法》和《浙江省农村建筑工匠管理办法》，对乡村建设工匠的从业范围、能力要求、风险防范、信用管理等方面提出了要求，但由于缺乏上位法的支持，这些规定在某种程度上难以有效执行，农村建房时仍缺乏明确的门槛，对工匠的技能要求也难以得到有效落实。

2. 在乡村建设工匠技能培养方面，目前尚未形成有效的培养体系。村镇工程建设通常由当地的泥木工匠承担，然而这些工匠大多未经过正规的专业学习，对现行的强制性规范标准了解有限，专业知识技能严重不足，往往仅凭经验施工。这导致农民住宅建设质量普遍不高，一旦遭遇自然灾害，极易倒塌。更有甚者，部分工匠看不懂施工图纸，盲目施工。此外，这些工匠普遍缺乏安全生产意识，盲目追求效益，导致施工中存在诸多安全隐患，如施工人员不戴安全帽、高处作业不系安全带、施工外脚手架搭设不规范等。尽管《浙江省农村建筑工匠管理办法》对乡村建设工匠的培训学时和内容进行了明确规定，但尚未形成完整有效的技能培养体系。为此，浙江省住房和城乡建设厅、浙江省人力资源和社会保障厅、浙江省总工会进行多次沟通，并于2021年底达成共识，开始构建基于基本建房能力和传统建筑技能的乡村建设工匠职业标准体系，并设计了省、市、县三级联动的技能竞赛体系，以期通过联合人社、工会等力量共同推动乡村建设工匠职业体系的完善和发展。

3. 在部门监管方面，尽管经过机构改革，但部门监管仍难以到位，管理生态仍需进一步完善。农业农村部有关部门负责宅基地审批、自然资源部有关部门负责规划审批、住房城乡建设部有关部门负责农房安全的管理，建设部门在农房安全管理方面面临一定的难度。此外，建设部门在基层的管理力量相对薄弱，缺少像土管员和规划员那样的直接村级触角，基层管理能力不足，很多监管任务因人手不足而难以有效落实。农户自建房的有效监管缺失，而建筑工匠出于各种目的对农户建房的责任心不强，进一步加剧了农村违法建房的蔓延趋势。同时，由于违规建筑增多，农民建房无设计施工的现象日益严重，即使委托设计也存在结构单一、实际施工中“设而不用”的问题。为了解决这些问题，浙江省住房和城乡建设厅于2015年在浙江省村镇建设与发展研究会下设立乡村建设工匠分会，通过行业自律管理的形式来弥补管理不足的情况。分会通过行业管理来落实工匠的基层管理，开展建房质量巡查、工匠培训、技艺交流、安全知识宣传、风险防范教育及专项技能教育等活动。2021年，浙江省住房和城乡建设厅通过数字化手段构建了农房“浙建事”平台，对乡村建设工匠进行建档，并通过诚信体系帮助农民了解工匠的建房情况和能力情况，良性推动乡村建设工匠的行业管理。但由于管理生态仍不完善，这些措施仍需要进一步改进和完善。

5.8 其他地区的传统建筑工匠情况

5.8.1 西北部地区

新疆、宁夏、甘肃等西北部地区少数民族人口比例较高，信仰宗教人数较多，传统建筑风格与其他地区相比具有一定差异性。目前，这些地区均尚未建立省级传统建筑工匠制度，对相关工匠培养和管理的制度多由市、县自行探索。

以宁夏回族自治区固原市为例，其传统建造技艺传承不息，其中大原古建筑技艺自明末清初以师徒方式传承至今，包括木匠、砖瓦匠、雕刻工、彩画工、裱糊工等。为弘扬传统文化，保护并传承古建筑技艺，固原市于2008年成立大原古建筑技艺传承基地，这是宁夏唯一集古建筑技艺的传承、观摩、制作、学习为一体的综合性基地。基地定期在施工现场请基地老前辈、民间老艺人为青年工匠讲授古建筑技艺的传统制作方法，为追溯并研究古建筑的历史渊源和制作技艺搭建交流平台，并对已损毁的古建筑进行考察、绘图、整理归档，对一些已经消失的古建筑以模型的方式复原。

在新疆地区，还存在一些独特的建筑形式，如重要的水利设施——坎儿井，其相关的修建技术一直在当地民众中流传。坎儿井施工维护的从业者主要为当地村民，偶尔有少量外来劳动力受雇参加并配合开展维修工作。一般每个乡有一个专业的坎儿井建造队伍，由熟悉坎儿井的老匠人带领当地年轻人对坎儿井进行日常维护工作，手口相传，学习、继承相关理论和技艺。

我国西北部地区的传统建筑具有鲜明的民族特点、文化特征和建筑风貌，需要针对当地的价值特色建立适用于专门技术和专业人才的制度。

5.8.2 藏羌文化区域

藏羌文化流传已久，目前主要分布在四川、青海和西藏，此处保存有藏羌风貌的大量传统建筑，特别是用来瞭望、防御、传递信息用的碉楼这一特殊建筑类型。碉楼分为藏族碉楼和羌族碉楼。碉楼建筑形式多样，有四角楼、五角楼、八角楼、十三角楼等类型，其中以四角楼最为常见；根据材料又可分为木式、石式、石木混合式和新式碉楼。

碉楼主要由掌握碉楼砌筑技艺的本地工匠建造，工匠通过承接碉楼建造项目收徒传艺。目前，部分建造碉楼的传统工艺濒临失传。在西藏，以民居为代表的传统建筑营造以工匠为主导，由其规定构造的统一尺寸及做法。工匠世代相传、师徒相承，经过长期实践经验积累，已经形成独特的设计方法、施工做法和地域性工匠技术。

现在西藏地区的传统建筑工匠人数较少，而来自四川的外地工匠较多。本地区的工匠大多没有师父传授技艺，而是从小工做起，在不断实践中慢慢积累经验，自学而成。目前能够熟练掌握传统藏式建筑设计建造的工匠很少且年龄较大。年轻学徒能够坚持从事传统建筑营造工作的也很少。

西藏地广人稀，传统建筑营造的市场需求不断萎缩，专业工匠的培养难度较大且时间紧迫，亟须从保护民族文化、地域文化的角度建立传统建筑工匠制度，传承特有的高原建筑样式和营造技艺。

5.9 国外关于建筑工匠管理的实践

澳大利亚、法国、德国、日本、韩国、新加坡等国在农房质量安全领域的研究起步较早，积累了丰富的研究成果。政府通过立法为相关政策提供了坚实的支撑和保障，并且积极地协调政府、农民、工匠和市场各方面的力量，促进了各方之间的良性互动。在我国农房建设的课题研究中，我们可以借鉴这些国家的成功经验，并将其与我国农房建设的实际情况相结合，探索出符合中国特色的工匠管理模式。通过明确工匠在农房建设过程中的责任，提升农房建设的整体质量和安全水平，同时保障农民的利益和权益，进一步提高农房建设的规范化和专业化水平，促进乡村发展和农民福祉的提升。

5.9.1 澳大利亚

澳大利亚乡村社区的重建与振兴的核心在于上下互动的社区自助理念，它鼓励乡村社区内部的居民积极参与，发挥他们的主动性和创造性。通过积极培育社区中的有识之士即社区能人，构建共享的文化共同体，澳大利亚成功地促进了乡村社区的善治和秩序的均衡。这种模式的成功，不仅在于它充分利用了乡村社区的内部资源，更在于它激发了社区居民的归属感和责任感，使乡村社区得以持续、健康地发展。

在探索我国农房质量安全的保障策略时，我们可以借鉴这一理念。政府的外在引导和社会组织的侧面协同固然重要，但更为关键的是如何激活村集体和乡村建设工匠的内生资源。乡村建设工匠作为乡村社区的一份子，他们的技术能力和职业素养直接影响着农房的质量和安全。因此，我们需要提出一种新的乡村建设工匠责任策略。这是一种自助式和上下互动的发展技术，能有效调动村集体的资源和工匠的技能，使乡村建设工匠成为乡村振兴的中坚力量。

为了实现这一目标，我们需要对乡村建设工匠进行职业培训，提升他们的技术能力，同时赋予他们更多的权利和责任，提高他们的责权意识。此外，我们还应倡导职业精神和创业文化，让乡村建设工匠们不仅满足于现有的技能水平，更要有追求卓越、创新发展的精神。只有这样，乡村建设工匠才能真正成为保障农房质量安全的重要主体，为我国的乡村振兴作出更大贡献。

5.9.2 法国、德国

以法国和德国为代表的欧洲国家，在城乡一体化建设方面展现出了高度的成熟和一致性。在这些国家，城市和乡村的房屋建设在法律层面上并无明显区别，这得益于其城乡规划的完善和法律体系的健全。这些国家普遍遵循着统一的法律法规、建设标准和建设程序，从而确保了房屋质量的整体水平。高质量的支撑体系、严格的审批程序、严厉的处罚措施及强制性的质量监督管理，共同构成了房屋质量安全的重要保障。

图 5-2 法国乡村

在远离城市的农村地区，农户有多种建房选择。他们可以选择聘请施工企业进行房屋建设，这些施工企业规模相对较小，业务覆盖范围有限，一般仅限于周边几个城镇。另一种选择是聘请具有建筑施工资质的自然人公司来进行房屋建设，这些公司通常由具有丰富经验和专业技能的建筑师或工程师组成，他们能够提供高质量的建筑服务并开具公司发票。除此之外，一些具备足够建筑知识和技能的农户还可以选择自行建造房屋。这得益于欧洲多数国家从初级教育阶段就开设手工课，他们普遍具备较强的动手能力和建筑技能。同时，由于人工费用高昂，一些建房者出于经济考虑，选择按照图纸自行修建房屋。自行建造的房屋需要经过严格的验收程序，安全和质量问题均由建房者自行承担。

我国在推进农村住房建设管理制度的创设过程中，可借鉴法国和德国等欧洲国家的经验。首先，我们可以从国家层面制定关于农房规划建设管理的法律，对规划、选址、勘察、设计、施工、验收、监管机构及法律责任追究等做出全面而具体的规定。这有助于明确农房建设的基本程序，确保每一步都符合法律法规的要求。同时，我们还应该加强对薄弱环节的监管力度，防止因疏忽导致的质量问题。通过完善管理制度和管理体制，我们可以为农房建设提供有力的法制保障。

此外，研究制定规范乡村建设工匠和鼓励专业技术人员下乡服务的政策措施，不仅可以提高乡村建设工匠的技术水平和职业素养，还能吸引更多的专业技术人员到农村地区服务。通过这些措施，我们可以为保障农房建设质量安全提供必要条件，推动农村地区的可持续发展和繁荣。

5.9.3 日本、韩国

日本在传统建筑技艺文化遗产保护方面的法律、法规保护体系非常全面。在“人间国宝”的认定和扶持制度下，促成了一种奖励传统建筑文化持续发展的机制，极大地提高了乡村建设工匠的社会地位，乡村建设工匠对自己的要求也非常高。

韩国在1964年启动了“人间国宝”工程，对具有重要价值的无形文化遗产的传承者或保持团体授予“人间国宝”荣誉称号，并确定其责任和义务。获得认证后，无形文化财（非物质文化遗产）传承人将得到中央和地方政府的大力保护和财政支持。经过几十年的上下推动，韩国的民族民间文化得到全面保护和振兴。

我国传统村落资源丰富，传统建筑和传统技艺亟待保护传承，传统村落保护落到实处的一大保证是传统建筑工匠的选择。需要制度支持培养乡村建设工匠，把传统工匠技艺传承下来。

5.9.4 新加坡

新加坡在农房建设管理方面的做法值得借鉴。政府在这里扮演着积极的角色，通过直接参与质量监管，确保了建筑工程的质量体系评价成熟且全面。这种模式与我国质量监管体系有相似之处。

在农房建设管理上，新加坡特别重视工匠的职能分配。通过建立一套详细的工匠分配图，明确各个工匠的职责范围、上下级关系及具体分工，确保每项任务都有明确的责任人。这样的做法有效避免了多头管理和相互推诿的问题，极大地提高了工作效率，并加强了工匠的责任心。

除此之外，新加坡还实施了多级多方位的工匠评价体系。通过设立一套完善的奖惩标准，新加坡强化了评价结果的运用，使乡村建设工匠的责任和权利得到实质性的落实。这种评价机制不仅提升了工匠的工作积极性，也为农房建设质量的提升提供了有力保障。

表5.1 部分国家相关经验比较分析

国家	农房建设（工匠管理）突出特点	可借鉴的经验	我国可能的应用方向
澳大利亚	重点是“社区自助”核心理念，社区精英培育、社区共同体塑造和社区多元主体协同参与三个层面，形成“上下互动”的协同关系	注重个人能力和社区责任塑造，可有效调动当地农村社区资源和个人能力，激发社区发展内生力量	通过乡村建设工匠这个团体或个人自我意识和能力的提升，与政府部门和社会组织共同保障农房质量安全

续表

国家	农房建设（工匠管理）突出特点	可借鉴的经验	我国可能的应用方向
法国、德国	开工前严格的审批程序和未按图纸施工的严厉的处罚；不同的建房途径，不同的责任主体；质量自控和建设全过程实行强制性质量监督审查	欧洲以人才培养推进可持续发展的战略，使乡村建设的效果卓著，这在很大程度上和农民群体综合素质较高有关	整个建房全过程强制性质量监督审查和严厉处罚保证农房质量安全，加强乡村建设工匠的职业教育培训，提升工匠综合素质，持证上岗
日本、韩国	通过“人间国宝”的认定，保护传统建筑和非物质文化遗产，明确“人间国宝”的责任和义务	通过立法、政府认可、社会宣传等全方位提高乡村建设工匠对自己职业的认同感和归属感	建立奖励传统建筑文化持续发展的机制，提高乡村建设工匠的社会地位，落实权责
新加坡	新加坡的建筑工程质量体系评价建立较早、发展成熟、内容较为全面	推动内地建筑工程质量评价标准改进和完善，增加多级多方位的评价主体，改变中国内地的建筑工程质量评价标准评价内容较为片面的情况	增加多级多方位的评价主体，明确各方职责分工，制定奖惩标准，加强评价结果的权威性和实际可操作性

浙江省乡村建设工匠行业管理探索

6.1 政策体制的疏理及建议

从对整个政策制度体系进行全面梳理的角度来看，乡村建设工匠相关的政策体系需要从立法到具体的政策实施进行全方位覆盖。这一体系应涵盖多个方面，包括乡村建设工匠的从业范围、从业要求、法律责任、各级政府和行政部门的管理要求、乡村建设工匠参与乡村建设项目的过程要求、工匠素质提升、社会保障等。为了确保这些政策具有可操作性，我们需要根据立法或顶层政策的指导，精心编制具体的实施政策制度。

以乡村建设工匠素质提升为例，政策制定者需要制定一系列具体的政策，包括职业标准、职业认定标准、工匠培训管理、工匠培训补偿、工匠培训与市场、社会保障的衔接等。这些政策旨在提高工匠的专业技能和职业素养，确保他们能够满足乡村建设的需求。

建议采取查漏补缺的方式，从有抓手、亟需解决的问题入手。例如，目前缺乏对乡村建设工匠从事乡村建设的明确上岗要求，我们可以参考浙江乡村建设工匠参与村集体小额工程的做法，从单点进行突破，提升乡村建设工匠的岗位价值，并以此为契机推动其他相关政策体系的制定。

就乡村建设工匠参与小额工程的政策体系而言，我们需要制定一系列配套的政策制度，涵盖项目监督、项目资金使用、项目档案管理、廉政需要等方面。这些政策应明确招标形式、过程监督节点、后续维护要求、工程建档要求等，确保工程实施的各个方面都有章可循、有据可依。在制定这些政策时，我们应始终遵循“科学、规范、实用、创新”的原则，不断健全和完善相关制度，提高管理的精准性和规范性。

鉴于乡村建设工匠多为个人从业的特点，我们还可以通过规范行业组织和构建社会诚信体系的政策来加强对工匠的管理。这些政策可以促进行业自律，让工匠自行管理和监督自身行为。

此外，对于乡村传统建设工匠的管理，政策体系应以保护传承和激励为主。我们可以围绕乡村传统建筑工匠的认定为主线，配合传承的激励、市场项目的激励、社会保障、宣传等激励政策体系，让传统建筑营造技艺得以发扬和传承。这些政策旨在确保乡村传统建筑工匠的技艺得到保护和传承，同时为他们的生存和发展提供必要的支持和保障（表 6-1）。

表 6-1 乡村建设工匠相关政策建议清单

序号	政策名称	政策层次	相关部门
1	乡村建设工匠管理办法或在乡村农房建设管理等相关条例或办法中提及	核心政策，明确乡村建设工匠的法律责任和义务，作为其他相关政策的依据	全国人民代表大会及其常务委员会
2	乡村建设工匠施工组织形式和施工质量等与施工相关的监管制度	业务政策，根据立法进一步相关到操作层面对乡村建设工匠的监管依据	建设部门等
3	乡村建设工匠参与村集体小额工程的管理	业务政策	审计、招投标管理、住房城乡建设部门等
4	乡村建设工匠参与市场业务规范的相关政策制度	市场政策	工商管理部门、市场监管、建设部门等协同
5	乡村建设工匠诚信管理相关政策体系的政策	行业管理政策	建设部门等
6	乡村建设工匠职业化培养相关政策，包括职业标准和职业培养促进政策	职业化政策	建设、人力资源社会保障、教育等部门协同
7	乡村建设工匠社会保障体系相关政策（医疗保险、工伤保险、养老保险、失业保险等）	社会保障政策	人力资源社会保障等部门协同
8	乡村建设工匠展示、荣誉或奖励相关政策	社会认可政策	政府、宣传部门及社会组织协同
9	乡村建设工匠舆论宣传相关政策（社会媒体宣传）	社会认可政策	政府、宣传部门及社会组织协同
10	关于乡村建设工匠重大贡献的资金援助、特殊补贴政策	激励政策	文旅、人力资源社会保障等部门协同
11	乡村建设传统工匠认定相关政策	底层政策，与其他政策相关	建设部门等
12	乡村传统建设工匠工程“白名单”或市场倾斜相关政策	市场政策、激励政策	市场监管、招标投标机构与部门协同
13	鼓励乡村传统建设工匠传统技艺传承和承担高职院校校外培训的相关政策	职业化政策	人力资源社会保障、教育等部门协同
14	乡村建设传统建筑工匠传统建筑技艺传承的补偿和激励政策	激励政策	建设、人力资源社会保障、文旅等部门协同

6.2 乡村建设工匠职业体系的建立

人力资源社会保障部关于“乡村建设工匠”职业体系已列入国家职业分类大典，说明职业方向得到国家的认可，正在制定职业标准。但职业体系的管理并不能代替建设主管部门的行业管理要求，因为“乡村建设工匠”并不是技能人员职业资格准入类，没有明确的法律法规或国务院决定作为依据，考核通过就给予发证，目前没有继续教育的要求。

从业体系参考：浙江省在2018年5月公布《浙江省农村住房建设管理办法》，明确提出除法律、法规另有规定外，农村住房建设不需要办理建筑工程施工许可证。建设非低层农村住房的，建房村民应当委托建筑施工企业施工；建设低层农村住房的，也可以委托具有相应技能的乡村建设工匠施工。随后重新修订并出台的《浙江省农村建筑工匠管理办法（修订）》对工匠培训的内容、培训学时、继续教育、证书监制和发放等提出明确要求。2022年7月，浙江省住房和城乡建设厅发布《浙江省住房和城乡建设厅关于开展农村建设工匠信用评价工作的实施意见》对工匠诚信管理提出明确要求，并对良好信息和不良信息给出标准，明确工匠的行业鼓励行为。

从业体系建议：建议明确工匠的法律责任和从业要求，以“乡村建设工匠”职业体系为基础，对从业人员提出继续教育、诚信从业和小额工程从业要求，并明确行业监管范围和罚则。

在我国传统建筑遗产保护政策的指导下，职业教育肩负着培养多样化人才、传承技术技能和促进就业创业的重要职责，是保护和传承传统建筑文化遗产的重要力量。基于认定机制的建立，高等职业教育弥补了传统传承方式中理论学习不足的趋势，而工匠认定也给职业教育学生一个未来发展方向，部分学生也可作为传统工匠传承人的身份接受校外指导，形成良性的传承环境。

目前，传统建筑传承教育的核心一方面在于形成辐射全社会的优秀传统建筑文化理念，另一方面在于培养具有深厚的传统文化素养、精湛的建筑营造技艺、与时俱进的创新能力的传承人。这与职业教育培养满足社会需要的高素质技术技能人才，着力培养学生实践能力、创新意识与创新能力相契合。同时，职业类院校独有的产教融合平台、实践教学体系及教师实践教学能力等不仅为培养传统建筑营造技艺传承人打造了发展平台，而且形成了职业院校推动传统建筑传承的独特优势。

但就目前高职院校培养中国古建筑工程技术专业人才模式而言，仍存在若干问题。首先，地域性高职院校价值定位有误，传统建筑具有地域性、时间性和文化性，地域性高等职业教育应在学校定位、人才培养方案、专业与课程设置等方面承担传承与创新当地传统建筑文化的任务，提升当地传统建筑文化产业的发展；其次，“双师型”教师匮乏，专业成立时间短，相关的资质认定制度不完善，这导致教师队伍的建设存在一定弊端，专业理论知识和实际营造技能发展不平衡；最后，校企合作实施不足，对于古建筑工程技术专业来说，校企合作、产学结合的人才培养模式能够将智力资源与物质资源相结合，实现优势互补，满足不断发展的社会对人才的需求。

6.2.1 准确定位高等职业教育

高职院校应在人才培养目标和方案、专业设置及课程开设等方面将地域性传统建筑营建文化融入其中，加强理论文化育人与营建技艺育人，为传统建筑的保护与传承打好基础。

开展社区课程是对传统建筑工艺传承的重要补充，传统建筑工艺的保护，仅靠学校的力量远远不够，需要全社会共同来参与。推广和普及传统建筑工艺的相关知识，宣传传统建筑工艺的价值和危机，社区课程兴趣班的最终目标是要全民了解、全民关注、全民参与。社区课程以实验室和工作坊作为基地，通过社区课程和网络课程辐射周边地区。同时，对有需要的社会人员展开再就业培训，提高从业人员的综合文化素养和理论水平，提高社区人员的再就业能力。在此过程中，在校学生从单纯的学生转化为“教学助理+学生”双重角色，不但要帮助老师完成课程教学的教案、教具等教学资料准备，还要在课程中协助老师指导社区学员开展实践训练。

6.2.2 加强“双师型”教师培养力度

高校教师队伍建设不仅需要高质量、文化理论扎实的专业人才，还需要实践性强、操作能力高的技术人才。高职类院校应为地方工匠提供技艺传承平台，保证教师和学生能够更好地掌握传统建筑营造技艺，同时为传统建筑的保护和发展提供一定的技术支持。

6.2.3 创造良好的教学实践环境

高职院校培养人才的模式定位是实践性强、操作性强的技术型人才，专业的实训基地建设至关重要。高等职业院校应投入资金建设古建筑实训室，建设一流的包含传承古建筑营造技术与工艺、古建筑修缮与保护实训教学基地，同时设置传统建筑营造技艺的“瓦石、彩画、砖雕”等教学区域和操作实践区域。各高等院校的古建筑工程技术专业，应以“立德树人”为主线，以专业技能为基础，组织学生参观测绘著名传统建筑、皇家园林，参加古建施工实践活动，聘请古建筑专家宣讲“工匠精神”和中华传统文化，开展企业人员职业规划讲座，旨在弘扬中国传统文化。

建立毕业生人才孵化的工匠大师工作坊。工匠大师工作坊是一个专门针对毕业生的人才孵化基地，也是一个岗前培训基地，通过基地的实践项目训练培养实际工作所需要的能力。

针对其他专业的在校生可开设传统建筑工艺兴趣班学生可自主报名，教师团队由校内专职教师和校外聘请的专家、工艺大师、名匠、工匠等组成。在学习中发现有天赋的优秀人才，可以允许其转换传统建筑工艺专业，或者为其申请双专业毕业证，为未来进入行业做好铺垫。

6.2.4 规范古建专业校企合作

通过加强校企合作、产学结合、资源互用、优势互补等方式，增强高等职业教育培养的人才与社会用人单位匹配度。

学校与企业建立长效机制，开设订单式传统建筑工艺班。传统建筑工艺班的人才培养方案和课程设置由学校与企业、工艺大师等共同制定，确保课程设计能够满足企业需求和专业发展。企业方面派出工匠师傅为学生授课。在学校主体教育的过程中，也要进行及时地纠正和回馈，把工作岗位的素质要求等传递到具体的培养中。

6.3 信用体系的建立

2018年出台的《浙江省农村建筑工匠管理办法（修订）》第十条“市、县（市、区）住房城乡建设主管部门应当配合乡（镇）人民政府、街道办事处对农村建筑工匠施工活动实施监督检查，依法查处农村建筑工匠违法行为，并依照《浙江省公共信用信息管理条例》的规定作为不良信息记入其信用档案，依法予以惩戒”的要求，需要建立乡村建设工匠管理诚信体系，构建乡村建设工匠管理的政策规章体系。通过对乡村建设工匠及农村建房政策体系和乡村建设工匠公共信用信息相关涉及方需求的梳理，以及乡村建设工匠公共信息支持农房全生命周期生态融合的调研，在浙江省住房和城乡建设厅门户网站开展广泛征求意见的基础上起草有关农村建筑工匠的公共信用信息管理办法，对工匠诚信评价管理的定义、具体部门职能和管理工作范围、工匠信用信息范围、评价分级和结果应用进行详细规定。

6.3.1 乡村建设工匠诚信管理体系作用

乡村建设工匠诚信管理体系的建立，有助于乡村建设工匠行业自律管理。通过诚信体系的指标建立，对乡村建设工匠有了全面的评价体系，从个人技术提升、履约情况、建房质量保障、配合行政部门管理、风险管控等不同角度对工匠进行自我约束和自我要求，通过行业协会的自律管理，实现乡村建设工匠的自我组织、自我管理，起到促进乡村建设工匠行业良性发展的作用。

乡村建设工匠诚信管理体系的建立，有助于农房建设市场良性发展。通过乡村建设工匠诚信体系的建立，农户可以通过诚信体系的公开发布，更好地了解具有良好业务素质和履约能力的工匠，帮助诚信工匠得到市场的认可，另一方面通过对工匠的诚信监督，减少农户私自扩大面积、加盖楼层等违建行为，避免拆建和纠纷的产生，起到教育市场和引导市场的作用。

乡村建设工匠诚信管理体系的建立，有助于配合行政部门和当地政府的监管。乡村建设工匠分布广、管理难度大，通过诚信体系的建立，配合建设、农业、资规等行政部门及当地乡镇的建房审批、监督、执法过程，并将违规、违法行为纳入诚信体系，实现诚信体系的动态评价，起到规范农村建房的流程、减少农房建设的施工风险、保障农村建房的质量、减少农村违建等作用。

6.3.2 乡村建设工匠诚信管理体系特征分析

《浙江省五类主体公共信用评价指引（2020版）》中对于自然人公共信用评价体系

的构建要求，把自然人的公共信用评价体系分成：基本情况、履约能力、经济行为、遵纪守法、社会公德五大要素刻画自然人的信用形象。

自然人公共信用评价模型总分为1000分，根据指标的重要性，参照行业内相关权重配置规则，应用专家打分法，对一、二、三级指标分别确定权重。其中，基本情况、履约能力、经济行为、遵纪守法、社会公德等5个一级指标对应的权重分值分别为140分、110分、90分、470分、190分。

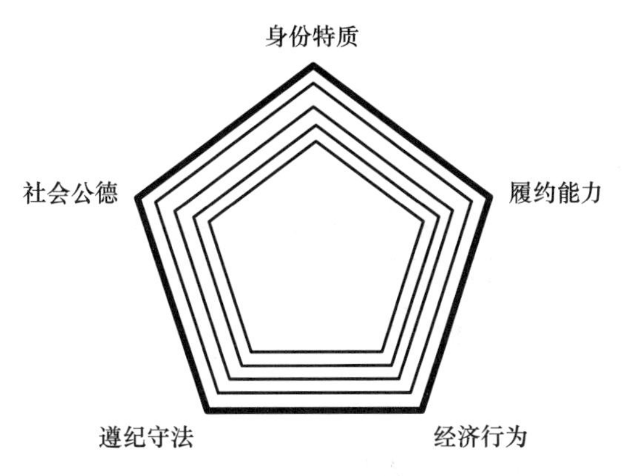

图6-1　公共信用画像

乡村建设工匠诚信管理体系的特征分析也依据五大体系去构建。

1. 身份特质分析

乡村建设工匠身份特质主要分为个人信息特质、工匠技能特质和建房业绩特质，身份特质评价重点在于信息的完整性和真实性。

表6-2　乡村建设工匠身份特质分析表

特质定位	细分特质	特质内容	诚信评价说明
身份特质分析	个人信息特质	姓名、身份证号、住址、联系方式	基本信息完整性
	工匠技能特质	历年培训记录	个人技能提升信息完整性
	建房业绩特质	签订合同提交备案、监督检查记录、建房质量记录	建房信息完整性

2. 履约能力分析

乡村建设工匠履约能力主要分为合同完成特质、风险控制特质，身份特质评价重点在于按合同内容完成服务和对自身、建房风险的控制。

表6-3　乡村建设工匠履约能力分析表

特质定位	细分特质	特质内容	诚信评价说明
履约能力分析	合同完成特质	按照合同进行施工和服务	无合同纠纷
	风险控制特质	购买保险情况	购买必要保险

3. 遵纪守法分析

乡村建设工匠遵纪守法主要分为施工现场管理特质、行政监督处罚特质，遵纪守法评价重点在于对施工现场的管理规范、在监督检查中没有违规行为。

表 6-4　乡村建设工匠遵纪守法分析表

特质定位	细分特质	特质内容	诚信评价说明
遵纪守法分析	施工现场管理特质	安全措施、标识标牌、现场设施设备管理、现场整洁情况	现场管理
	行政监督处罚特质	行政监督整改	一般违规行为
		行政监督处罚	较大违规行为

4. 经济行为分析

乡村建设工匠经济行为主要分为建后维护特质。经济行为评价重点在于在建后维护过程中完成长期的维护工作。

表 6-5　乡村建设工匠经济行为分析表

特质定位	细分特质	特质内容	诚信评价说明
经济行为分析	建后维护特质	维护工作的开展	建后无纠纷

5. 社会公德分析

乡村建设工匠社会公德主要是个人奖励特质。

表 6-6　乡村建设工匠社会公德分析表

特质定位	细分特质	特质内容	诚信评价说明
社会公德分析	个人奖励特质	农户口碑反馈	奖励信息
		工匠比武、市里奖励、省里奖励	奖励信息

从上述五个方面来分析乡村建设工匠诚信体系的特征，身份特质是乡村建设工匠诚信管理体系的基础，保证基本信息的真实和完整；履约能力、遵纪守法、经济行为是乡村建设工匠诚信体系的重点，覆盖了农村建房的整个流程，也是行政部门重点监管的主要内容，给予这三项的权重是整个诚信体系中占比最大的；社会公德是诚信体系的增值项，从奖励和口碑反应乡村建设工匠的社会反馈和社会认可，是乡村建设工匠的荣誉体现。

6. 3. 3　浙江省乡村建设工匠诚信管理指标体系的建立

通过分析已有的乡村建设工匠诚信体系指标成果，省内包括杭州市、嘉兴市、富阳区、余杭区、仙居县等，省外包括山东省临沂市的先进做法，汲取评价原理、评价方法、评价结果处理的经验。对浙江省典型乡村建设工匠区域进行实地调研，总结出浙江乡村建设工匠的诚信价值分布和地域特征。根据浙江省乡村建设工匠的地域诚信体系，调整优化评价指标体系。征求乡村建设工匠领域相关专家的意见，论证浙江省乡村建设工匠评价因子的合理性并进行调整。

1. 乡村建设工匠诚信管理体系指标参考

根据浙江省、内外乡村建设工匠相关参考总结乡村建设工匠指标体系（表 6-7）。

表 6-7 浙江省内外农村建筑工匠信用积分标准参考汇总表

<table>
<tr><th>项目</th><th>杭州市农村建筑工匠积分制管理加减分细则</th><th>嘉兴市农村建筑工匠诚信管理年度考核评分表</th><th>仙居县农村建筑工匠信用信息记分标准</th><th>临沂村镇建筑工匠信用积分标准</th><th>备注</th></tr>
<tr><td rowspan="9">加分条款</td><td>参加区级技术比武并得奖</td><td>参加省、市农村建筑工匠比武大赛获得奖项的，一等奖加 15 分，二等奖加 10 分，三等奖加 5 分</td><td>住房城乡建设部、省政府表彰</td><td>住房城乡建设部、省政府表彰</td><td rowspan="9">加分项主要涉及获奖、表彰、支持政府重点工作等</td></tr>
<tr><td>参加市级技术比武并得奖</td><td>参加县农村建筑工匠比武大赛获得奖项的，一等奖加 10 分，二等奖加 6 分，三等奖加 3 分</td><td>省住房城乡建设行政主管部门、市政府表彰</td><td>省住房城乡建设行政主管部门、市政府表彰</td></tr>
<tr><td>参加省级及以上技术比武并得奖</td><td>在县级以上住房城乡建设行政主管部门或协会组织的专项检查中，被通报表扬或在县级以上会议上作经验介绍的，加 10 分</td><td>市住房城乡建设行政主管部门、县政府表彰</td><td>市住房城乡建设行政主管部门、县（区）政府表彰</td></tr>
<tr><td>积极参加省、市、县房建设相关工作</td><td>作为主要参与人承担的项目获县级协会优秀工程奖等奖项，以及个人获得县级或协会荣誉称号的，加 10 分</td><td>县住房城乡建设行政主管部门、乡镇政府表彰</td><td>县（区）住房城乡建设行政主管部门、乡镇政府表彰</td></tr>
<tr><td>积极协助乡镇人民政府、街道办事处做好农房建设管理工作</td><td rowspan="5">积极支持农村困难家庭危旧房改造，经村委会证明并经镇级政府核实的，加 5 分</td><td>县农村建筑工匠协会表彰</td><td>县（区）、村镇建筑工匠协会表彰</td></tr>
<tr><td>积极参加区、县（市）组织的继续教育培训</td><td>推荐全省经验介绍的工程观摩活动</td><td>推荐全省经验介绍的工程观摩活动</td></tr>
<tr><td>所承建的农房获得县区级嘉奖</td><td>推荐全县经验介绍的工程观摩活动</td><td>推荐全市经验介绍的工程观摩活动</td></tr>
<tr><td>所承建的农房获得市级嘉奖</td><td>推荐全县工程观摩活动</td><td>推荐全县（区）工程观摩活动</td></tr>
<tr><td>所承建的农房获得省级及以上嘉奖</td><td>推荐全乡（镇、街道）工程观摩活动</td><td>承揽的工程经验收有一项获得抗震新农居补贴</td></tr>
</table>

续表

项目	杭州市农村建筑工匠积分制管理加减分细则	嘉兴市农村建筑工匠诚信管理年度考核评分表	仙居县农村建筑工匠信用信息记分标准	临沂村镇建筑工匠信用积分标准	备注
加分条款	其他可以加分的事项	积极支持农村困难家庭危旧房改造，经村委会证明并经镇级政府核实的，加5分	承揽的工程经验收有一项获得抗震新农居补贴	获得市级村镇建筑工匠技能大赛一等奖	加分项主要涉及获奖、表彰、支持政府重点工作等
			获得市级及以上农村建筑工匠技能大赛一等奖	获得市级村镇建筑工匠技能大赛二、三等奖	
			获得市级及以上农村建筑工匠技能大赛二、三等奖	承揽农房工程每达到5项	
			获得县级农村建筑工匠技能大赛一等奖	通过农村建筑工匠培训并获得培训证书，后续按规定每年参加继续教育	
			获得县级农村建筑工匠技能大赛二、三等奖	参加个人保险	
			承揽农房工程每达到5项	所做工程参加工程保险	
减分条款	伪造、涂改、转借、转租、转卖《农村建筑工匠培训合格证书》	实施挂牌施工，开工建设前悬挂建房农户的《乡村规划建设许可证》复印件、农房设计图纸，未执行的发现一次扣5分	未按规定与建房户签订建房协议	未按规定与建房户签订建房协议	减分项主要涉及信息不全、工匠培训证书违规使用、未按照协议施工、现场安全管理纰漏、出现事故和违规建房等；仙居、临沂等地区根据严重程度，对应不同的减分值
	发现建造违法、违章建筑	按照相关部门提供的施工合同范本，与建房农户签订建房施工合同，未执行的发现一次扣5分	建房协议未在乡镇（街道）备案	协议未在乡村规划建设监督管理机构备案	
	发现擅自改变施工图纸，不按图施工	严格按照《乡村规划建设许可证》批准的建设位置、建筑占地，建设层数、建筑高度建房，未执行的发现一次扣10分	所管理的工匠未取得农村建筑工匠培训合格证书	所管理的工匠未取得村镇建筑工匠继续教育证书	

续表

项目	杭州市农村建筑工匠积分制管理加减分细则	嘉兴市农村建筑工匠诚信管理年度考核评分表	仙居县农村建筑工匠信用信息记分标准	临沂村镇建筑工匠信用积分标准	备注
加分条款	不悬挂施工牌或施工牌悬挂不符合规范	积极配合农房审批监管的“四到场”制度，及时提醒建房户向镇、村管理人员申请“四到场”监督，未执行的发现一次扣10分	所管理的工匠不按规定参加各级组织的技能培训	所管理的工匠不按规定参加各级组织的技能培训	减分项主要涉及信息不全、工匠培训证书违规使用、未按照协议施工、现场安全管理纰漏、出现事故和违规建房等；仙居、临沂等地区根据严重程度，对应不同的减分值
	发生质量安全事故，情节较轻的	建房农户在未经批准提出擅自改变规划许可内容建房要求时，应停止施工并加以劝阻，同时及时报告建房所在地的镇、村管理人员；未经许可，继续实施擅自改变规划许可内容建房的，发现一次扣10分	未按照设计图纸和有关技术规定施工	未按照设计图纸和有关技术规定施工	
	发生质量安全事故，情节严重的	承接建房工程时，执行建设工程预算定额或有关行业标准，应合理报价，如故意抬高或压低工程费用的，发现一次扣10分	施工现场未佩戴安全帽	施工现场未佩戴安全帽	
	施工现场不做好安全防护措施	未能自觉遵守有关施工安全的要求和规定，规范施工、安全施工、文明施工，确保工程质量和安全的，发现一次扣5分	施工现场二层以上未搭设脚手架	施工现场二层以上未搭设脚手架	
	发现使用不合格建筑材料	建设农房须使用合格建筑材料和建筑构配件，使用不合格建筑材料和建筑构配件的，发现一次扣10分	施工现场二层以上未使用安全防护网	施工现场二层以上未使用安全防护网	
	发现施工现场材料乱堆、乱放	未能出具有效《农村建筑工匠培训证书》的，发现一次扣10分	施工现场未使用配电箱	施工现场未使用配电箱	
	其他违法行为	未按照农村建筑工匠诚信评价结果，承接农民建房工程的，发现一次扣10分	使用不符合建设工程质量要求的建筑材料和建筑构件	使用不符合建设工程质量要求的建筑材料和建筑构件	
		应保持廉洁自律，有向镇村管理人员送礼、宴请等行为的，发现一次扣5分	使用不合格的起重机械设备	使用不合格的起重机械设备	

续表

<table>
<tr><th>项目</th><th>杭州市农村建筑工匠积分制管理加减分细则</th><th>嘉兴市农村建筑工匠诚信管理年度考核评分表</th><th>仙居县农村建筑工匠信用信息记分标准</th><th>临沂村镇建筑工匠信用积分标准</th><th>备注</th></tr>
<tr><td rowspan="5">减分条款</td><td rowspan="5">其他违法行为</td><td rowspan="5">积极参加上级部门组织的技术培训、业务讲座等有关会议和活动，缺席一次扣5分</td><td>拒不接受部门、乡镇、协会安全技术指导</td><td>拒不接受所属公司、协会安全技术指导</td><td rowspan="5">减分项主要涉及信息不全、工匠培训证书违规使用、未按照协议施工、现场安全管理纰漏、出现事故和违规建房等；仙居、临沂等地区根据严重程度，对应不同的减分值</td></tr>
<tr><td>施工现场出现质量或安全事故</td><td>不接受县区主管部门和乡村规划监督管理机构监督管理</td></tr>
<tr><td>有区域垄断行为或与管理人员联合排除其他工匠承接业务</td><td>所管理的工匠未购买人身意外伤害保险</td></tr>
<tr><td>所管理的工匠未购买人身意外伤害保险</td><td rowspan="2">工匠队长和所管理的工匠入网信息不完善</td></tr>
<tr><td>工匠和所管理的工匠入网信息不完善</td></tr>
</table>

2. 浙江省乡村建设工匠诚信评价指标体系探索

根据乡村建设工匠诚信管理体系特征，评价指标体系将从身份特征、履约能力、遵纪守法、经济行为、社会公德五个方面进行评价；参考浙江省内外乡村建设工匠信用积分制度，都是通过在基础分值上加分和减分来进行评价管理，通过特征完整性对浙江省乡村建设工匠指标体系进行补充和调整。

表 6-8　浙江省乡村建设工匠诚信评价指标体系

<table>
<tr><th>一级指标</th><th>二级指标</th><th>评价内容</th><th>详细要求</th><th>评价标准及办法</th></tr>
<tr><td rowspan="3">身份特质</td><td>个人信息特质</td><td>姓名、身份证号、住址、联系方式、工种类别</td><td>基本信息真实完整</td><td rowspan="3">半星</td></tr>
<tr><td>工匠技能特质</td><td>历年培训记录</td><td>按照要求完成工匠培训和继续教育</td></tr>
<tr><td>建房业绩特质</td><td>签订合同提交备案、监督检查记录、建房质量记录</td><td>建房信息完整性</td></tr>
</table>

续表

一级指标	二级指标	评价内容	详细要求	评价标准及办法
履约能力分析	合同完成特质	按照合同进行施工和服务	未按规定与建房户签订建房协议	发现一项未达标减半星，两项以上减一星
			建房协议未在乡镇（街道）备案	
	风险控制特质	购买保险情况	所管理的工匠未购买人身意外伤害保险	
			所做工程参加工程保险	
遵纪守法分析	现场管理特质	安全措施、标识标牌、现场设施设备管理、现场整洁情况	未按照设计图纸和有关技术规定施工	
			不悬挂施工牌或施工牌悬挂不符合规范	
			发现施工现场材料乱堆、乱放	
			施工现场未佩戴安全帽	
			施工现场二层以上未搭设脚手架	
			施工现场二层以上未使用安全防护网	
			施工现场未使用配电箱的	
			使用不符合建设工程质量要求的建筑材料和建筑构件	
			使用不合格的起重机械设备	
			施工现场出现质量或安全事故	
			拒不接受部门、乡镇、协会安全技术指导的	
	监督检查特质	行政监督整改	发生质量安全事故，情节较轻	发现半星
		行政监督处罚	发生质量安全事故，情节严重	发现减一星
经济行为分析	建后维护特质	维护工作的开展	维护工作的开展	发现减半星
			保持廉洁自律，有向镇村管理人员送礼、宴请等行为	
			积极参加上级部门组织的技术培训、业务讲座等有关会议和活动。	
社会公德分析	奖励特质	农户口碑反馈	连续 5 个建房户给出评反馈	发现任意一项加半星
		工匠比武、市里奖励、省里奖励	市住建主管部门表彰	发现任意项加半星
			获得市乡村建设工匠比武大赛三等以上奖项	
			省住房城乡建设主管部门表彰	发现任意项加一星
			获省乡村建设工匠比武三等及以上奖项	
	支持重点工作	参与政府推动的重点工作	参与政府重点工作项目，如危房改造等	发现任意项加半星
			积极协助乡镇人民政府、街道办事处做好农房建设管理工作	

3. 评价方法

评价方法原则：1）分级递进原则，身份特质为基础信息，只有满足身份特质基本信息才能进行履约能力、遵纪守法、经济行为这三项的评价，这3个方面达到基本要求才能进行社会公德的评价。2）分层评价，基本满足以下以减分为主，基本条件满足以上以加分为主，实现分层评价，两级管理。3）星级评价，三星为基本满足诚信体系基本要求，三星以下为不满足诚信体系基本要求，三星以上为诚信优良。

主要评价方法为五星评价法。满足身份特质的个人信息，定为半星，可进入乡村建设工匠诚信管理体系；在履约能力、遵纪守法、经济行为方面均没有违规行为，按照要求完成建房任务，评价为三星；基本满足农村建工工匠诚信体系要求的水平，如果出现任何一项违规行为，即根据标准减一星或半星，降为缺乏诚信的乡村建设工匠；满足三星，才能进行社会公德的评价，对奖励、表彰和参与政府重点工作根据表彰加星，三星以上为诚信优良的乡村建设工匠，评判结果直观，可操作性强。

6.4 服务体系的建立

6.4.1 主管部门监管服务体系的建立

乡村建设工匠的管理应遵循属地原则，各地务必强化组织领导，将乡村建设工匠的工作列为重要议事议程，并在乡村振兴的背景下加强监管。为保障这一工作的有效实施，需要建立健全相关的工作机制，并明确各部门的责任分工。住房城乡建设、农业、资规部门等相关机构应加强沟通与协作，形成合力，共同进行监督和指导。

各地的住房城乡建设管理部门应依法承担本辖区内乡村建设工匠的统一管理职责，确保有明确的分管领导、责任科室及专人负责此项工作。同时，各地及相关部门应加强对乡村建设工匠工作的监督检查，将其纳入规划督察的重要内容，确保乡村建设活动符合规划和相关政策要求。

为了增强社会参与度，应动员各方社会力量共同参与乡村建设工匠的监督与管理工作，充分发挥社会监督的作用。市、县级政府应增加乡村建设工匠的执法力量，加强执法力度，对违反相关规定或因工作不力导致问题的单位和个人依法进行处罚；对于构成犯罪的行为，应依法追究刑事责任，以维护乡村建设秩序和工匠的合法权益。

6.4.2 工匠建房资金支持服务体系的建立

为了全面提升乡村建设工匠的技艺水平、加强行业管理并保障传统工艺的有效传承，必须积极争取各类补助资金。这些资金将主要用于研究并编制与乡村建设工匠相关的标准和技术指引，以及深入研发传统建筑修缮技术等宝贵工艺。这样的投入不仅有助于乡村建设工匠的工作标准化和规范化，还能确保传统工艺得到妥善保护和持续发展。

市、县各级财政部门在乡村建设工匠工作中扮演着至关重要的角色。应当通过财政资金做预算安排，在专项经费中提取，积极筹集所需资金。这些资金将直接用于支持乡村建设工匠的各项工作，包括但不限于培训、技能提升、工具更新及项目管理等。这样的财政支持将极大提升工匠的工作效能，进而推动乡村建设的整体进步。

此外，建立多元化的融资渠道也是至关重要的一环。我们应当积极吸纳社会资金参与乡村建设工匠的管理工作，这不仅有助于减轻政府财政压力，还能促进社会各界对乡村建设的关注和参与。同时鼓励公民、法人和其他组织依法设立乡村建设工匠传统工艺传承基金，或以捐赠等形式资助乡村建设工匠的传承工作。这样的举措将为乡村建设工匠的传承和发展提供坚实的资金保障，进而确保传统工艺薪火相传，为乡村的繁荣和文化的传承贡献力量。

6.4.3 工匠社会认可服务体系的建立

为了全面提升乡村建设工匠的社会地位和影响力，必须加强对这一群体的宣传力度，普及保护知识，展示他们的成绩，以此提高公众对乡村建设工匠的认识和尊重。营造一个全社会都高度重视乡村建设工匠工作的良好氛围，让更多的人了解他们为乡村发展作出的贡献。

为逐步扩大结对服务的覆盖面，结合规划师、建筑师、工程师等专业志愿者的下乡服务活动，加强乡村建设工匠传承志愿者队伍的建设。积极培养和引进乡村建设工匠专业人才，鼓励他们将知识和技能贡献给乡村建设事业。同时欢迎有志于乡村建设工匠相关专业的各界人士和群众积极参与其中，共同推动乡村建设工匠工作的全面有效开展。

此外，充分发挥科研院所、大专院校、行业协会的作用。这些机构拥有丰富的研究资源和专业知识，其研究成果将为我们制定发展目标、重点任务和政策措施提供重要参考。通过紧密合作，可以确保乡村建设工匠工作的科学性和有效性，为乡村的可持续发展注入新的活力。

6.4.4 工匠多元化从业服务体系的建立

随着城镇化的推进，乡村建设工匠在城市建设中发挥着越来越重要的作用。他们既是城市的建设者，也是乡村振兴的实践者。为了充分发挥这些工匠的作用，我们需要在服务体系上做好城市和乡村的职业体系互认同时配套政策，这样可以鼓励更多的城市务工人员返乡参与乡村建设，为乡村振兴贡献力量。

山西、江苏等地已经开展农房监理服务，经过简单培训的乡村建设工匠，已具备胜任监理岗位的能力。这让他们在农房建设过程中，不仅可以作为实施者，还可以作为监督者。然而，为确保监理工作的公正性和有效性，需要通过规则制度来规范他们的责、权、利，避免既做运动员、又做裁判员的现象发生。

甘肃等地则出现了农村自建房一体化综合服务模式。由当地的乡村建设工匠在原有建房业务的基础上，扩充服务内容，形成集咨询、设计、施工、验收等为一体的新型服务模式。这种服务模式不仅满足了自建房业主的多样化需求，还为乡村建设工匠提供了更多的职业选择，增加了他们的收入来源。

除在建筑领域发挥作用外，乡村建设工匠还在农房巡查、危房治理、农房体检等基础工作中发挥着主力军的作用。为更好地利用这支具有丰富建房经验的队伍，可以考虑通过工匠协会等组织进行自律管理，并通过当地政府购买服务的方式开展工作。这样既可以提高农房风险隐患的发现概率，也可以指导现场施工人员的工作。

将乡村建设工匠与其他与农村建房相关的职业途径相结合，如白蚁防治等。通过简单培训，乡村建设工匠可以代替当地白蚁防治所进行除蚁和防蚁工作。这种结合不仅扩展了乡村建设工匠的职业选择，增加了他们的收入，还能帮助当地开展与建筑相关的工作，实现资源共享和互利共赢。

乡村建设工匠作为乡村建房的核心力量，在多年的实践中积累了丰富的技能和知识。通过多元化的职业道路选择和服务模式的创新，他们可以在乡村振兴和城镇化建设中发挥更大的作用，为乡村的可持续发展注入新的活力。

6.4.5 工匠社会保障服务体系的建立

对于身处农村的传统建筑工匠而言，他们面临着严峻的社会保障问题。尽管他们作为非物质文化遗产的传承者，却并未因此获得优于普通农民的社会保障待遇。因此，在提出对传统建筑工艺及其持有者的保护举措时，我们必须首先关注并保障他们的权益。

及时为传统建筑工匠提供社会保险，不仅是对他们基本权益的保障，也是工匠认定机制与社会保障体系相结合的重要前提。这将有助于更好地满足工匠们的现实需求，促进传统建筑工匠认定机制的进一步完善与发展。

乡村建设工匠和乡村传统建设工匠的社会保险模式选择是一个错综复杂的问题。工匠是一个复杂的群体，既有正规就业的，又有灵活就业的，既有稳定就业的，又有频繁流动的。在社会保障尚未实行全国统筹的情况下，很难用一种制度将所有工匠全部覆盖进来。对传统建筑工匠实行分层分类保障较为理想。这种做法就类似于我国目前已经推行的社会统筹与个人账户相结合的基本养老保险制度，在基本养老保险基金的筹集上采用传统的基本养老保险费用筹集模式，即由国家、单位和个人共同负担，基本养老保险基金实行社会互济，在基本养老金的计发上采用结构式的计发办法，以强调个人账户养老金的激励因素和劳动贡献差别。

6.5 数字化体系的建立

以数字化为核心，全面系统地重塑农房建设管理体系。乡村建设工匠管理被巧妙融入，形成了一个更加完整和高效的管理体系。借助数字化手段和物联网技术，成功弥补了基层监管力量的不足，显著提高了农民建房的服务效率。

在这个新的管理体系中，乡村建设工匠的信息档案、工程业绩和诚信体现等方面都得到了数字化应用。这不仅方便了对工匠的管理，也让农民在选择工匠时能更加直观地了解其资质和信誉。通过这种方式，鼓励和促进了农民选择高诚信工匠，进一步保障了农房建设的质量和安全。

此外，数字化体系还实现了农房建房审批、设计施工、不动产登记、经营流转等跨部门业务环节的全链条打通，实现多跨高效协同、工作闭环管理、场景动态联动的农房全生命周期管理机制。

6.5.1 系统构建部署的总体要求

乡村建设工匠管理系统融合在农房全生命周期综合管理系统，面向政府、农户、工匠三方，以“三张清单”为总纲要，主要协同主管部门打造省、市、县、乡、村五级的监管、业务双平台模式，实现农户一键通办、农房一码到底、流程一账可查、政府一图通管。其中乡村建设工匠管理板块主要包括实现工匠培训全过程跟踪，实现线上和线下培训统一管理，统一学时登记；实现课程公开化、多样化，公开面向社会征集课程，并实现管理部门自由选课和评价；实现农村建筑工匠行业管理，实现省级协会、市级协会、县级协会联动管理，配合主管部门辅助管理，实现辖区内工匠数据分析和统计；实现农村建筑工匠诚信管理，给出农村建筑工匠诚信评价和分析。

6.5.2 系统需要部门多跨协同

乡村建设工匠管理系统要融合在农房管理系统，是因为工匠的数据需要提供给农房建设管理系统，也需要从农房管理系统中提取建房信息来支撑工匠相关的现场施工管理和诚信管理，所以一定要站在农房建设管理系统层面来看工匠的数字化管理。

1. 业务协同。围绕当前农房建设管理现状存在的“建房审批难、建房管理难、风貌管控难、危房管控难、闲置盘活难”等五大问题，协同多部门优化业务流程，利用公众服务端、政府治理端，进一步打通农房设计、审批、施工、验收、质量监管、隐患排查、防灾减灾、违章举报、工匠管理、经营监管等环节，形成贯穿农房审批、发证、流转、安全管理等全生命周期多跨协同业务场景，实现农民建房一站式联办、政府线上全流程监管；基于省域空间治理数字化平台，建设全省农村房屋“一张图”，形成“农房一码贯联、时空一图统管、预警一屏呈现”等功能。

2. 数据协同。农房全生命周期综合管理服务系统通过对接省一体化智能化公共数据平台，共享使用包括公安、民政、自然资源、应急管理、市场监督等部门的信息，实现跨部门数据共享。通过省、市、县业务联动和数据归集机制，对接全省数据仓实时获取全省农村存量农房、房产交易、住房保障、住房公积金等数据资源，并实现乡村建设工匠延申信息的实时更新，提供归集及交换。

3. 系统协同。根据农房集成联合事项需要，利用公众端、政府端和政务服务网，基于一体化智能化公共数据平台和数据仓数据共享资源，以农房综合管理服务系统为核心，实现跨部门对接省内其他部门的应用平台。

6.5.3 工匠数字化管理的要求

乡村建设工匠数字化管理，旨在为广大农户、工匠及第三方单位提供一个便捷、高效的农房建设服务平台。这些模块包括“我要建房”“我要危改”“我要增收”“我要服务”“免费图集”“工匠中心”“政策法规”“我的房屋”以及“我的关注”等，全部集成在一个公众工作平台上。这一平台不仅支持建房、危改、经营、水电气开通等事项的掌上办理，还提供了建房知识、政策法规、免费图集以及建房工匠的掌上查阅与咨询服务。

通过这一平台，农户可以随时随地获取所需信息，与工匠和第三方单位进行高效沟通，确保农房建设过程中的每一个环节都能得到及时、专业的服务。

关于信息的全过程化管理，无论是建房申请、合同签订，还是施工日志、项目验收等环节，都能够实时追踪、记录并推送相应信息到相应平台，确保农户、工匠和第三方单位都能及时获取最新、最准确的信息，共同推动农房建设项目的顺利进行。

为了更好地服务工匠和农户，专门设计了工匠培训管理页面。这一页面依托统一的应用系统支撑，实现了工匠注册、在线合同签订、图集上传、附件上传、施工日志填写等一系列功能。同时还建立了全省统一的图集库和工匠库，管理全省技术单位数据并提供技术服务，对接相关单位提供建材服务、公积金服务、生活服务等。

这些措施不仅解决了农房风貌管控难的问题，还积极探索了村庄整体风貌下的单体设计，处理好传统与现代、继承与发展的关系，着力探索形成具有地方特色的新时代民居范式，以点带面促进村容村貌提升。工匠服务聚焦农房建设安全，建立了一批有资质证书、技能先进的全省工匠人才库，对全省的优秀工匠基本信息和参建项目信息进行统一管理，实现对全省各地市工匠总量的统计和监管，确保农房建设的安全和质量。

6.5.4 工匠数字化管理的特色

经过精心设计和实施，成功构建了一个四级工匠管理体系，这一体系层次分明，责任明确，能够有效推进工匠的管理、服务以及技能提升工作。

在省级层面，管理员负责统筹全局，对工匠进行全面的管理和服务。他们不仅负责工匠的技能提升计划，还负责协调和指导市级、县级和乡镇级管理员的工作，确保整个管理体系的高效运转。

市级管理员则侧重于数据统计分析，他们通过对工匠数据的深入分析，为省级管理员提供策略建议，帮助优化工匠管理策略。同时，他们还与县级管理员紧密合作，共同推进工匠管理工作。

县级管理员是工匠管理工作的具体执行者，他们负责开展档案管理、培训组织和巡查安排等工作。他们根据工匠的实际情况和需求，制定具体的培训计划并组织实施。他们还负责巡查工作，确保工匠在施工现场遵守规范，保证工程质量。

乡镇管理员则是工匠管理工作的基层实施者，他们负责高效组织实施工匠的培训和考核工作，与工匠紧密联系，了解工匠的需求和困难，为他们提供及时的帮助和支持。

为更好地实现工匠的跨区域管理，我们建立了以发证地和备案地为基础的管理机制。工匠只有在符合备案地的要求后才能成功备案，并纳入统一管理。这一机制有效地解决了工匠跨县（市、区）接项目的管理难题，提高了管理效率。

在工匠的统一管理方面，我们将所有在册工匠纳入行业协会管理，实现培训机构和师资的统一管理。同时，还制定了统一的培训和考核标准，实现线上和线下培训的统一管理。通过这些措施，确保工匠的专业素质和技能水平得到全面提升。

为了实现全省统一的课件管理，采取课程全省征集、专家审核、年度更新的方式。各县（市、区）可根据需要选择适合当地工匠的学习课程。这些课程包括基础课程（如建筑识图、法律法规等）及专业课程（如泥工、木工、金属工、安装工、架子工、基础设施工等）。同时，我们为带头工长提供合同管理、质量管理、风险管理等课程，帮助他们提升管理能力。

在诚信管理方面，统一开展诚信管理工作。巡查员可以通过巡查端登录系统，对施工现场进行巡查并扣分，这些扣分直接关联工匠的诚信等级。通过这种方式，可以有效地提高了工匠的诚信意识与工程质量。

6.6 社会认可体系的建立

6.6.1 社会民间组织

民间文化组织具有“地利人和”的天然优势。由于与民间文化紧密相连，这些组织在实际操作中，通常负责保护当地的文化遗产。这种地缘优势结合亲和力强的人际关系与地方语言，使它们不仅易于获得地方政府的支持，还能吸引民间艺人和广大民众的热情参与。

民间文化组织有助于保持非物质文化遗产的原真性。由于其成员对当地文化有深入的了解和研究，且身处于特定的文化生态环境中，他们对当地的文化遗产有着更为深刻的认识。这些组织的参与，不仅能为政府或专业组织提供有力的协助，还能减少因外来干预而导致的文化失真。

民间文化组织本身就是非物质文化遗产文化生态的重要组成部分。由于他们热爱并熟悉当地文化，有些人甚至成为某种非物质文化遗产的传承者。因此，他们的参与不仅符合保护工程的需要，也是确保文化遗产得以“原汁原味”传承的关键因素。

民间文化组织的参与有助于降低保护成本。凭借其独特优势，这些组织在调研和开展相关活动时更高效，也更有号召力。由于成员多出于个人兴趣和使命感参与，而非追求经济回报，这大大降低了保护工作的经济负担和人力成本，实现了高效的投资回报。

在我国，民间组织主要包括社会团体、民办非企业单位和基金会等非营利性组织。这些组织在各自领域内，如教育、科技、文化和卫生等，为社会提供服务。调动这些组织的积极性，对于推动我国传统建筑工艺遗产保护事业具有重大意义。以浙江省建设厅直属的浙江省村镇建设与发展研究会为例，该组织正积极承担起对传统建筑工匠行业的管理角色，为我国非物质文化遗产保护作出积极贡献。

6.6.2 社会舆论媒体

1. 新闻媒体

新闻媒体在文化遗产保护的征途上始终扮演着积极的角色，其贡献与力量不容忽视。以意大利为基地的国际文化财产保护与修复研究中心，专门设立了奖项，旨在表彰那些在文化遗产保护领域作出杰出贡献的新闻作品和媒体。同样，我国国家文物局设立“文物好新闻奖”，用以鼓励新闻媒体在文化遗产保护方面的积极报道和宣传。这些奖项的设立，不仅是对新闻媒体在文化遗产保护方面所做努力的认可，更是对其积极作用的充分肯定。

新闻媒体在文化遗产的保护传承方面扮演着多重角色。它们不仅要直接参与文化遗产的宣传与保护工作，也要通过报道和宣传，让更多的人了解和关注文化遗产的重要性，激发公众的保护意识。同时，新闻媒体还应该向社会和公众传达一种正确的文化遗产保护理念，普及科学的保护措施和保护办法，引导公众正确参与文化遗产保护。新闻媒体应该深入挖掘文化遗产的价值作用，通过报道和阐释，让更多的人了解和认识文化遗产的历史、文化和艺术价值，弘扬其精神内涵，努力将人类优秀的文化遗产融汇到民族精神和当代先进文化之中。

2. 博物馆

在遗产保护领域，将非物质文化遗产进行物质化保护已被公认为一种重要的保护手段。而收藏非物质文化遗产的物质载体成为博物馆参与非物质文化遗产保护的重要途径。无形的非物质文化遗产与有形的博物馆藏品，犹如同一事物的两个不同方面。

在国内，直接展示某一项或某几项非物质文化遗产并以此作为主题文化的专业博物馆不在少数。例如，展示印刷工艺的中国印刷博物馆、中国雕版印刷博物馆，展示昆曲艺术的中国昆曲博物馆，展示制瓷技艺的景德镇中国陶瓷博物馆、中国宜兴陶瓷博物馆，展示苏州评话、弹词艺术的苏州评弹博物馆，综合展示各类民间工艺的北京工艺美术博物馆、广东民间工艺博物馆，以及综合展示各类民俗文化的北京民俗博物馆等。

对于工匠认定的传统技艺，应该通过政府支持和社会力量，帮助传统工艺和作品通过博物馆的形式增加社会公众对传统工匠的认知。在保护非物质文化遗产的同时推动传统文化的传承和发展。

3. 公众意识

为了让社会公众自觉参与非物质文化遗产保护，我们需要充分发挥非物质文化遗产保护主体的作用。联合国教科文组织《保护非物质文化遗产公约》强调，各社区，尤其是原住民、各群体，有时是个人，在非物质文化遗产的生产、保护、延续和再创造方面发挥着重要作用。因此，在开展保护活动时，应确保这些主体最大限度地参与，并积极吸收他们的意见和建议。

公众的参与程度直接影响着非物质文化遗产的命运。只有当非物质文化遗产在公众中呈现出旺盛的生命力，才能说我们的保护工作取得了成功。

通过动员社会团体、普及传统建筑知识、结合旅游项目等方式，提高公众对传统建筑工艺的了解和认知。例如，在旅游项目建设之初就从事旅游开发，将工匠对传统建筑的营造过程作为旅游内容的一部分，同时将传统建造过程中的各种仪式重点展示给游客。

我们应该充分利用教育、媒体、文化活动等手段，普及传统建筑知识，让更多的人了解和欣赏这门古老的艺术。同时，鼓励和支持社会团体和个人参与保护工作，形成政府、社会和公众共同参与的保护格局。

此外，我们可以借鉴国际经验，学习其他国家在非物质文化遗产保护方面的成功做法。通过国际交流与合作，引进先进的理念和技术，提升我国非物质文化遗产保护工作的整体水平。只有这样，我们才能更好地传承和弘扬中华民族优秀的传统文化，让传统建筑工艺在新的时代里焕发新的光彩。

后　记

在中国传统文化的广袤天地中，乡村建设工匠及其营造技艺占据了举足轻重的地位。中国传统建筑的艺术魅力与乡村建设工匠的智慧和汗水紧密相连。这些工匠凭借世代相传的技艺和不懈的创新精神，将一片片乡土转化为凝固的诗篇，构筑起一个个充满生活气息和历史底蕴的村落。

传统建筑营造技艺作为历史的延续，不仅承载着先人的智慧与创造，更在当下社会中展现出独特的生命力。从乡村建设工匠的演变中，我们看到了一个行业的兴衰与重生，也感受到工匠对于技艺传承的执着与坚守。尽管在现代化进程下，乡村建设工匠行业面临诸多难题和挑战，但正是这些挑战，激发了我们对于传统工艺保护的紧迫感。

在各地的乡村建设工匠行业管理实践中，我们见证了不同地区的工匠因地制宜、因材施教的智慧。他们充分利用本土资源，创造出既符合现代生活需求又保留传统特色的建筑作品。这些实践案例不仅丰富了乡村建设的经验库，也为传统建筑营造技艺的传承与创新提供了宝贵的参考。

浙江省作为本书的重点探索对象，其在乡村建设工匠行业管理方面的探索与实践尤为引人注目。通过政策扶持，加强行业管理、提升工匠素质、推动技艺传承，浙江省有效提升了乡村建设工匠的技艺水平和职业素养，为传统建筑营造技艺的传承与发展创造了良好的环境。这些经验和做法对于其他地区乃至全国范围内乡村建设工匠行业的发展具有借鉴意义。

然而，面对全球化、城市化的冲击，传统建筑营造技艺及其传承者的生存空间仍被不断压缩。因此，我们呼吁社会各界共同关注乡村建设工匠行业的未来发展，加大保护与扶持力度。只有让传统建筑营造技艺在现代社会中焕发新的生机与活力，才能确保这一宝贵文化遗产得以延续和传承。

随着绿色建筑、生态文明等理念的深入人心，乡村建设将越来越注重环保、可持续发展等方面的要求。这将为乡村建设工匠提供更多施展才华的机会，也对他们的技艺水平提出了更高的要求。我们希望本书能成为一扇窗，让更多的人了解并热爱中国传统建筑及其背后的工匠文化，为传统文化的传承与发展贡献力量。

我们始终会以敬畏的心态，继续探索和研究乡村建设工匠的世界，让他们的故事和技艺得以传承，让中国传统建筑的魅力得以永续。愿每一位从事乡村建设的工匠都能在新的时代里找到属于自己的舞台，用他们的双手和智慧继续书写中华民族建筑文化的辉煌篇章。

厉　兴

2023 年 10 月

参考文献

[1] 曾宪明．中国特色城市化道路研究［D］．武汉：武汉大学，2006.

[2] 张苗根．浙江城市化 30 年［M］．杭州：浙江人民出版社，2009.

[3] 严江．农村剩余劳动力转移：新时期的战略思考［J］．社会科学研究，2006（1）：18-21.

[4] 张苗根．新型城市化概论［M］．杭州：浙江人民出版社，2009.

[5] 谈月明．浙江统筹城乡发展实践与探索［M］．杭州：浙江人民出版社，2012.

[6] 黄印武．当建筑师遇见工匠［J］．建筑技艺，2014（1）：84.

[7] 费孝通．乡土中国［M］．北京：人民出版社，2008.

[8] 汪原．迈向新时期的乡土建筑［J］．建筑学报，2008（7）：20-22.

[9] 白琳．乡村住宅建设导则的比较研究［D］．湖南：湖南大学，2019.

[10] 梁漱溟．乡村建设理论［M］．上海：上海人民出版社，2011.

[11] 何星坤，董晓峰．改善我国农村住房问题的途径探讨［J］．开发研究，2011（6）：51-53.

[12] 汤书福，吴彩萍．农村建房管理模式的实践与探索：以浙江省丽水市莲都区农村新社区建设为例［J］．建筑科学，2008，24（3）：209-211.

[13] 张舰，刘佳福，邢海峰．《城乡规划法》实施背景下完善规划行政许可制度思考［J］．城市发展研究，2011，18（9）：47-50.

[14] 陈珍．城乡一体化视角下的村镇建设思考［J］．江西建材，2014（5）：33.

[15] 住房和城乡建设部村镇建设司课题：村庄整治技术手册［M］．北京：中国建筑工业出版社，2010.

[16] 崔英伟．村镇规划［M］．北京：中国建材工业出版社，2008.

[17] 雷明，于莎莎，陈韵涵．全面乡村振兴：战略指向、体系构建及路径选择［J］．新疆财经，2021（5）：5-15.

[18] 刘彦随．中国新时代城乡融合与乡村振兴［J］．地理学报，2018，73（4）：637-650.

[19] 陈秧分，黄修杰，王丽娟．多功能理论视角下的中国乡村振兴与评估［J］．中国农业资源与区划，2018，39（6）：201-209.

[20] 毛锦凰，王林涛．乡村振兴评价指标体系的构建——基于省域层面的实证［J］．统计与决策，2020，36（19）：181-184.

[21] 董晓峰，杨春志，刘星光．中国新型城镇化理论探讨［J］．城市发展研究，2017，24（1）：26-34.

[22] 耿明斋．对新型城镇化引领“三化”协调发展的几点认识［J］．河南工业大学学报（社会科学版），2011，7（4）：1-4.

[23] 沈清基．论基于生态文明的新型城镇化［J］．城市规划学刊，2013（1）：29-36.

[24] 赫修贵．城镇化和农业现代化协同推进研究［J］．理论探讨，2013（6）：96-99.